高职高专计算机规划教材·案例教程系列

Access 数据库管理与开发案例教程
（第二版）

沈大林　张　伦　主编

王浩轩　王爱赪　郑淑晖　万　忠　副主编

U0286867

中国铁道出版社
CHINA RAILWAY PUBLISHING HOUSE

内 容 简 介

全书共分 10 章，采用案例带动知识点学习的方法进行讲解，通过学习 27 个案例和 30 多个实例，学生可以掌握 Access 2007 软件的操作方法和操作技巧，以及 Access 数据库应用程序的设计方法和技巧。本书按节细化了知识点，并结合知识点介绍了相关的实例。除第 0 章外，每节均由"案例描述"、"设计过程"、"相关知识"和"思考练习" 4 部分组成。

本书特别注重内容由浅入深、循序渐进，读者可以边进行案例制作，边学习相关知识，轻松掌握 Access 2007 的使用方法和技巧。

本书适合作为高职高专院校非计算机专业的教材，还可作为中等职业学校计算机专业的教材和广大计算机爱好者的自学参考书。

图书在版编目（CIP）数据

Access 数据库管理与开发案例教程/沈大林，张伦
主编.—2 版.— 北京：中国铁道出版社，2012.8
高职高专计算机规划教材. 案例教程系列
ISBN 978-7-113-13934-6

Ⅰ.①A… Ⅱ.①沈…②张… Ⅲ.①关系数据库系统
：数据库管理系统，Access—高等职业教育—教材 Ⅳ.
①TP311.138
中国版本图书馆 CIP 数据核字（2011）第 269466 号

书	名：Access 数据库管理与开发案例教程（第二版）
作	者：沈大林 张 伦 主编

策 划：秦绪好	读者热线：400-668-0820
责任编辑：祁 云	
编辑助理：王 惠	
封面设计：付 巍	
封面制作：白 雪	
责任印制：李 佳	

出版发行：中国铁道出版社（100054，北京市西城区右安门西街 8 号）
网 址：http://www.51eds.com
印 刷：三河市华丰印刷厂
版 次：2007 年 8 月第 1 版 2012 年 8 月第 2 版 2012 年 8 月第 4 次印刷
开 本：787mm×1092mm 1/16 印张：18.25 字数：435 千
印 数：9 001～12 000 册
书 号：ISBN 978-7-113-13934-6
定 价：34.00 元

高职高专计算机规划教材·案例教程系列

高职高专计算机规划教材·案例教程系列

丛书序

　　1982 年大学毕业后，我开始从事职业教育工作。那是一个百废待兴的年代，是职业教育改革刚刚开始的时期。开始进行职业教育时，我们使用的是大学本科纯理论性教材。后来，联合国教科文组织派遣具有多年职业教育研究和实践经验的专家来北京传授电子技术教学经验。专家抛开了我们事先准备好的教学大纲，发给每位听课教师一个实验器，边做实验边讲课，理论完全融于实验的过程中。这种教学方法使我耳目一新并为之震动。后来，我看了一本美国麻省理工学院的教材，前言中有一句话的大意是："你是制作集成电路或设计电路的工程师吗？你不是！你是应用集成电路的工程师！那么你没有必要了解集成电路内部的工作原理，而只需要知道如何应用这些集成电路解决实际问题。"再后来，我学习了素有"万世师表"之称的陶行知先生"教学做合一"的教育思想，也了解这些思想源于他的老师——美国的教育家约翰·杜威的"从做中学"的教育思想。以后，我知道了美国哈佛大学也采用案例教学，中国台湾省的学者在讲演时也都采用案例教学……这些中外教育家的思想成为我不断探索职业教育教学方法和改革职业教育教材的思想基础，点点滴滴融入到我编写的教材之中。现在我国职业教育又进入了一个高峰期，职业教育的又一个春天即将到来。

　　现在，职业教育类的大多数计算机教材应该是案例教程，这一点似乎已经没有太多的争议，但什么是真正的符合职业教育需求的案例教程呢？是不是有例子的教材就是案例教程呢？许多职业教育教材也有一些案例，但是这些案例与知识是分割的，仅是知识的一种解释。还有一些百例类丛书，虽然例子很多，但所涉及的知识和技能并不多，只是一些例子的无序堆积。

　　本丛书采用案例带动知识点的方法进行讲解，学生通过学习实例掌握软件的操作方法、操作技巧或程序设计方法。本丛书以每一节为一个单元，对知识点进行了细致的取舍和编排，按节细化知识点，并结合知识点介绍了相关的实例。本丛书的每节基本是由"案例描述"、"设计过程"、"相关知识"和"思考与练习"4 部分组成。"案例描述"部分介绍了学习本案例的目的，包括案例效果、相关知识和技巧简介；"设计过程"部分介绍了实例的制作过程和技巧；"相关知识"部分介绍了与本案例有关的知识；"思考与练习"部分给出了与案例有关的拓展练习。读者可以边进行案例制作，边学习相关知识和技巧，轻松掌握软件的使用方法、使用技巧或程序设计方法。

　　本丛书的优点是符合教与学的规律，便于教学，不用教师去分解知识点和寻找案例，更像一个经过改革的课堂教学的详细教案。这种形式的教学有利于激发学生的学习兴趣，培养学生学习的主动性，并激发学生的创造性，能使学生在学习过程中充满成就感和富有探索精神，使学生更快地适应实际工作的需要。

　　本丛书还存在许多有待改进之处，可以使它更符合"能力本位"的基本原则，可以使知识的讲述更精要明了，使案例更精彩和更具有实用性，使案例带动的知识点和技巧更多，使案例与知识点的结合更完美，使习题更具趣味性……这些都是我们继续努力的方向，也诚恳地欢迎每一位读者，尤其是教师和学生参与进来，期待您们提出更多的意见和建议，提供更好的案例，成为本丛书的作者，成为我们中的一员。

沈大林

第二版前言

Microsoft Office Access 2007 是办公套装软件 Microsoft Office 2007 的组件之一，也是当今最优秀的小型数据库管理系统之一。Microsoft Office Access 2007 具有界面友好、操作简单、易学易用、功能强大等特点，可以方便地通过向导创建表、查询、窗体、报表和宏等对象，具有自动绘制数据统计表和绘图功能，以及管理数据库、分析数据、数据库优化、数据库安全、宏和 VBA 程序控制等功能。和以前的 Access 版本相比，它的最大变化是工作界面更加友好，菜单栏改为快速访问工具栏和动态功能区，使操作更方便，可以帮助用户快速跟踪、报告和共享信息。使用 Access 2007，不必掌握很深厚的数据库知识，就可以轻松创建数据库应用程序，以适应不断变化的业务需求。

全书共分 10 章，其中第 0 章简要介绍了数据库的基本知识、Access 2007 工作界面和对象等，为全书的学习打下一个良好的基础；第 1 章介绍了创建 Access 数据库和表的各种操作方法；第 2～5 章分别介绍了 Access 2007 中的查询、SQL 查询、窗体和报表对象；第 6 章介绍了创建宏和应用宏的基本方法；第 7 章介绍了 VBA 的基本概念和应用 VBA 编程的基础方法；第 8 章介绍了数据库的导入、导出和链接方法；第 9 章介绍了优化数据库和提高数据库安全性的方法，还通过一个案例介绍数据库应用系统的设计方法。

本书采用案例带动知识点学习的方法进行讲解，通过案例学习掌握 Access 2007 软件的操作方法和操作技巧，以及 Access 数据库应用程序的设计方法和技巧。本书按节细化了知识点，并结合知识点介绍了相关的实例。除第 0 章外，每节均由"案例描述"、"设计过程"、"相关知识"和"思考练习" 4 部分组成。全书除了介绍大量的知识点外，还介绍了 27 个案例和 30 多个实例，以及近 100 个思考与练习题，每章（除第 0 章外）的最后还提供了本章的综合实训、本章的能力测试表。案例有详细的讲解，容易看懂，便于教学，读者可以边进行案例制作，边学习相关知识，轻松掌握 Access 2007 的使用方法和技巧。

本书特别注重内容由浅入深、循序渐进，使读者在阅读学习时，不但知其然，还要知其所以然，不但能够快速入门，而且可以达到较高的水平。在本书编写中，作者努力遵从教学规律和学生的认知特点，注意知识结构与实用技巧相结合，注重学生学习兴趣和创造能力的培养，将重要的操作技巧融于实例中。

本书由沈大林、张伦任主编，王浩轩、王爱赪、郑淑晖、万忠任副主编。参加本书编写工作的主要人员还有赵玺、许崇、陶宁、袁柳、于建海、郭政、曾昊、郑鹤、杨旭、沈昕、肖柠朴、沈建峰、郭海、陈恺硕、郝侠、丰金兰等。

本书适合作为高职高专院校非计算机专业的教材，还可作为中等职业学校计算机专业的教材和广大计算机爱好者的自学参考书。

由于时间仓促，编者水平有限，不足之处在所难免，敬请广大读者批评指正。

编　者
2012 年 3 月

第一版前言

Access 2003 是最新办公软件 Office 2003 的组件之一，是一个小型数据库信息处理系统。

本书是一本比较全面的学习 Access 2003 的教材，从基础入手，通过对一系列具体实例和实际应用的讲解，引导读者学习 Access 2003 的主要功能。在一些重点部分，对于前面已经涉及的内容，会再次重复这些概念。虽然每一章都是全书的一个组成部分，但各章也自成系统。

全书共分为 13 章，其中第 0 章是绪论；第 1 章是数据库的基本概念，为说明性内容；第 2 章～第 8 章，分别以章为单元，详细讲解了 Access 2003 中的表、查询、窗体、报表和宏对象；第 9 章介绍了数据的共享和交换；第 10 章介绍了数据访问页和 Web；第 11 章介绍了数据库的优化和安全。因为前面的数据库实例都是抽取各种数据库中的一部分进行讲解，所以在第 12 章安排了一个实际的数据库制作综合实例，使读者在学习完前面的知识后，能完成实际数据库的制作，既完成学习上的飞跃，又为胜任实际工作做好了准备。全书提供了大量实例和思考与练习题，实例有详细的讲解，容易看懂、便于教学。

本书采用案例带动知识点的方法进行讲解，学生通过学习实例，掌握 Access 2003 数据库管理的方法。本书以一节为一个单元，对知识点进行了细致的取舍和编排，按节细化知识点并结合知识点介绍了相关的实例，将知识和案例放在同一节中，知识和案例相结合。本书基本是每节由"案例效果"、"设计过程"和"相关知识"组成。"案例效果"中介绍了学习本案例的目的，包括案例效果、相关知识和技巧简介；"设计过程"中介绍了实例的制作过程和技巧；"相关知识"中介绍了与本案例有关的知识。读者可以边进行案例制作，边学习相关知识和技巧，轻松掌握 Access 2003 数据库管理的方法。本书内容由浅入深、循序渐进、图文并茂、理论与实际相结合，可以使读者在阅读时知其然还知其所以然。

本书从初中级读者的认知规律和学习特点出发，在内容安排上循序渐进，基础与提高并重，通过项目的完成，将 Access 2003 的各项基本功能和重要特性展现在读者面前。

本书可以作为高等院校非计算机专业、高职高专院校计算机专业的教材，也可作为初、中级社会培训班的教材，还可作为初学者的自学用书。

由于时间仓促，编者水平有限，疏漏之处在所难免，敬请广大读者批评指正。

编　者
2007 年 4 月

目 录

第 0 章　绪　论

本章介绍了数据库的基本知识、Access 2007 的特点、Access 2007 的工作界面和基本操作，为 Microsoft Office Access 2007 的学习打下一定的基础。

0.1　数据库的基本知识

0.1.1　数据、数据处理和数据库

1. 数据

数据（Data）是一种物理符号序列，泛指一切可以被计算机处理的符号和符号的集合，用来记录事物的情况。在工作和生活中有大量的数据，如通讯录、学生成绩、职工档案、销售记录等。数据可以分为数值型数据和字符型数据两类，数值型数据如成绩、工资、销售量、进货量等，字符型数据如姓名、电话、货品名称、性别、学科名称等。

2. 数据处理

数据处理就是对收集到的各种数据进行加工、处理的过程，其目的是使数据得到合理与充分的利用，提供有意义的信息。数据处理包括收集、记录、分类、排序、计算、统计、检索、存储和传输等。

数据处理经历了手工处理、机械处理和计算机数据库处理 3 个阶段，目前是第三个阶段。在数据比较少时，用手工就可以完成数据的处理。但是，当数据积累到一定数量以后，再用手工管理效率会很低，保密性差，查找、更新和维护都很困难。使用计算机对数据进行管理,具有手工和机械处理无法比拟的优点。例如，检索迅速，查找方便，可靠性高，存储量大，保密性好，寿命长，成本低等。完成数据库处理的系统就是数据库系统。

计算机数据库处理的过程可分为以下 4 个步骤：

（1）收集数据：将各部门的有关报表和管理工作情况等原始数据进行收集，对这些原始材料进行整理，得到有用的原始数据。

（2）输入数据：将整理好的原始数据通过计算机的键盘等输入设备输入计算机内，计算机将这些原始数据转换为能被计算机处理的编码，保存在数据库内。

（3）处理数据：计算机对数据库内的数据进行分类、检索、排序、计算、统计等操作。

（4）输出数据：通过计算机的输出设备将计算机处理后的数据以表格、图形等形式直观、形象地输出，供用户观察和使用。

3．数据库

数据库（Database，DB）是计算机存储设备内用来存放数据的"仓库"。数据库中的数据按照一定的格式存放，它们按一定的数据模型组织、集合在一起，可以共享关系，而且具有较小的数据冗余度、较高的数据独立性和扩展性，可以进行增减、统计等操作。从对数据库的描述中，可以知道数据库主要具有以下几个特点：

（1）数据结构化：数据库是将具有相同特征的数据有条理地集合在一起，在数据的描述中，不仅要描述数据本身的特性，还要描述数据之间的联系。例如，学生的学号、姓名、各科学习成绩等同属于同一个集合，构成学习成绩管理的数据结构。

（2）数据独立性：数据的独立性是指数据与使用它们的各个程序相互独立，互不依赖，不论是数据的改变还是程序的改变，都不会引起另一方的改变。

（3）数据共享：是指一个单位的各个部门可以共享这些部门之间存在的相同信息，这样减少了数据冗余和数据潜在的不一致性，简化了用户接口。

（4）数据的完整性：它保证了数据库中数据的正确性，从而有利于管理这些数据。例如，性别只可以有"男"和"女"两个选项，学生各科成绩一般不大于 100。

0.1.2　数据库系统和关系型数据库

1．数据库系统

数据库系统由计算机硬件系统、软件系统、数据库和用户 4 部分组成，简介如下：

（1）硬件系统：数据库系统对硬件最突出的要求是存储器容量要足够大。

（2）数据库：数据库中的数据能为多个用户服务，可以通过多种程序或命令存取数据库中的数据。用户的应用程序与数据的逻辑组织和物理存储方式无关。物理设备的更换、物理位置的变更以及存取方法的改变等物理结构的变化，不影响数据库的逻辑结构，也不影响应用程序的运行。数据库系统中专门提供了一套规则，保证在做添加、修改和删除等操作时，表之间的数据保持一致性、完整性。

使用数据库管理数据相对其他管理方法来说有着明显的优势。例如，客户电话号码存储在不同的文件中，在通讯录、公司的订单表和发货单中，如果供应商的电话号码有了改动，则要更新所有这 3 个位置中的电话号码信息，而如果用数据库管理这些数据，则只需在一个位置更新即可。无论在数据库中的什么地方使用这个电话号码，它都会自动得到更新。数据库需要借助数据库管理系统才能为用户提供服务。

（3）软件系统：软件系统包括操作系统、数据库、数据库管理系统（DBMS）和用户应用程序等几部分。

数据库管理系统（DBMS）是管理数据库的软件系统，它提供用户与数据库之间的软件界面，接受和完成用户对数据使用的各种请求，让用户方便地操作数据库，协助用户达到目的。它用来维护数据库，相当于仓库管理员。数据库管理系统具有定义数据类型和数据库存储形式、完成数据处理、保证数据安全和提高运行效率等功能。

（4）用户：用户是数据库系统的服务对象。通常一个数据库系统由应用程序设计员、数据库管理员（Database Administrator，DBA）和最终用户 3 部分组成。应用程序设计人员负责编写操作数据库的应用程序，实现用户提出的各种功能；数据库管理员负责规划、设计、运行和维护数据库；最终用户负责向系统提出要求，检验要求是否满足，是数据库的最终使用者。

2. 关系型数据库

一个数据库中有多种数据，相互关联的数据之间有不同的关系，在各种关系的基础上构成了复杂多样关系的数据模型。数据库根据其使用的数据模型的不同，可以分为层次模型、网状模型和关系模型。其中，关系模型是在前两种数据模型基础之上发展起来的，它能够较全面地表明数据之间的关系，而且结构简洁明了，得到广泛应用。使用关系模型的数据库称为关系型数据库，Access 中的数据库就是一种关系型数据库。关系型数据库管理系统是管理关系型数据库的数据库管理系统，Access 就是关系型数据库管理系统。

关系模型数据库由多个相互关联而又相互独立的二维表格组成，这些二维表格反映了各种相关数据之间的关系。在每一个二维表格中，行代表记录，列代表字段（数据项或属性）。二维表格记录了相同类型的信息，是具有相同属性记录的集合。表中的行和列的次序无关紧要，所有的字段都是最基本的，且不可再细分，表 0-1-1 所示"职工档案表"表就是一个符合这样要求的二维表。

表 0-1-1　"职工档案表"表——关系型数据库二维表格

编　号	姓　名	性　别	籍　贯	出生日期	学　历	联系电话	电子邮箱
0001	李洪刚	男	湖北	1990-2-8	大本	81477788	lihonggang@yahoo.com.cn
0002	赵一曼	女	四川	1990-6-2	大本	82477898	zhaoyimai@yahoo.com.cn
0003	杨靖宇	男	西藏	1989-11-3	高职	81546548	yjjytv@yahoo.com.cn

0.2　Access 2007 简介

Access 2007 是 Microsoft Office 2007 的组件之一，主要定位于桌面型数据库管理系统。它具有友好的用户界面，数据表操作简单、易学易懂。

0.2.1　Access 2007 主要特点

（1）快速入门：Access 2007 提供了一套经过专业化设计的数据库模板，可以用于轻松创建各种数据库、表和字段；还提供了表设计器、查询设计器等可视化设计工具，可以帮助用户创建新的数据库对象以及使用数据；通过向导创建表、查询、窗体及报表，自动绘制数据统计图和绘图等。使用者基本不用编写任何代码，不必掌握很深厚的数据库知识，通过可视化操作，就可以完成数据库的大部分管理工作。

（2）面向结果的用户界面：用户界面可以使用户轻松地在 Access 2007 中工作。在以前版本中，命令和功能常常深藏在复杂的菜单和工具栏中，而在 2007 版本中可以利用功能区（功能区包含按特征和功能组织的命令组）轻松地找到它们。诸多对话框被一些显示可用选项的库所取代，而且提供了说明性工具提示或示例预览，以帮助用户选择正确的选项。不管用户在界面上进行什么操作，Access 2007 都会提供最有用的成功完成该操作的相应工具。

（3）增强的排序和筛选功能：增强了自动筛选功能，可快速找到所需数据。

（4）新增"布局"视图：新增的"布局"视图允许用户在浏览数据库时进行设计上的修改。

用户可以在查看窗体和报表时进行许多常见的设计与修改。

（5）强大的工具："创建"选项卡内集中了添加对象的主要工具，利用这些工具可以快速创建表、窗体、报表、查询、宏和模块等对象；提供了创建窗体和报表的直观环境，允许用户快速创建经排序、筛选和分组的窗体和报表。

（6）新的数据类型和控件：新增或增强的数据类型和控件，允许用户存储更多数据类型，用户可以轻松地输入数据。

（7）查看数据库对象间的相关性信息。查看那些使用特定对象的对象列表，有助于随时对数据库进行维护，并避免与丢失记录源相关的错误。除查看那些绑定到选中对象的对象列表外，还可以查看正由选定对象使用的对象。

（8）错误检查：可以帮助识别错误并更正它，例如，两个控件使用了同一键盘快捷方式，报表的宽度大于打印页面的宽度；增加了诊断测试，可以直接解决部分问题，也可以确定其他问题的解决方法等。

（9）添加智能标记：使用 SmartTags 属性将智能标记添加到数据库的表、查询、窗体、报表或数据访问页中的任何字段。

（10）应用 XML：从 XML 中导入数据或将数据导出到 XML 时，可以指定转换文件。指定后，转换将被自动应用。导入 XML 数据时，转换将在数据导入完成后和创建任何新表或附加到任何现有表之前，应用到该数据。将数据导出到 XML 时，将在导出操作后应用转换。

（11）面向对象的、采用事件驱动的关系型数据库管理系统：它符合开放式数据库互连 ODBC 标准，通过 ODBC 驱动程序可以与其他数据库相连，还允许用户使用 VBA（Visual Basic for Application）语言作为其应用程序开发工具，使得高级用户可以开发出功能更为复杂完美的应用程序。

（12）安全性：增强了安全性，使用户能够让自己的信息跟踪应用程序变得比以往更加安全可靠。

（13）共享数据和协作：可以更有效地收集来自他人的信息，并在 Web 上经过安全增强的环境下共享信息。

（14）处理多种数据信息：能与 Office 组件中的其他程序进行数据交换，实现数据共享，也可以处理其他一些数据库管理系统的数据库文件。

0.2.2　启动和退出 Access 2007

1. 启动 Access 2007

启动 Access 2007 的常用方法有以下 3 种：

（1）通过"开始"菜单启动：单击"开始"→"所有程序"→Microsoft Office→Microsoft Office Access 2007 菜单命令。

（2）使用快捷方式启动：快捷方式是在 Windows 桌面上建立的一个与相应程序链接的图标，双击 Access 2007 的快捷方式图标，就可以启动该程序。

创建 Access 2007 快捷方式图标的方法是：单击"开始"→"所有程序"→Microsoft Office 菜单命令，弹出其子菜单，右击 Microsoft Office Access 2007 菜单命令，弹出快捷菜单，单击"发送到"→"桌面快捷方式"菜单命令，即可在桌面上建立一个 Access 2007 的快捷方式图标，如图 0-2-1 所示。

（3）通过已有的 Access 2007 文档启动：首先通过"我的电脑"、"我的文档"或"Windows 资源管理器"等程序，找到要打开的 Access 2007 文档，然后双击这个 Access 文档的图标，即可启动 Access 2007 同时打开该文档。Access 2007 文档的扩展名为".accdb"，Access 2007 文档的图标如图 0-2-2 所示。

图 0-2-1　快捷方式图标

图 0-2-2　Access 2007 文档图标

2．退出 Access 2007

（1）单击 Access 2007 窗口右上角的"关闭"按钮 x 。

（2）右击标题栏，弹出快捷菜单，单击该菜单内的"关闭"菜单命令。

（3）双击 Access 2007 窗口左上角的 Office 按钮 。

（4）单击 Office 按钮 ，弹出其菜单，单击该菜单内的"关闭"菜单命令。

如果对文档进行了修改并且尚未保存，则在退出 Access 2007 时，系统会弹出 Microsoft Office Access 提示对话框，提示用户是否保存当前所做修改，如图 0-2-3 所示。单击"是"按钮，保存修改后的文档并退出 Access 2007。单击"否"按钮，不保存修改后的文档并退出 Access 2007。单击"取消"按钮，可返回该文档。

图 0-2-3　提示对话框

0.2.3　"开始使用 Microsoft Office Access"窗口

启动 Access 2007 后，首先弹出的是"开始使用 Microsoft Office Access"窗口，如图 0-2-4 所示。在该窗口内，可以创建一个新的空白数据库、通过模板创建数据库或者打开最近的数据库（在此之前打开过的一些数据库），还可以直接转到 Microsoft Office Online 网站，以了解有关 Microsoft Office 和 Access 2007 的详细信息。

1．利用模板创建数据库

"开始使用 Microsoft Office Access"窗口左侧有"模板类别"和"来自 Microsoft Office Online"栏，其内共有 6 个选项。

（1）选中"功能"选项时，"开始使用 Microsoft Office Access"窗口如图 0-2-4 所示。可以看到其中有 3 栏，利用"新建空白数据库"栏可以创建空白数据库文档，利用"特色联机模板"栏可以从网上下载一些实用模板，利用 Microsoft Office Online 栏可以连接到 Microsoft Office Online 网站内不同的网页，了解 Access 2007 新增功能、学习培训课程、下载模板和下载 Microsoft Office 软件。

Access 2007 中的模板是一个预先设计的，包括经过专业设计的表、窗体和报表的数据库。每个模板都是一个完整的跟踪应用程序，其中包含预定义表、窗体、报表、查询、宏和关系。这些模板被设计为一旦打开即可立即使用，这样可以快速开始工作。在创建新数据库时，模板可以为用户提供一个良好的开端。

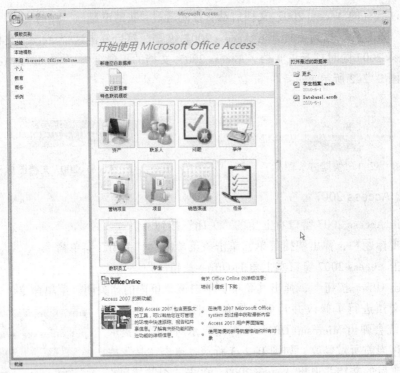

图 0-2-4 "开始使用 Microsoft Office Access"窗口

（2）选中"本地模板"选项时，中间切换到"本地模板"栏，其内列出一些 Access 2007 提供的模板，可以直接调用。

（3）选中其他 4 个选项时，可以分类别列出本地系统提供的一些模板，以及"罗斯文 2007"实例。

（4）"打开最近的数据库"栏内列出了曾经打开的数据库文件，单击该栏内的数据库文件选项，即可打开数据库文件。

2．创建空白数据库文档

（1）选中"功能"选项，单击"新建空白数据库"栏内的"空白数据库"图标，其右边切换到"空白数据库"栏，如图 0-2-5 所示。

（2）单击"文件名"文本框右边的 按钮，弹出"文件新建数据库"对话框，选择文件夹，输入文件名（如"案例 1.accdb"），单击"创建"按钮，可关闭"文件新建数据库"对话框，回到"新建空白数据库"栏，如图 0-2-6 所示。

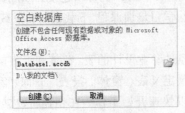

图 0-2-5 "空白数据库"栏之一

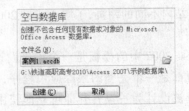

图 0-2-6 "空白数据库"栏之二

（3）单击"空白数据库"栏内的"创建"按钮，即可在选择的文件夹内创建一个新的空白数据库（如"案例 1.accdb"数据库文档），同时进入 Access 2007 工作界面，如图 0-2-7 所示。

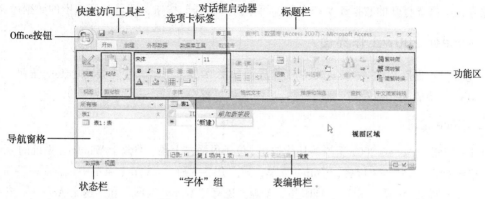

图 0-2-7　Access 2007 工作界面

3．保存和打开数据库文档

（1）保存数据库文档：在图 0-2-7 所示的 Access 2007 工作界面状态下，单击其左上角的 Office 按钮，弹出其菜单，如图 0-2-8 所示。移动鼠标指针到"另存为"菜单命令上，弹出其子菜单，如图 0-2-9 所示。

图 0-2-8　Office 菜单

图 0-2-9　"另存为"子菜单

◎ 单击"另存为"子菜单内的"Access 2007 数据库"菜单命令，可以弹出"另存为"对话框，利用该对话框可以将当前数据库以扩展名为".accdb"的 Access 2007 数据库格式保存在指定的文件夹内。

◎ 单击"另存为"子菜单内的"Access 2002-2003 数据库"菜单命令，可以弹出"另存为"对话框，利用该对话框可以将当前数据库以扩展名为".mdb"的 Access 2002 或 Access 2003 数据库格式保存在指定的文件夹内。

◎ 单击"保存"菜单命令，可以将已经保存过且本次有修改的数据库文档保存。

（2）打开数据库文档：若是刚启动 Access 2007，可在弹出的"开始使用 Microsoft Office Access"窗口右边的"打开最近的数据库"栏内单击数据库名称，即可打开相应的数据库文档。

　　若是在图 0-2-7 所示的 Access 2007 工作界面状态下，可单击其左上角的 Office 按钮，弹出其菜单，单击该菜单内的"打开"菜单命令，弹出"打开"对话框，利用该对话框选择文件保存的路径，选择要打开的数据库文档名称，再单击"打开"按钮，即可打开选中的数据库文档。

0.2.4　Access 2007 工作界面

　　创建空白数据库后的 Access 2007 工作界面如图 0-2-7 所示，它主要由 Office 按钮、快速访问工具栏、功能区、标题栏、状态栏及视图区域等部分组成。

1．Office 按钮

　　Office 按钮是 Access 2007 新增的功能按钮，位于界面左上角，类似于 Windows 系统的"开始"按钮。单击 Office 按钮，可以弹出 Office 菜单，如图 0-2-8 所示。Office 菜单中包含了一些常见的菜单命令，如新建、打开、保存、打印和发布等，还有"Access 选项"和"退出 Access"按钮。

　　单击"Access 选项"按钮，可以弹出"Access 选项"对话框，利用该对话框可以设置 Access 2007 的默认参数，还可以设置快速访问工具栏。单击"退出 Access"按钮，可以退出 Access 2007。

2．快速访问工具栏

　　快速访问工具栏包含一组独立于当前所显示的选项卡的命令，即最常用操作的快捷按钮。在默认状态下，快速访问工具栏中包含 3 个快捷按钮，分别为"保存"、"撤销"和"恢复"按钮。可以向快速访问工具栏添加命令按钮，方法有以下 3 种：

　　（1）右击 Office 按钮，弹出快捷菜单，如图 0-2-10 所示。单击该菜单内的"自定义快速访问工具栏"菜单命令，弹出"Access 选项"对话框，如图 0-2-11 所示。利用该对话框可以为快速访问工具栏添加或删除命令按钮，然后单击"确定"按钮。

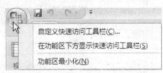

图 0-2-10　右击 Office 按钮弹出的快捷菜单

图 0-2-11　"Access 选项"对话框

（2）单击快速访问工具栏右端的 ▪ 按钮，弹出"自定义快速访问工具栏"菜单，如图 0-2-12 所示。单击要添加的命令，即可将该命令添加到快速访问工具栏内。

（3）在功能区中单击相应的选项卡标签，以显示出要添加到快速访问工具栏的命令，再右击该命令，弹出快捷菜单，单击该菜单内的"添加到快速访问工具栏"菜单命令，即可将该命令添加到快速访问工具栏。

3．功能区

在 Access 2007 中，原有版本的菜单栏和工具栏被设计为一个包含各种按钮和命令的矩形区域，称为"功能区"。单击功能区顶部的选项卡标签，就可以看到功能区中完成

图 0-2-12　自定义快速访问工具栏

不同任务的常用命令。Microsoft 推出这样经过重大改进的界面是为了满足 Office 用户的应用需求，帮助用户快速找到完成某一任务所需的命令，这些命令被组织在"组"中，"组"集中在"选项卡"中。相关名词介绍如下：

（1）选项卡：在功能区中，每个选项卡都与一种类型的活动相关，都代表着在特定的程序中执行的一组核心任务。单击选项卡的标签，可以切换选项卡。

（2）组：显示在选项卡上，是相关命令的集合。

（3）命令：按组来排列，可以是按钮、菜单或者是可供输入信息的框。

（4）对话框启动器：即某些组右下角的 ▪ 按钮，单击该按钮，可以弹出相关的对话框或任务窗格，提供与该组相关的更多选项。

功能区主要包含"开始"、"创建"、"外部数据"、"数据库工具"、"数据表"5 个基本选项卡，分别如图 0-2-13～图 0-2-17 所示。

图 0-2-13　功能区的"开始"选项卡

图 0-2-14　功能区的"创建"选项卡

图 0-2-15　功能区的"外部数据"选项卡

图 0-2-16　功能区的"数据库工具"选项卡

图 0-2-17　功能区的"数据表"选项卡

在功能区内，有的命令按钮右侧有一个下拉按钮，单击它可以弹出相似功能的下拉菜单，将鼠标指针移到某按钮或命令上，会显示相应的功能提示，包括快捷键。

4．标题栏

标题栏位于窗口的顶端，用于显示当前正在运行的程序名及文件名等信息，如图 0-2-18 所示。

图 0-2-18　标题栏

（1）控制菜单：右击标题栏，弹出快捷菜单，利用该菜单可以对窗口进行还原、移动、改变大小、最小化、最大化和关闭等操作。

（2）文档名称：文档名称显示在标题栏的中间，表示当前正在使用的文档名称。

（3）窗口控制按钮：窗口控制按钮位于标题栏的右端，共有 3 个，从左到右分别为"最小化"按钮 – 、"最大化"按钮 ▭ 和"关闭"按钮 × 。单击"最小化"按钮，窗口会缩小成为 Windows 任务栏上的一个按钮；单击"最大化"按钮，窗口会放大到整个屏幕，此时该按钮也会变成"向下还原"按钮 ▭ ；单击"向下还原"按钮，窗口会变回原来的大小，此时按钮也会变成"最大化"按钮；单击"关闭"按钮，窗口会被关闭。

双击标题栏也可以使窗口在最大化和向下还原状态之间切换。

5．状态栏

状态栏位于 Access 窗口的底部，显示当前视图的名称、操作提示等，如图 0-2-19 所示。右击状态栏，弹出快捷菜单，即"自定义状态栏"菜单，如图 0-2-20 所示。利用该菜单可以设置状态栏显示的内容，自定义状态栏的工作状态。

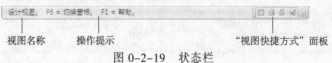

图 0-2-19　状态栏

状态栏右侧有"视图快捷方式"面板，如图 0-2-21 所示，其中包括"数据表视图"、"数据透视表视图"、"数据透视图视图"和"设计视图"按钮。单击按下某个按钮就会使文档切换到相应的视图状态。文档常用的视图是"数据表视图"视图。

图 0-2-20 "自定义状态栏"菜单

图 0-2-21 "视图快捷方式"面板

6. 导航窗格和视图区域

导航窗格用来显示数据库中正在使用的表、查询、窗体和报表等对象的名称。单击其内最上边的 ▼ 按钮，可以弹出其菜单，利用该菜单可以选择该数据库内不同类别的对象；单击 « 按钮，可以收缩导航窗格；单击 » 按钮，可以展开导航窗格；单击 ˅ 按钮，可以展开选中类别中的对象；单击 ˄ 按钮，可以收缩选中类别中的对象。

右击导航窗格内的表、窗体或报表的名称，弹出快捷菜单，单击该菜单内的"设计视图"或"布局视图"菜单命令，可以在视图区域内显示相应的表、窗体或报表的设计或布局内容。另外，双击导航窗格内表、窗体或报表的名称，也可以在视图区域内显示相应的表、窗体或报表的设计或布局内容。

在视图区域内，可以打开表、查询、窗体和报表等对象，它们以选项卡的形式出现在视图区域内，可以设计和修改这些对象的内容。

0.2.5 Access 2007 中的对象

一个 Access 数据库即是一个应用程序，它保存该程序的所有对象。Access 2007 中共有 7 种对象，分别是表、查询、窗体、报表、宏、模块和 Web 页。Access 2007 所提供的对象都存放在同一个数据库文件（扩展名为".accdb"）中，有利于数据库文件的管理。可以在导航窗格内选择不同的对象。Access 中的表对象是最基本的，一个数据库中必须要有表这种对象，其他所有的对象都不是必需的，但一般至少会使用表、查询、窗体、报表几种对象，宏和模块是高级应用，目的是加强窗体和报表的功能。基本上，数据库的每个对象都可以有多个视图。

为了了解数据库中的表、查询、窗体、报表对象，将计算机连接到 Internet，在"开始使用 Microsoft Office Access"窗口内选中左边列表内的"示例"选项，选中中间栏内的"罗斯文 2007"图标，如图 0-2-22 所示。

然后单击"创建"按钮，在"我的文档"文件夹内创建一个名称为"罗斯文 2007.accdb"数据库文件并打开，如图 0-2-23 所示。它是 Access 2007 提供的已设计好的示例，其内有 Access 的各种对象。单击"罗斯文贸易"栏内的 ▼ 按钮，弹出其菜单，单击该菜单内的"对象类型"菜单命令，再单击"所有 Access 对象"菜单命令，此时导航窗格如图 0-2-24 所示。

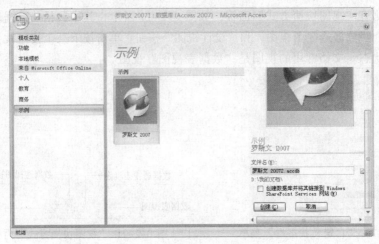

图 0-2-22　"开始使用 Microsoft Office Access" 窗口

图 0-2-23　"罗斯文 2007.accdb" 数据库文件

图 0-2-24　导航窗格

1. 表

表是按行和列组织起来的数据集合，一般具有特定的主题，可以将任何可用的数据放在表中。表是数据库的基础，是很多应用的根源。在 Access 2007 中，所有的信息都应细化成存放在表中的数据才可以使用，一个完整的 Access 2007 数据库中应包含一个或多个表。数据库并不就是表，实际上数据库是所有用于管理数据的表和其他对象（如窗体、报表等）的集合。表具有前面介绍的二维表格的特点，总结其特点如下：

（1）表中最上边一行是字段名，其右边都有 ▼ 按钮，不允许有相同的字段名。

（2）表中每一列字段的数据都属于同一类型，具有相同的属性。选中一个字段，切换到"表工具" | "数据表"选项卡，即可在其中的"数据类型"下拉列表框内看到选中字段的数据类型。例如，选中"公司"字段后，"表工具" | "数据表"选项卡如图 0-2-25 所示。

字段数据类型可以是文本、数字、日期、货币、OLE 对象（声音或图像）和超链接等。

（3）表中必须有主关键字，设置为主关键字的字段，其各记录的字段内容不可以重复。主关键字可以由一个或多个字段组成。

（4）表中不允许有相同的记录，即记录应唯一。记录只能与一个实体对应。为了使记录具有唯一性，需要设置主关键字。

（5）表中的行和列的顺序可以任意排列。

（6）一个数据库内可以有多个表，这些表之间不是相互孤立的，Access 2007 允许用户在多个表之间通过相同内容的字段来设立关联，即实现表与表之间的关系。

图 0-2-25 "客户"表

单击图 0-2-24 所示导航窗格内"表"栏的 ⊻ 按钮，展开类别中的对象，再双击"客户"表，在视图区域内显示"客户"表，如图 0-2-25 所示。数据库中的每一个表都记录了某一类型的信息，"客户"表记录了有关客户的公司名称、姓名、职务等信息。

2. 查询

查询是在一个或多个表内查找符合条件的数据，并将这些符合条件的记录收集在一个表格中供用户查看。任何一个查询都会以二维表的形式展示查询结果（也叫查询的结果集），但查询不是表，它只是数据库的一个基本操作，记录了该查询的操作方式或查询命令，它依附于数据库中的表，当表中的数据改变时，查询的结果也会随之改变。查询可以将多个表中的数据放在一起，作为窗体、报表和数据访问页的记录源。

查询具有查看、搜索、分析、筛选、更改、删除、追加、分类汇总、排序和计算数据库表内数据的功能，可以作为窗体和报表等的数据源，可以将多个表中获取的数据进行连接等。Access 2007 提供了选择查询、动作查询和 SQL 特定查询和特殊查询等。

例如，单击图 0-2-24 所示导航窗格内"查询"栏的 ⊻ 按钮，展开该类别中的对象，再双击"按类别产品销售"查询对象名称，在视图区域内显示"按类别产品销售"查询，如图 0-2-26 所示。"按类别产品销售"查询按照订单日期的先后次序依次列出相关产品的名称、类别和总额字段信息。

图 0-2-26 "按类别产品销售"查询

3. 窗体

窗体是用户与数据库进行交互的图形界面，类似于窗口界面，其内有文本框、标签、图像框和按钮等控件对象。

窗体可以用来输入新的数据，编辑修改数据库表或查询中的字段数据，按照设置的格式显示数据库表或查询的字段数据，控制应用程序的执行等。

窗体和它所依附的表和查询是相互作用的，当输入窗体中的数据变化时，相应的表和查询会随之变化；当表和查询中的数据变化时，输出窗体中的数据也会随之变化。

例如，单击图 0-2-24 所示导航窗格内"窗体"栏的 ⊻ 按钮，展开该类别中的对象，再双击"产品详细信息"窗体对象名称，即可弹出"产品详细信息"窗体，如图 0-2-27 所示。"产品详细信息"窗体给出了某一个产品的名称、产品代码等详细信息。单击"转到产品"下拉列表框的按钮，可弹出其下拉列表，选择其中的不同产品选项，可以在窗体内展示相应产品的详细信息。

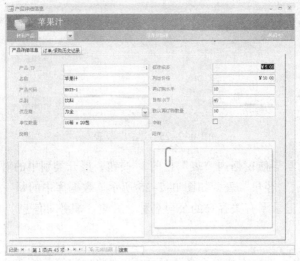

图 0-2-27 "产品详细信息"窗体

4．报表

报表用来将选中的数据信息以打印格式展示。报表也可以进行计算和加入图表。报表可以是基于一个或多个表与查询而创建的，但是修改表和查询后，报表中的数据不会随之改变。

例如，单击图 0-2-24 所示导航窗格内"报表"栏的 ≫ 按钮，展开该类别中的对象，再双击"按类别产品销售"报表对象名称，即可在视图区域内显示"按类别产品销售"报表，如图 0-2-28 所示。

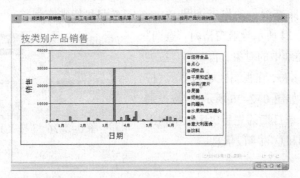

图 0-2-28 "按类别产品销售"报表

5．宏

宏是若干操作的集合，可以简化一些经常性的操作，使多步操作变为一步操作。宏可以是打开表、打开窗体、打开报表、执行查询、删除记录等操作的集合。当运行用户设计的一个宏时，系统就会按照宏的设计依次执行操作集合中的各个操作。

例如，单击图 0-2-24 所示导航窗格内"宏"栏的 ≫ 按钮，展开该类别中的对象，双击"删除所有数据"宏对象名称，即可弹出一个提示对话框，如图 0-2-29 所示。单击"是"按钮，即可删除数据库内的所有记录。

　　右击"删除所有数据"宏对象名称，在弹出的快捷菜单中单击"设计视图"命令，即可在视图区域内显示宏的设计内容，如图 0-2-30 所示。

图 0-2-29　提示对话框　　　　　图 0-2-30　"删除所有数据"宏的设计内容

6．模块

　　模块是用 VBA 语言编写的程序。模块有标准模块和类模块，模块由若干"过程"组成。设计模块采用了面向对象的程序设计方法。

　　例如，单击图 0-2-24 所示导航窗格内"模块"栏的 ⌄ 按钮，展开该类别中的对象，双击"客户订单"模块对象名称，即可弹出"客户订单"模块的代码窗口，如图 0-2-31 所示。学过 VBA 语言或 VB 语言程序设计的用户会比较熟悉这个代码窗口。

图 0-2-31　"客户订单"模块的代码窗口

7．Web 页

　　在 Access 2007 中，可以直接建立 Web 页，Web 页不是放在数据库中，而是另存为 HTML 文件。Web 页可以在 Access 和 Internet Explorer 中打开。

0.3　教学方法和课程安排

　　本课程旨在使高等职业学校学生掌握数据库应用程序的开发过程，使学生在学习期间能初步具有开发数据库应用程序的能力，逐步积累开发经验。本课程对学生最基本的要求是掌握 Access 的基本操作，当然如果在本课程之前开设过 VB、数据分析等课程，则对本课程的学习有很大的帮助。通过本课程的学习，学生应能具有数据库系统的基础知识，基本了解面向对象的概念，掌握关系数据库的基本原理，掌握数据库程序设计方法，能使用 Access 建立一个小型数据库应用系统。

　　本书采用案例带动知识点学习的方法进行讲解，通过学习实例学生可掌握软件的操作方法和技巧。本书以一节（相当于 1～4 课时）为一个教学单元，对知识点进行了细致的取舍和编排，按节细化了知识点，并结合知识点介绍了相关的实例，使知识和实例相结合。除了第 0 章外，每节均由"案例描述"、"设计过程"、"相关知识"和"思考练习"4 部分组成。"案例描述"中介绍了案例所要达到的效果、制作案例的思路和主要学习的知识与技术；"设计过程"中介绍了案例的制作方法和制作技巧；"相关知识"中介绍了与本案例有关的知识，具有总结和提高的作用；"思考练习"中的习题作为课外练习，并结合"相关知识"完成总结和提高。除了第 0 章外，每章最后还有一个紧密结合本章内容的综合实训，综合实训主要是创建"电器产品库存管理"数据库中的各个对象等。

本书所使用的案例基本是围绕"教学管理"数据库的，这是教师和学生都比较熟悉的内容。本书最后一章的【案例 27】还带领学生创建一个"教师管理系统"数据库，并介绍创建数据库管理系统的整体思路以及制作方法，可以帮助读者提高开发能力。

根据各所院校安排的课时，可以灵活安排本书的教学内容。下面提供一种课程安排，仅供参考。总学时 72 课时，每周 4 学时，共 18 周。

周序号	章　　节	教　学　内　容	课时
1	第 0 章、第 1 章案例 1	数据库基本知识，创建数据库，创建逻辑结构，创建表，修改、编辑数据库的表	4
2	第 1 章相关知识和第 1 章案例 2	创建表关系，创建表的 3 种方法，Access 数据类型的种类，数据类型中字段属性，对象命名规则，表的主键、外键、索引、关系等概念	4
3	第 1 章案例 3	修改表中字段，设置字段属性，筛选数据，使用查阅向导查看数据，查看数据库属性，"高级筛选/排序"筛选方法，表达式	4
4	第 2 章案例 4	创建简单查询、交叉查询、汇总查询、重复项查询、不匹配查询和交叉表查询，查询的作用、功能和种类，以及筛选和查询的关系	4
5	第 2 章案例 5 和案例 6	了解查询设计器、查询的 5 种视图、操作查询的注意事项，掌握设置查询属性和设置查询条件的方法，以及进行汇总查询的方法，掌握追加查询、简单的选择和排序查询的方法	4
6	第 3 章案例 7、案例 8 和案例 9	掌握采用 SQL 查询创建成绩汇总查询和其他查询的方法，了解 SQL 语言特点、语句结构、语句的子句，以及创建各种 SQL 子查询	4
7	第 4 章案例 10 和案例 11	创建各种窗体，窗体的作用和窗体的 3 种视图，修饰窗体，在窗体内添加按钮等控件对象，控件对象的调整，"排列"选项卡工具的使用	4
8	第 4 章案例 12 和案例 13	在窗体内添加各种控件和修饰窗体	4
9		期中复习考试	4
10	第 5 章案例 14、案例 15 和案例 16	创建报表，编辑和打印报表	4
11	第 6 章案例 17 和案例 18	创建 AutoKeys 与 AutoExec 宏和事件宏等，了解宏组、创建条件宏和宏的嵌套等基本概念	4
12	第 7 章案例 19	代码编辑器和编写 VBA 程序，了解面向对象的程序设计、事件和 VBA 基础知识	4
13	第 7 章案例 20	了解数组和创建数组、程序的分支控制和程序的循环控制，以及了解相应的程序设计方法	4
14	第 7 章案例 21	了解模块和过程的概念、过程创建和调用，了解相应的程序设计方法	4
15	第 8 章案例 22 案例 23 和案例 24	掌握数据库导入、导出和链接的基本方法	4
16	第 9 章案例 25 和案例 26	使用表分析器优化数据库，使用性能分析器优化数据库，数据库安全设置等	4
17	第 9 章案例 27	"教师管理系统"数据库的开发	4
18		期末复习考试	4

第 1 章　创建数据库和表

本章通过学习 3 个案例，制作“教学管理”数据库内的一些表，从而掌握创建数据库、在数据库中创建表、设置表中的主键、建立表中关系等操作方法。

在数据库中，表是最基本的对象，但并不需要将所有的数据都保存在一张表中。在创建数据库时，不同的数据可以分门别类地保存在不同的表中，并不需要将所有可能用到的数据都罗列在表上，尤其是一些需要计算的值。使用数据库中的数据时，并不是简单地使用这个表或那个表中的数据，而常常是将有“关系”的很多表中的数据一起调出使用，有时还要把这些数据进行一定的计算以后才能使用。

1.1 【案例 1】创建“学生档案”表

案例描述

本案例将创建一个“教学管理.accdb”数据库，并在该数据库内创建一个“学生档案”表，如图 1-1-1 所示。该“学生档案”表的“学号”字段设置为主关键字，同时也设置为有索引。数据库中的每一个表都必须有一个字段设置为主关键字。主关键字也叫主键，它用于保证表中的每一条记录都是唯一的，即没有相同“学号”的记录，也就不可能有相同的记录。索引有助于快速查找和排序。

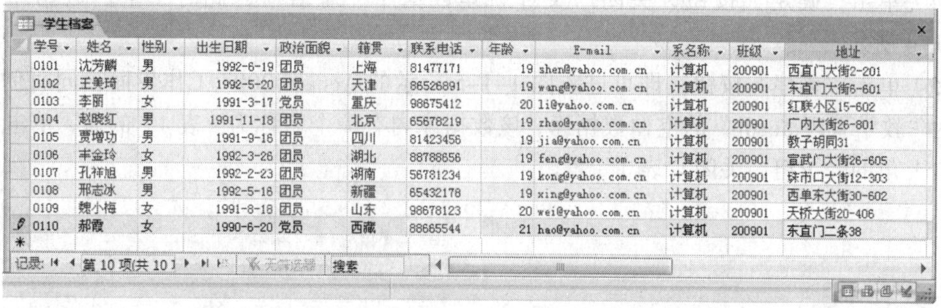

学生档案

学号	姓名	性别	出生日期	政治面貌	籍贯	联系电话	年龄	E-mail	系名称	班级	地址
0101	沈芳麟	男	1992-6-19	团员	上海	81477171	19	shen@yahoo.com.cn	计算机	200901	西直门大街2-201
0102	王美琦	男	1992-5-20	团员	天津	86526891	19	wang@yahoo.com.cn	计算机	200901	东直门大街6-601
0103	李丽	女	1991-3-17	党员	重庆	98675412	20	li@yahoo.com.cn	计算机	200901	红联小区15-602
0104	赵晓红	男	1991-11-18	团员	北京	65678219	19	zhao@yahoo.com.cn	计算机	200901	广内大街26-801
0105	贾增功	男	1991-9-16	团员	四川	81423456	19	jia@yahoo.com.cn	计算机	200901	教子胡同31
0106	丰金玲	女	1992-3-26	团员	湖北	88788656	19	feng@yahoo.com.cn	计算机	200901	宣武门大街26-605
0107	孔祥旭	男	1992-2-23	团员	湖南	56781234	19	kong@yahoo.com.cn	计算机	200901	珠市口大街12-303
0108	邢志冰	男	1992-5-16	团员	新疆	65432178	19	xing@yahoo.com.cn	计算机	200901	西单东大街30-602
0109	魏小梅	女	1991-8-18	团员	山东	98678123	20	wei@yahoo.com.cn	计算机	200901	天桥大街20-406
0110	郝霞	女	1990-6-20	党员	西藏	88665544	21	hao@yahoo.com.cn	计算机	200901	东直门二条38

记录: 第 10 项(共 10 项)　无筛选器　搜索

图 1-1-1　“教学管理”数据库的“学生档案”表

通过本案例的学习可以掌握创建空数据库的方法，用向导创建数据库的方法，在数据库内创建表的 3 种方法，利用表的设计视图创建表逻辑结构的方法，利用表的数据表视图输入和修改表数据的方法，以及保存表和数据库的方法等。

设计过程

1．创建空白数据库

在 Access 2007 中创建数据库的方法有两种，一种是创建空白数据库，再根据需要在空白数据库内创建表、查询、窗体等对象；另一种是利用 Access 2007 提供的模板来创建数据库，再修改该数据库内的表、查询、窗体等对象。下面介绍创建"教学管理.accdb"空白数据库的方法。

（1）单击"开始"→"所有程序"→Microsoft Office→Microsoft Office Access 2007 菜单命令，启动 Access 2007，弹出"开始使用 Microsoft Office Access"窗口。如果已经在 Access 2007 工作界面状态下，可以单击 Office 按钮，弹出其菜单，单击该菜单内的"新建"菜单命令，弹出"开始使用 Microsoft Office Access"窗口。

（2）单击"开始使用 Microsoft Office Access"窗口中间"新建空白数据库"栏内的"空白数据库"图标。此时右边"空白数据库"栏如图 1-1-2 所示。

（3）单击"空白数据库"栏内的 按钮，弹出"文件新建数据库"对话框，在"保存位置"下拉列表框中选择保存文件的"案例"文件夹，在"保存类型"下拉列表框内选择一种文件类型，此处选择"Microsoft Office Access 2007 数据库(*.accdb)"，在"文件名"下拉列表框内输入"教学管理.accdb"，如图 1-1-3 所示。

图 1-1-2　"空白数据库"栏之一　　　　图 1-1-3　"文件新建数据库"对话框

（4）单击"确定"按钮，关闭"文件新建数据库"对话框，此时"空白数据库"栏如图 1-1-4 所示。

（5）单击"创建"按钮，即可进入图 1-1-5 所示的 Access 2007 工作界面，同时创建一个名称为"教学管理.accdb"的空白数据库，该数据库内有一个名称为"表 1"的表。单击"表 1"窗口右上角的 按钮，关闭"表 1"表。

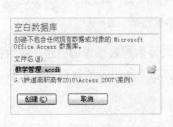

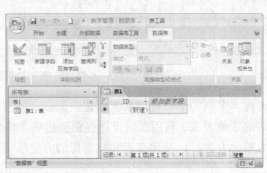

图 1-1-4　"空白数据库"栏之二　　　　图 1-1-5　Access 2007 工作界面

（6）单击 Office 按钮，弹出其菜单，单击该菜单内的"Access 选项"按钮，弹出"Access 选项"对话框，选中左边列表内的"常用"选项，切换到"常用"选项卡，如图 1-1-6 所示。

（7）单击"浏览"按钮，弹出"默认的数据库路径"对话框，在"查找范围"下拉列表框内选择文件保存的文件夹"案例"，如图 1-1-7 所示。单击"确定"按钮，关闭该对话框，回到"Access 选项"对话框，此时"默认的数据库路径"文本框内会显示新设置的默认的数据库路径。

图 1-1-6　"Access 选项"对话框　　　　　图 1-1-7　"默认的数据库路径"对话框

以后，空白数据库默认的存储路径将改为新设置的路径。

（8）在"用户名"文本框内输入用户的名称，在"缩写"文本框内输入用户的缩写名称，其他采用默认值。

（9）选中"Access 选项"对话框内左边列表中的其他选项，可以切换到不同的选项卡，进行当前数据库的默认参数设置（切换到"当前数据库"选项卡），数据表内文字的颜色、文字背景色、字体、文字大小、网格线与单元格效果设置（切换到"数据表"选项卡），数据库对象设计视图的默认值设置（切换到"对象设计器"选项卡），校对默认参数设置（切换到"校对"选项卡）以及编辑、显示和打印的默认参数设置（切换到"高级"选项卡）等。

2．创建"学生档案"表逻辑结构

创建空数据库后，首先需要在数据库内添加最基本的表对象。在数据库中创建表的方法通常有利用表模板创建表、利用表设计器创建表和通过输入数据创建表 3 种。不管使用哪种方法创建表，都需要确定表逻辑结构和输入表记录。

下面介绍利用表模板创建"学生档案"表逻辑结构的方法。

（1）单击功能区内的"创建"标签，切换到"创建"选项卡，其中的"表"组如图 1-1-8 所示。单击"表"组内的"表模板"按钮，弹出其菜单，单击该菜单内的"联系人"菜单命令，创建一个"联系人"表，如图 1-1-9 所示。

图 1-1-8　"表"组

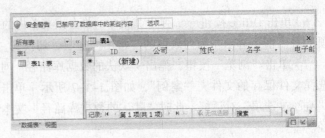

图 1-1-9　创建一个"联系人"表

（2）右击"联系人"表的"表 1"标签，或者右击导航窗格内"表 1：表"名称，都可以弹出一个快捷菜单，单击快捷菜单内的"设计视图"菜单命令，弹出"另存为"对话框，如图 1-1-10 所示。

图 1-1-10　"另存为"对话框

（3）在"另存为"对话框的"表名称"文本框内输入"学生档案"，单击"确定"按钮，即可将该表格以名称"学生档案"保存在"教学管理.accdb"数据库内，同时进入"学生档案"表的设计视图，如图 1-1-11 所示。

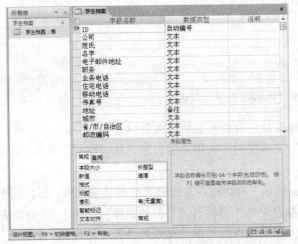

图 1-1-11　"学生档案"表的设计视图

（4）利用表的设计视图可以设置表的逻辑结构，即表字段的名称和数据类型。在该设计视图内可以对表的字段进行删除、修改和添加等操作，还可以改变表的主键。

（5）"学生档案"表的逻辑结构如表 1-1-1 所示。按照表 1-1-1 所示进行表逻辑结构的修改。例如，单击 ID 字段名称，将"ID"文字改为"学号"，再按照相同的方法，修改其他字段的名称。

表 1-1-1　"学生档案"表的逻辑结构

字段名称	数据类型	字段大小	索　引	说　　　明
学号	文本	4	有	学号后两位是序号，唯一的
姓名	文本	8	无	1 个汉字相当于 2 个字符
性别	文本	2	无	"男"或"女"

续表

字段名称	数据类型	字段大小	索　引	说　　明
出生日期	日期/时间	短日期	无	如 1990-1-10
政治面貌	文本	4	无	
籍贯	文本	8	无	
联系电话	文本	8	无	
年龄	数字	整型	无	
E-mail	文本	30	无	
系名称	文本	10	无	
班级	文本	10	无	
地址	备注		无	

（6）删除字段行：右击要删除的字段行，弹出其快捷菜单，单击该菜单内的"删除行"菜单命令，即可删除该字段行。另外，选中要删除的字段行，切换到"表工具"|"设计"选项卡，单击"工具"组内的"删除行"按钮，也可以删除选中的字段行。

（7）插入字段行：右击要插入的字段行，弹出其快捷菜单，单击该菜单内的"插入行"菜单命令，即可在该字段行上方插入一个字段行。另外，选中要插入的字段行，切换到"表工具"|"设计"选项卡，单击"工具"组内的"插入行"按钮，也可以在选中的字段行上方插入一个字段行。

（8）单击"学号"字段行的"数据类型"单元格，显示 ✓ 按钮，单击该按钮，弹出下拉列表，选择其中的"文本"选项，设置数据类型为"文本"。

单击"地址"字段行的"数据类型"单元格按钮 ✓，弹出下拉列表，选择其中的"备注"选项，设置数据类型为"备注"。

单击"年龄"字段行的"数据类型"单元格按钮 ✓，弹出下拉列表，选择其中的"数字"选项，设置数据类型为"数字"。

单击"出生日期"字段行的"数据类型"单元格按钮 ✓，弹出下拉列表，选择其中的"日期/时间"选项，设置数据类型为"日期/时间"。

（9）单击"学号"字段行的"字段名称"单元格，在下方的"常规"选项卡的"字段大小"文本框内输入4，在"索引"下拉列表框内选择"有(无重复)"选项。

再按照相同的方法，设置其他字段的大小。

单击"年龄"字段行的"字段名称"单元格，在下方的"常规"选项卡的"字段大小"行右列单元格的下拉列表框内选择"整型"选项。

单击"出生日期"字段行的"字段名称"单元格，在下方的"常规"选项卡的"格式"行右列单元格下拉列表框内选择"短日期"选项。

"学生档案"表的逻辑结构设置如图1-1-12所示。

（10）因为"学号"字段是将原ID字段的名称修改后获得的，而且原ID字段已经设置为主关键字了，所以不必再设置"学号"字段为主关键字。

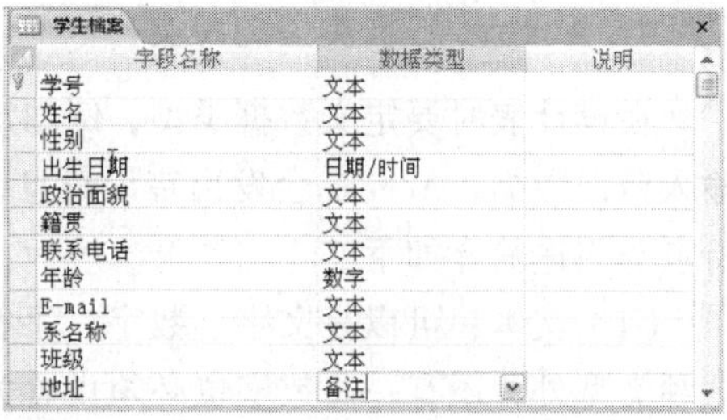

图 1-1-12　"学生档案"表的逻辑结构设置

切换到"表工具"|"设计"选项卡，单击"工具"组内的"主键"按钮，使该按钮常规状态，可以取消"学号"字段的主关键字设置；再单击"工具"组内的"主键"按钮，使该按钮突出显示，可以设置"学号"字段为主关键字。

3．输入"学生档案"表记录

（1）切换到数据表视图：要在"学生档案"表内输入记录数据，需要将视图区域切换到数据表视图，如图1-1-13所示。

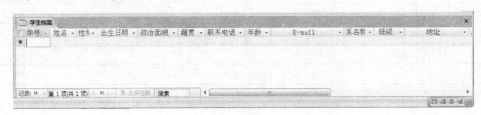

图1-1-13　"学生档案"表的数据表视图

切换到数据表视图的方法有以下几种：

◎　右击"学生档案"表的标签，弹出快捷菜单，单击该菜单内的"数据表视图"菜单命令，即可将视图区域切换到数据表视图。

◎　右击导航窗格内"学生档案：表"名称，弹出快捷菜单，单击该菜单内的"打开"菜单命令，即可将视图区域切换到数据表视图。

◎　切换到"表工具"|"设计"选项卡，单击"视图"组内的"视图"下拉按钮，弹出其菜单，单击该菜单内的"数据表视图"菜单命令，即可将视图区域切换到数据表视图。

（2）输入各记录的学号：选中第1条记录的"学号"单元格，输入学号"0101"，再按【↓】键，将光标定位在第2条记录的"学号"单元格，然后输入学号"0102"。按照相同方法输入10条记录的学号。在输入完第10条记录的学号后，不按【↓】键。

（3）输入各记录的姓名：选中第1条记录的"姓名"单元格，输入姓名"沈芳麟"。再按【↓】键，输入第2条记录"姓名"单元格内的姓名。

（4）按照上述方法，输入完所有记录的姓名和其他字段的内容，最后的表如图1-1-1所示。

（5）保存数据库：单击Office按钮，弹出其菜单，单击该菜单内的"保存"菜单命令，保存"教学管理.accdb"数据库。

相关知识

1．Access数据类型的种类

在设计表时要定义数据类型，例如定义一个字段的类型为数字，就不可以输入文本，如果输入错误数据，Access会发出错误信息，并且不允许保存。Access的数据类型共有11种，其特点与用途简介如下：

（1）文本：可以是文字、数字、字符和字母，最大字符数为255。除了一般文本要设置为这种类型外，还有一些数字也必须设置为这种类型，如学号、编号、邮政编码、电话号码和传真号码等。

（2）备注：可以是比较多的文本，最大字符数为 64 000，一般用于保存简历、注释和说明等文字比较多的数据。

（3）数字：可以是用于数学计算的数值数据。

（4）日期/时间：可以是日期及时间，允许的范围为 100—9999 年。

（5）货币：可以是货币值或用于数学计算的数值数据，这里数学计算的对象是带有 1～4 位小数的数值，有美元和欧元符号可供选择，系统会自动加上千分位分隔符。

（6）自动编号：是由 Access 自动递增生成，不能人工改变的数字。

（7）是/否：只允许输入"是"或"否"、"真"或"假"、"开"或"关"。

（8）OLE 对象：可以导入图像、声音和其他软件制作的 OLE 对象（链接或嵌入对象）。

（9）超链接：可以是文件路径、网页的名称等。

（10）附件：添加一个附件，用来保存图像、电子表格文件、文档、图表和其他类型的外部文件，还可以查看和编辑附加的文件。这与将文件附加到电子邮件类似。"附件"型字段和"OLE 对象"型字段相比，有着更大的灵活性，而且可以更高效地使用存储空间。

（11）查阅向导：可以是其他表、查询或用户提供的数值清单的数据。

如果要进一步了解如何决定表中字段的数据类型，单击表设计视图中的"数据类型"列，然后按【F1】键，弹出"Access 帮助"窗口，在"搜索"下拉列表框内输入 DataType，再单击"搜索"按钮，弹出相应的帮助信息供用户查阅。

2．创建表的 3 种方法

（1）利用表模板创建表：表模板提供了联系人、任务、问题、事件和资产 5 类表。利用表模板创建表的步骤如下：

① 切换到"创建"选项卡，单击"表"组内的"表模板"按钮，弹出其菜单，单击该菜单内的一种模板菜单命令，即可创建一个表。

② 右击新建表的标签，或者右击导航窗格内"表 1：表"名称，都可以弹出一个快捷菜单，单击快捷菜单内的"设计视图"菜单命令，弹出"另存为"对话框，输入表名称，单击"确定"按钮，将视图区域切换到设计视图。

③ 对这个表的字段结构进行修改。

④ 右击"学生档案"表的"学生档案"标签，弹出快捷菜单，单击该菜单内的"数据表视图"菜单命令，将视图区域切换到数据表视图。切换到数据表视图还有其他两种方法，前面已经介绍过了。

⑤ 输入记录。

（2）利用表设计器创建表。利用表设计器创建表的步骤如下：

① 切换到"创建"选项卡，单击"表"组内的"表设计"按钮，将视图区域切换到设计视图，创建这个表的字段结构。

② 右击表标签，弹出其快捷菜单，单击该菜单内的"保存"菜单命令，弹出"另存为"对话框，输入表名称，单击"确定"按钮，将表以设置的名称保存。

③ 将视图区域切换到数据表视图，然后输入记录。

（3）通过输入数据创建表。通过输入数据创建表的步骤如下：

① 切换到"创建"选项卡，单击"表"组内的"表"按钮，将视图区域切换到数据表视图，如图1-1-14所示。

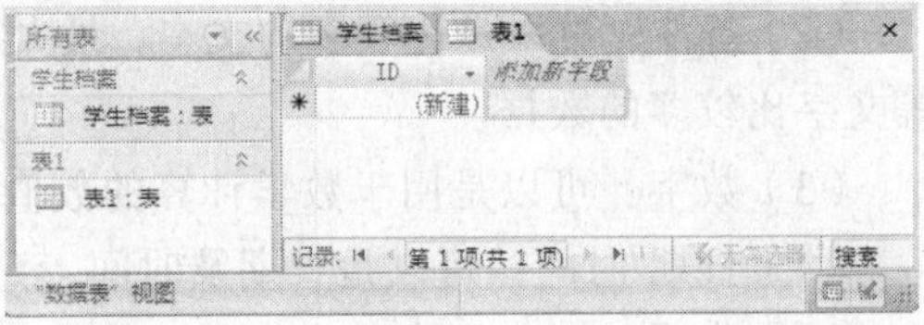

② 输入第1条记录。在"添加新字段"字段列中选中的单元格内输入字段内容（如"沈芳林"），再按【Tab】键或【→】键，原来"添加新字段"字段名称改为"字段1"，同时在"字段1"字段右边新增一个"添加新字段"字段列。

图 1-1-14　创建表并切换到数据表视图

③ 重复上述操作，输入不同字段的内容，如图1-1-15所示。输入完所有字段的第1条记录数据，不用理会字段名称。可以输入所有记录数据。

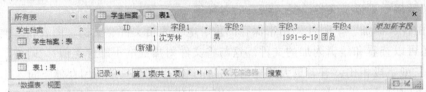

图 1-1-15　输入表中数据

④ 更改字段名称：右击字段名称，弹出快捷菜单，单击该菜单内的"重命名列"菜单命令，使字段名称进入编辑状态，输入新字段名称。

⑤ 修改字段数据类型和属性：右击新建表的标签，或者右击导航窗格内"表1：表"名称，都可以弹出一个快捷菜单，单击快捷菜单内的"设计视图"菜单命令，弹出"另存为"对话框，输入表名称，单击"确定"按钮，将视图区域切换到设计视图，然后修改字段数据类型和属性。

3．字段属性

表设计视图的下方是"字段属性"栏，它有"常规"和"查阅"两个选项卡，这个区域一次只能显示一个字段的属性，每一种数据类型的属性也不尽相同，但有些属性在各种数据类型中都存在。下面介绍部分字段属性的特点。

（1）字段大小：可以指定字段中文本长度或数字类型，文本默认长度为50，数值为长整型。文本字段的大小设置不会影响磁盘空间，但字段大小的最大值比较小时可以节约内存和加快处理速度。

（2）格式：可以定义字段中数据的格式。

（3）输入掩码：为数据的输入提供一种模式，可以保证输入数据的格式正确。单击该属性后的 ⋯ 按钮，会弹出"输入掩码向导"对话框。利用该对话框可以选择一种模式。

（4）标题：可以定义字段的别名，作为创建窗体和报表时数据单中使用的标签。因字段名的要求比较严格，如字段名中不能有空格，字段名一般简明。如果字段名为"地址"，将标题设置为"家 庭 地 址"，则其可读性提高了，但标题字间加入空格，使宽度增加了。

（5）默认值：定义自动输入到字段的值。

（6）有效性规则：利用表达式对输入的数据加以限制。有效性有可能是自动的，例如检查字段数据类型是否正确；有效性还可以自定义一个取值范围，例如，输入的数不大于100，则可以在该文本框内输入"<=100"。此处的表达式与查询中的条件表达式类似，将在以后详细介绍。

（7）有效性文本：定义在字段中输入无效数据时屏幕显示的提示信息。

（8）必填字段：用于设置字段是否必须填写，设置成"是"时，这个字段不能空白。

（9）允许空字符串：如果为"是"，则该字段可以接受空字符串为有效输入项。

（10）索引：可以选择是否为这个字段建立索引或者是否允许重复建立索引。

（11）小数位数：用一个数字指定小数点右边的位数，选择"自动"选项时，可自动确定小数位。

（12）文本对齐：在其下拉列表框内选择一个选项，可以设置一种文本对齐方式。

4．对象命名规则

表、字段、窗体、报表、查询和宏等对象的命名规则基本一样，应遵循以下原则：

（1）任何一个对象的名称不能与数据库中其他同类对象同名，例如不能有两个名称为"学生档案"的表对象。

（2）不能有相同名称的表和查询对象。

（3）对象、字段和控件的名称不能与属性名或 Access 内部已经使用的其他要素同名。

（4）对象、字段和控件的名称最多可以有 64 个字符，可以包括空格，但是不能以空格开头。但要尽量避免使用空格，原因是在某些情况下，名称中的空格可能会和 Microsoft Visual Basic for Applications 存在命名冲突。

另外，用户应该尽量避免使用较长的字段名。因为如果不调整列的宽度，就难以看到完整的字段名。

（5）名称可以包括除"."（句号）、"!"（感叹号）、"`"（重音符号）和"[ ]"（方括号）之外的所有标点符号。

（6）名称不能包含控制字符（从 0～31 的 ASCII 值）。

（7）在 Access 项目中，表、视图或存储过程的名称中不能包括"""（半角双引号）。

（8）为对象、字段和控件命名时，最好确保新名称和 Microsoft Access 中已有属性和其他元素的名称不重复；否则，在某些情况下，数据库可能产生意想不到的结果。

思考练习 1-1

1．创建一个"通讯录"数据库，其内有"亲友通讯录"和"业务通讯录"两个表。"亲友通讯录"表的逻辑结构如表 1-1-2 所示，其中"编号"设置为主关键字。"业务通讯录"表的逻辑结构与"亲友通讯录"表的逻辑结构相同。两个表内各有 10 条记录。

表 1-1-2　"亲友通讯录"表的逻辑结构

字 段 名 称	数 据 类 型	字 段 大 小	索 引
编号	文本	4	有
姓名	文本	8	无
性别	文本	2	无
年龄	数字	整型	无
单位电话	文本	10	无
家庭电话	文本	16	无

续表

字 段 名 称	数 据 类 型	字 段 大 小	索 引
手机号码	文本	10	无
E-mail	文本	30	无
QQ	文本	30	无
Hotmail	文本	30	无
地址	备注		无

2. 修改"通讯录"数据库内"亲友通讯录"和"业务通讯录"两个表的结构和记录数据。要求删除"亲友通讯录"表内的"年龄"和"性别"字段，在"业务通讯录"表内增加"职称"、"学历"和"身份证号码"字段。在两个表内分别删除 2 条记录，在记录中间插入 2 条记录，在记录末尾追加 2 条记录。

1.2 【案例2】创建"学生成绩"和"课程"表

案例描述

本案例将在"教学管理.accdb"数据库内创建一个"学生成绩"表和一个"课程"表。"学生成绩"表如图 1-2-1 所示，"课程"表如图 1-2-2 所示。"学生成绩"表中的"成绩 ID"字段设置为主关键字，"课程"表中的"课程编号"字段设置为主关键字。另外，还建立"学生档案"、"学生成绩"和"课程"3 个表之间的关系。

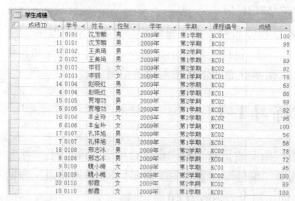

图 1-2-1 "学生成绩"表

图 1-2-2 "课程"表

通过本案例的学习可以进一步掌握各种创建表的方法，以及复制、粘贴和删除表的方法，进一步了解索引、主键和表关系概念，掌握创建表关系的方法。

设计过程

1. 创建"学生成绩"表

（1）单击 Office 按钮，弹出其菜单，单击该菜单内的"打开"菜单命令，弹出"打开"对话框，选中"教学管理.accdb"数据库文档，单击"打开"按钮，打开"教学管理.accdb"数据库。

（2）在左边的导航窗格内右击"学生档案：表"名称，弹出快捷菜单，单击该菜单内的"复制"菜单命令，将该表复制到剪贴板内。右击导航窗格空白处，弹出快捷菜单，单击该菜单内的"粘贴"菜单命令，弹出"粘贴表方式"对话框。

（3）在"粘贴表方式"对话框的"表名称"文本框内输入新表的名称"学生成绩"，选中"结构和数据"单选按钮，如图 1-2-3 所示。

（4）单击"确定"按钮，将剪贴板内的表粘贴到"教学管理.accdb"数据库内，导航窗格内会增加一个"学生成绩：表"对象，在视图区域内显示"学生成绩"表，它与"学生档案"表的内容和逻辑结构相同。

图 1-2-3 "粘贴表方式"对话框

（5）选中 E-mail 字段名称，在按住鼠标左键向右拖曳，选中 E-mail 字段和其右边的所有字段，如图 1-2-4 所示。

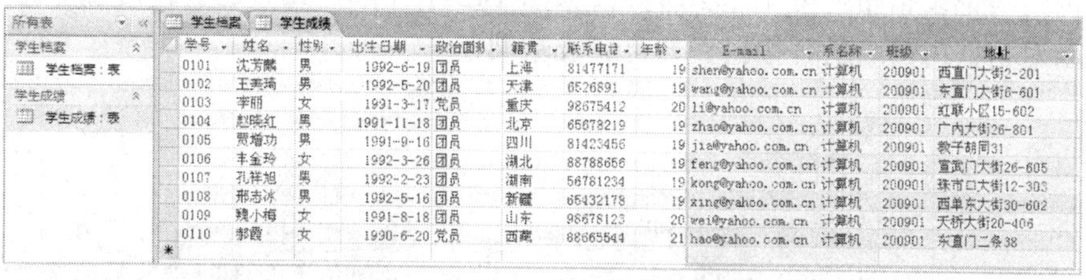

图 1-2-4 选中 E-mail 字段和其右边的所有字段

右击所选字段中的字段名称行，弹出其快捷菜单，单击该菜单内的"删除列"菜单命令，弹出 Microsoft Office Access 提示对话框，如图 1-2-5 所示。单击"是"按钮，删除选中的字段。

（6）右击"出生日期"字段，弹出其快捷菜单，单击该菜单内的"删除列"菜单命令，弹出 Microsoft Office Access 提示框，单击"是"按钮，删除选中的字段，效果如图 1-2-6 所示。

图 1-2-6 删除字段后的效果

图 1-2-5 提示对话框

（7）切换到"学生成绩"表的设计视图，按照表 1-2-1 所示，修改一些字段的名称和属性，增加一些字段。设置好的"学生成绩"表的逻辑结构如图 1-2-7 所示。

表 1-2-1 "学生成绩"表的逻辑结构

字段名称	数据类型	字段大小	索引称	字段名称	数据类型	字段大小	索引
成绩 ID	自动编号		有	学号	文本	4	无
姓名	文本	8	无	性别	文本	2	无
学年	文本	6	无	学期	文本	8	无
课程编号	文本	8	无	成绩	数字	整型	无

（8）双击导航窗格内的"学生档案：表"名称，使右边视图区域内切换到数据表视图，输入各记录的数据，如图 1-2-8 所示。然后保存数据库文件。

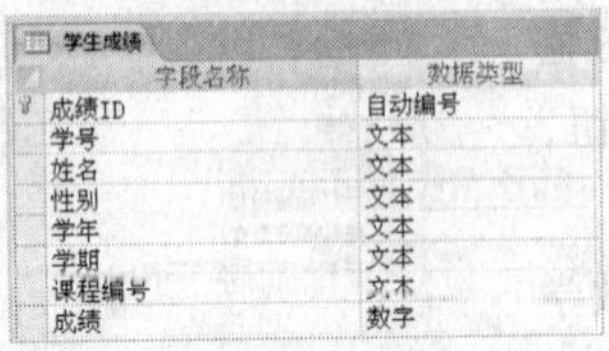

图 1-2-7 "学生成绩"表的逻辑结构设置

图 1-2-8 "学生成绩"表部分记录

（9）右击字段行左端的行选定器图标，选中整个表，同时弹出快捷菜单，如图 1-2-9 所示。单击该菜单内的"复制"菜单命令，将表复制到剪贴板内。

（10）右击第 11 行的行选定器图标※，弹出快捷菜单，单击该菜单内的"粘贴"菜单命令，将剪贴板内的表记录粘贴到第 11～20 行内，如图 1-2-10 所示。此时还会弹出一个提示对话框，单击该提示对话框内的"是"按钮，即可完成粘贴任务。

图 1-2-10 复制、粘贴表记录之一

注意：第（9）、（10）步骤的操作不要出错，否则应关闭数据库，再打开数据库重新进行第（9）、（10）步骤操作。

图 1-2-9 选中整个表同时弹出快捷菜单

（11）修改粘贴记录中的"学期"、"课程编号"和"成绩"字段中的数据，效果如图 1-2-11 所示。

（12）拖曳鼠标选中"学号"字段，切换到"开始"选项卡，单击"排序和筛选"组内的"升序"按钮 ↓，表中的记录即可按照"学号"字段升序排序，效果如图 1-2-1 所示。

2．创建"课程"表

（1）切换到"创建"选项卡，单击"表"组内的"表"按钮，将视图区域切换到数据表视图，如图 1-2-12 所示。

（2）输入第 1 条记录。在"添加新字段"字段列中选中的单元格内输入文字"KC01"，按【Tab】键，原来"添加新字段"字段名称改为"字段 1"，同时在"字段 1" 字段右边新增一个"添加新字段"字段列。

图 1-2-11 复制、粘贴表记录之二

（3）重复上述操作，输入不同字段的内容。输入完所有字段的第1条记录数据，接着输入其他4条记录数据，效果如图1-2-13所示。

图1-2-12 创建表　　　　　图1-2-13 输入5条记录

（4）右击"字段1"字段名称，弹出快捷菜单，单击该菜单内的"重命名列"菜单命令，使"字段1"字段名称进入编辑状态，输入新字段名称"课程编号"。接着，将"字段2"字段名称改为"课程名"，将"字段3"字段名称改为"课程类型"。

（5）右击新建表的标签，弹出快捷菜单，单击该菜单内的"设计视图"菜单命令，弹出"另存为"对话框，输入表名称"课程"，单击"确定"按钮，将视图区域切换到设计视图。

（6）删除"ID"字段，并按照表1-2-2所示修改字段属性。设置"课程编号"字段为主关键字，然后保存数据库。

表1-2-2 "课程"表的逻辑结构

字 段 名 称	数 据 类 型	字 段 大 小	索 引
课程编号	文本	4	有
课程名称	文本	20	无
课程类别	文本	6	无

3．创建表关系

目前已经在"教学管理"数据库内创建了"学生档案"、"学生成绩"和"课程"3个表。下面介绍建立这3个表关系的方法。注意，在建立表关系之前必须关闭所有表。

（1）切换到"数据库工具"选项卡，单击"显示/隐藏"组内的"关系"按钮，即可在视图区域内显示"关系"选项卡，如图1-2-14所示。

另外，切换到"表工具"|"数据表"选项卡，单击"关系"组内的"关系"按钮，也可以在视图区域内显示"关系"选项卡。该选项卡内只给出了"学生档案"和"学生成绩"两个表的字段列表框。

（2）右击"关系"选项卡空白处，弹出快捷菜单，单击该菜单内的"显示表"命令，弹出"显示表"对话框，默认选中"课程"表，如图1-2-15所示。

图1-2-14 "关系"选项卡之一

图1-2-15 "显示表"对话框

（3）单击"添加"按钮，即可将"课程"表的字段列表框添加到"关系"选项卡内。单击"关闭"按钮，关闭"显示表"对话框。

（4）拖曳"学生成绩"、"课程"和"学生档案"表的字段列表框，调整它们的位置。此时"关系"选项卡如图 1-2-16 所示。

（5）将"课程"表字段列表框内的"课程编号"字段名称拖曳到"学生成绩"表的字段列表框内的"课程编号"字段名称处，释放鼠标左键后，会弹出"编辑关系"对话框，如图 1-2-17 所示。可以看到，这是一对多的关系。

图 1-2-16　"关系"选项卡之二　　　　图 1-2-17　"编辑关系"对话框

（6）单击"联接类型"按钮，可以弹出"联接属性"对话框，如图 1-2-18 所示。利用该对话框可以选择联接属性，选中需要的单选按钮后，单击"确定"按钮，即可完成联接属性的设置。

（7）单击"新建"按钮，弹出"新建"对话框，利用该对话框还可以重新设置相互建立联系的表，以及表内的字段名称。在上方的两个下拉列表框内可以选择建立联系的表，在下方的两个下拉列表框内可以选择建立联系的字段名称，如图 1-2-19 所示。单击"确定"按钮，关闭"新建"对话框，重新建立联系。

图 1-2-18　"联接属性"对话框　　　　图 1-2-19　"新建"对话框

（8）单击"编辑联系"对话框内的"创建"按钮，即可创建"课程"表"课程编号"字段和"学生成绩"表"课程编号"字段的关系。在"关系"选项卡内可以看到"课程"表"课程编号"字段和"学生成绩"表"课程编号"字段之间出现一条关系折线，表示这两个字段之间建立了关系。

（9）将"学生成绩"表字段列表框内的"学号"字段名称拖曳到"学生档案"表字段列表框内的"学号"字段名称处，释放鼠标左键后，会弹出"编辑关系"对话框。单击"创建"按钮，即可创建这两个字段之间的关系。此时的"关系"选项卡如图 1-2-20 所示。

图 1-2-20　"关系"选项卡

（10）删除关系：选中字段之间的关系折线（折线变粗），按【Delete】键即可删除该关系。另外，在选中字段之间的关系折线后右击，弹出快捷菜单，单击该菜单内的"删除"菜单命令，也可以删除该关系。

（11）编辑关系：弹出"编辑关系"对话框，如图 1-2-17 所示，利用该对话框可以编辑关系。弹出"编辑关系"对话框有以下几种方法：

◎ 双击字段之间的关系折线。

◎ 右击关系折线，弹出快捷菜单，单击该菜单内的"编辑关系"菜单命令。

◎ 切换到"关系工具"|"设计"选项卡，单击"工具"组内的"编辑关系"按钮。

相关知识

1. 表的主键和外键

主键是用于唯一标识表中每个记录的一个或多个字段。数据库中的每一个表都必须要有至少一个字段设置为主关键字（主键），用来保证记录的唯一性。设置主关键字的字段可以是一个或多个。

外键是引用其他表中的主键字段（一个或多个）的一个或多个表字段，它用于表明表之间的关系。在包含外键记录的表（外表）有匹配或相关记录之前，包含主键字段的表（主表）必须已有记录。

在多字段主键中，字段的顺序可能会非常重要。多字段主键中字段的次序按照它们在表设计视图中的顺序排列。可以在"索引"窗口中更改主键字段的顺序。

（1）主键字段的作用。设置为主关键字的字段有如下作用：

◎ 保证表中的所有记录都能够被唯一识别。

◎ 用于创建表缩影字段，保持记录按主键字段排序，加快处理速度。

◎ 在建立两个表之间的关系时，应将主表的主键字段与外表的相同数据结构和类型的字段进行关联，通常第 2 个表的字段不是主键字段。

◎ 可以自动阻止在主键字段中输入重复值或 Null 值，保证表记录合法。

（2）可以有自动编号、单字段和多字段 3 种主键，简介如下：

◎ "自动编号"主键：当向表中添加每一条记录时，具有"自动编号"数据类型的字段会自动输入连续数字的编号。如果在创建表的过程中没有设置主键，在保存表时系统会询问是否由系统创建一个主键，如果回答为"是"，则系统会自动创建一个设置为主键的具有"自动编号"数据类型的 ID 字段。

如果不能确定是否能为多字段主键选择合适的字段组合，应该添加一个"自动编号"字段并将它指定为主键。例如，将"名字"和"姓氏"字段组合起来作为主键并非很好的方法，因为在这两个字段的组合中，完全有可能会遇到重复的数据。

◎ 单字段主键：如果字段中包含的都是唯一的值，如 ID 号或学号，则可以将该字段指定为主键。只要某字段包含数据（数据类型可以是文本、数字、货币和日期/时间），且不包含重复值或 Null 值，就可以为该字段指定主键。

◎ 多字段主键：在不能保证任何单字段包含唯一值时，可以将两个或更多的字段指定为主键。

（3）设置和删除主键：表中设置主键的字段左边标识列内会增加 图标。

◎ 选择要设置主键的字段：在表的设计视图中，单击要设置主键的字段行，即可选中该字段；按住【Ctrl】键，同时单击要设置主键的字段行，可以同时选择多个字段。

◎ 设置主键：选中一个或多个字段后，切换到"表工具"丨"设计"选项卡，单击"工具"组内的"主键"按钮，使其突出显示。

◎ 删除主键：选中要删除的主键字段行，再切换到"表工具"丨"设计"选项卡，单击"工具"组内的"主键"按钮，取消其突出显示状态。

2. 索引

索引有助于快速查找和排序，尤其当数据量较大时，索引的重要性就会更明显。"索引"是数据库（不只是 Access）中极为重要的概念，它就像数据的指针。通常，对要经常搜索的字段（字段数据类型可以是文本、数字、货币和日期/时间）、排序字段或查询中连接到其他表字段的字段设置索引。注意，OLE 对象等一些数据类型字段是不可以建立索引的。要为字段添加索引，其数据类型的字段属性栏中必须有"索引"选项。

如果索引对象选择得不正确，反而会降低输入、编辑、查找和排序的速度。因为每加一个索引，就会多出一个内部的索引文件，增加或修改数据内容时，Access 同时需要更新索引数据，有时反而会降低系统的效率。

以"教学管理"数据库中的"学生档案"表为例，一般的查询方式是利用"学号"或"姓名"字段，但姓名可能会有相同的，而学号则没有相同的，因而"学号"字段比"姓名"字段更适合设置为索引。

（1）为字段添加索引：切换到设计视图，选中要添加索引的字段名称，单击"字段属性"栏中的"常规"标签，切换到"常规"选项卡。单击"索引"属性右边的下拉列表框，使它出现下拉按钮，单击该按钮，弹出下拉列表，其内有 3 个选项，从中选择"有(有重复)"或"有(无重复)"选项。3 个选项的含义如下：

◎ "无"选项：该字段不需要建立索引。

◎ "有(有重复)"选项：以该字段建立索引，同一类型的数据（有重复）可以输入该字段的多条记录中，即其属性值可以重复。

◎ "有(无重复)"选项：以该字段建立索引，同一类型的数据（无重复）可以输入该字段的多条记录中，即其属性值不可以重复。

切换到"表工具"丨"设计"选项卡，单击"显示/隐藏"组内的"索引"窗口，可以弹出"索引"窗口，如图 1-2-21 所示，在该窗口中可以定义索引。

（2）删除字段的索引：切换到设计视图，选中要删除索引的字段名称，在"常规"选项卡的"索引"下拉列表框内选择"无"选项。要删除主键字段的索引，需要先删除该字段的主键，再删除字段的索引属性。

图 1-2-21　"索引"窗口

（3）单字段索引和多字段索引：单字段索引就是给单一字段添加索引，多字段索引就是给多个字段（即组合字段）添加索引。

3．关系

关系是指在两个表的公共字段（列）之间所建立的关联。建立关系时，相关联的字段不一定要有相同的名称，但必须有相同的字段类型，或者主键字段是"自动编号"数据类型字段。表（主表）与表（外表）之间的关系可以为一对一、一对多、多对多 3 种。

（1）"一对一"关系：两个表中含有相同属性的相同字段，一个表（主表）中的每条记录都只与另一个表（外表）中的一条记录相关联，这种关系就是一对一关系。简单来说，就是对于主表中的每个记录，在外表中有且只有一个记录与之对应。这种关系在"关系"窗口中仅使用一条折线来连接两个表的相关字段。

（2）"一对多"关系：一个表中的每条记录都只与另一个表中的一条或多条记录相关联，这种关系就是一对多关系。这种关系是 Access 中最常使用的关系。简单来说，就是对于主表中的每个记录，在外表中有一个或多个相关记录与之对应。

例如，如图 1-2-22 所示，"学生档案表"的"学号"字段与"学生成绩表""学号"字段的关系就属于一对多关系。在"学生档案表"中，没有一条以上的记录具有相同的"学号"和"姓名"字段内容，但是在"学生成绩表"中，就有多条以上的记录具有相同的"学号"和"姓名"字段内容。

"一对多"关系在"关系"视图中使用一条折线来连接两个表的相关字段，而且折线的一端有"1"，表示是一对多中的"一"端；折线的另一端有"∞"符号，表示是一对多中的"多"端，如图 1-2-22 所示。

在创建"一对多"关系时，除了外表内有多条以上的记录具有一些相同的字段内容外，还应该在弹出"编辑关系"对话框（见图 1-2-17）后，选中"实施参照完整性"复选框，再单击"创建"按钮。

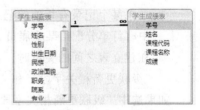

图 1-2-22　一对多关系

（3）"多对多"关系：是一个表 A 中的一条记录对应另一个表 B 的多条记录，同时表 B 的一条记录也会对应表 A 的多条记录，这种关系就是多对多的关系。简单来说，就是对于主表中的每个记录与之对应，在外表中有多个相关记录与之对应，对于外表中的每个记录，在主表中有多个相关记录与之对应。

多对多关系实际上是和第三个表的两个一对多关系，如图 1-2-23 所示。

图 1-2-23　多对多关系

4．参照完整性

参照完整性是一个规则系统，Access 使用这个系统来确保相关表中记录之间关系的有效性，并且不会意外地删除或更改相关数据。

（1）设置参照完整性的条件：只有在符合下列所有条件时，才可以设置参照完整性。

◎ 来自于主表的匹配字段是主键或具有唯一索引。

◎ 相关的字段都具有相同的数据类型。

但是有两种例外情况："自动编号"型字段可以与"字段大小"属性设置为"长整型"的"数字"型字段相关；"字段大小"属性设置为"同步复制 ID"的"自动编号"型字段可以与一个"字段大小"属性设置为"同步复制 ID"的"数字"型字段相关。

◎ 两个表都属于同一个 Access 数据库。

如果表是链接的表，则它们必须是 Access 格式的表，并且必须打开存储此表的数据库以设置参照完整性。不能对数据库中其他格式的链接表实施参照完整性。

（2）实施参照完整性时要遵循的规则：

◎ 不能在相关表的外键字段中输入不存在于主表的主键中的值。但是，可以在外键中输入一个 Null 值来指定这些记录之间并没有关系。例如，不能为不存在的客户指定订单，但通过在"客户 ID"字段中输入一个 Null 值，可以有一个不指派给任何客户的订单。

◎ 如果相关表中存在匹配的记录，则不能从主表中删除这个记录。例如，如果"订单"表中有订单分配给某一雇员，就不能在"雇员"表中删除此雇员的记录。

◎ 如果某个记录有相关的记录，则不能在主表中更改主键值。例如，如果在"订单"表中有订单分配给某个雇员，则不能在"雇员"表中更改这位雇员的 ID。

◎ 在建立表之间的关系时，在"编辑关系"对话框中选中"实施参照完整性"复选框，"级联更新相关字段"和"级联删除相关记录"两个复选框变为有效。

如果选中"级联更新相关字段"复选框，则当更新父行（一对一、一对多关系中"左"表中的相关行）时，Access 就会自动更新子行（一对一、一对多关系中"右"表中的相关行）；选中"级联删除相关字段"复选框，当删除父行时，子行也会被删除。而且选中"实施参照完整性"复选框，原来折线的两端会出现"1"或"∞"符号。在一对一关系中，"1"符号会出现在折线两端，而一对多关系中的"∞"符号则会出现在关系中的右表对应折线的一端。

设置了实施参照完整性，在表中修改一个记录的时候，就不会影响到查询操作。特别是在有很多表，而且各个表之间都有关联时，实施参照完整性会带来更多的方便。

思考练习 1-2

1. 创建一个"学生管理系统 1.mdb"数据库（数据库保存为"Access 2002-2003 数据库"格式），其中有"学生档案表"、"学生成绩表"、"学生选课表"和"课程设置表"4 个表。"学生档案表"如图 1-2-24 所示，"学生选课表"如图 1-2-25 所示，"学生选课表"如图 1-2-26 所示，"课程设置表"如图 1-2-27 所示。

学生档案表

学号	姓名	性别	出生日期	民族	政治面貌	职务	专业	班级	籍贯	电话
19980101	张蓉芳	女	12月15日1982	汉	团员		传媒	2	新疆	81683222
19980102	贾东宁	男	12月27日1984	汉	团员	班长	传媒	5	辽宁	81684567
19980201	赵雪芬	女	04月06日1983	汉	党员	学习委员	计算机	1	吉林	61685678
19980202	李红雪	女	09月17日1984	满	团员		计算机	3	上海	81477273
19980301	胡世民	男	01月25日1984	回	团员		网络	2	四川	51684671
19980302	孙红蕾	男	10月30日1985	回	党员	生活委员	网络	1	北京	65433231

图 1-2-24 学生档案表

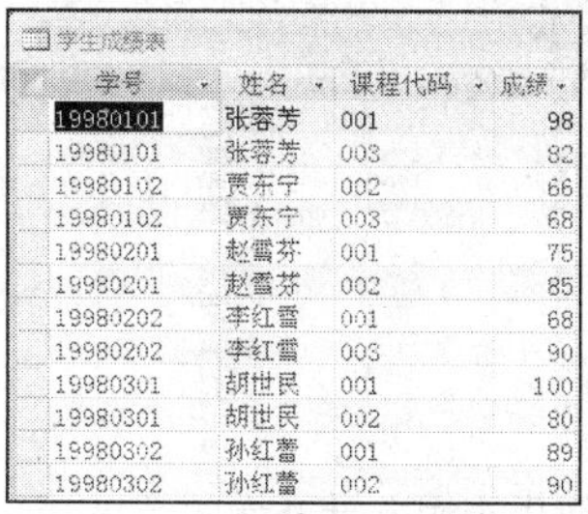

学生成绩表

学号	姓名	课程代码	成绩
19980101	张蓉芳	001	98
19980101	张蓉芳	003	82
19980102	贾东宁	002	66
19980102	贾东宁	003	68
19980201	赵雪芬	001	75
19980201	赵雪芬	002	85
19980202	李红雪	001	68
19980202	李红雪	003	90
19980301	胡世民	001	100
19980301	胡世民	002	80
19980302	孙红蕾	001	89
19980302	孙红蕾	002	90

图 1-2-25　学生成绩表

学生选课表

学号	姓名	课程代码
19980101	张蓉芳	002
19980101	张蓉芳	003
19980102	贾东宁	001
19980102	贾东宁	002
19980201	赵雪芬	003
19980202	李红雪	001
19980202	李红雪	002
19980301	胡世民	001
19980301	胡世民	002
19980302	孙红蕾	001
19980302	孙红蕾	003
19980201	赵雪芬	001

图 1-2-26　学生选课表

课程设置表

课程代码	课程名称	学时	类别	教师姓名
001	计算机基础	74	专业课	魏雪英
002	C程序设计	74	专业课	曲蓬生
003	Access	74	专业课	张伦

图 1-2-27　课程设置表

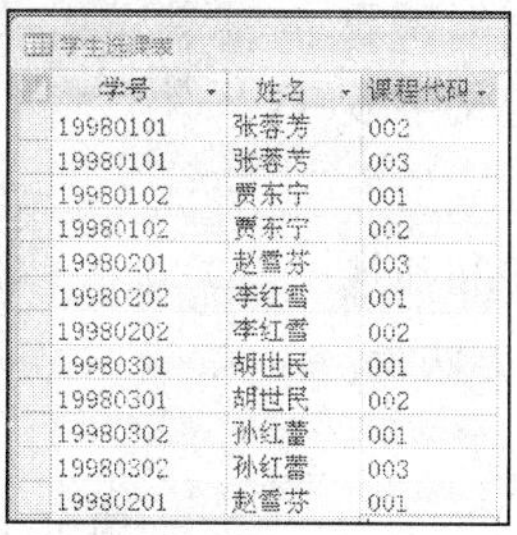

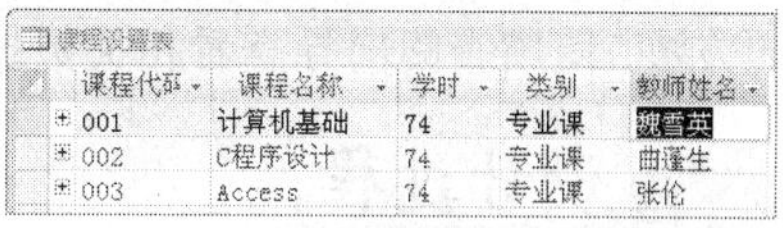

2. 在这 4 个表之间创建关系，如图 1-2-28 所示。

图 1-2-28　4 个表的关系

1.3 【案例 3】修改表和筛选数据

案例描述

前面已在“教学管理”数据库内创建了“学生档案”、“学生成绩”和“课程”3 个表。本案例是将“学生档案”表复制一份，将复制的表命名为“学生档案 1”，再将“学生档案”表中的“系名称”改为“计算机应用”，添加“勤工否”字段，进行数据表显示方式的设置等。然后，对“学生档案”和“学生成绩”表进行“格式”、“有效性规则”和“输入掩码”等属性设置。此时的“学生档案”表如图 1-3-1 所示。再对“学生成绩”表进行各种筛选查询和排序筛选查询等。最后，使用查阅向导筛选查看相关数据，单击“成绩排序”字段按钮，弹出下拉列表，列出一个筛选排序查询“学生成绩”表的结果，其中给出了“学号”、“姓名”、“性别”、“学年”、“学期”和“成绩”字段的记录，显示的记录按照成绩升序排列，在成绩相同时，先显示女生记录，再显示男生记录，效果如图 1-3-2 所示。

学生档案　学生成绩

学号	姓名	性别	出生日期	年龄	政治面貌	籍贯	联系电话	E-mail	勤工否	系名称	班级	地址
0101	沈芳麟	男	1992年6月19日 星期五	19	团员	上海	81477171	shen@yahoo.com.cn	☑	计算机应用	200901	西直门大街2-201
0102	王美琦	男	1992年5月20日 星期三	19	团员	天津	86526891	wang@yahoo.com.cn	☑	计算机应用	200901	东直门大街6-601
0103	李丽	女	1991年3月17日 星期日	20	党员	重庆	98675412	li@yahoo.com.cn	☐	计算机应用	200901	红联小区15-602
0104	赵晓红	男	1991年11月18日 星期一	19	团员	北京	65678219	zhao@yahoo.com.cn	☐	计算机应用	200901	广内大街26-801
0105	贾增功	男	1991年9月16日 星期一	19	团员	四川	81423456	jia@yahoo.com.cn	☐	计算机应用	200901	教子胡同31
0106	丰金玲	女	1992年3月26日 星期四	19	团员	湖北	88788656	feng@yahoo.com.cn	☑	计算机应用	200901	宣武门大街26-605
0107	孔祥旭	男	1992年2月23日 星期日	19	团员	湖南	56781234	kong@yahoo.com.cn	☑	计算机应用	200901	珠市口大街12-303
0108	邢志冰	男	1992年5月16日 星期六	19	团员	新疆	65432178	xing@yahoo.com.cn	☐	计算机应用	200901	西单东大街30-602
0109	魏小梅	女	1991年8月18日 星期日	20	团员	山东	98678123	wei@yahoo.com.cn	☑	计算机应用	200901	天桥大街20-406
0110	郝霞	女	1990年6月20日 星期三	21	党员	西藏	88665544	hao@yahoo.com.cn	☐	计算机应用	200901	东直门二条38
*			_年_月_日						☐			

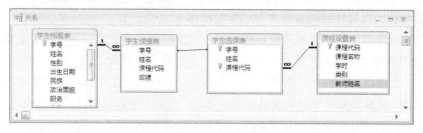

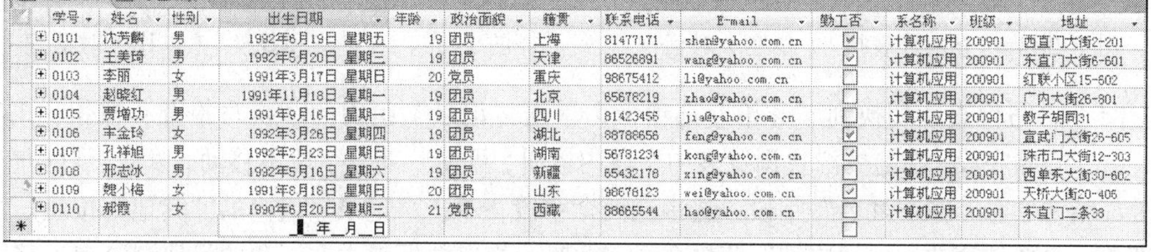

图 1-3-1　修改后的“学生档案”表

通过本案例的学习可以进一步掌握编辑表逻辑结构和数据表内容的方法，掌握定义字段有效性规则的方法，更改数据表显示方式的方法，数据表中数据的查找和替换、排序和筛选的方法，使用查阅向导查看相关数据的方法等。

图 1-3-2　使用查阅向导查看的结果

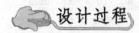

1. 修改"学生档案"表中的字段

（1）打开数据库文档：打开"教学管理.accdb"数据库文档。在导航窗格内，将"学生档案"表复制一份，再将复制的表命名为"学生档案1"。

（2）调整字段的位置：双击导航窗格内的"学生档案"表名称，弹出"学生档案"表的数据表，选中"年龄"字段，拖曳选中的字段到"出生日期"字段右侧。

或者，右击导航窗格内的"学生档案"表名称，弹出快捷菜单，单击该菜单内的"设计视图"菜单命令，将视图区域切换到设计视图。选中"年龄"字段，垂直向上拖曳到"出生日期"字段的下方，这一操作并不影响数据表中"年龄"字段的位置。

（3）插入"勤工否"字段：选中"系名称"字段，切换到"表工具"|"设计"选项卡，单击"工具"组内的"插入行"按钮，在"系名称"字段上方插入一个空字段行。然后输入字段名"勤工否"，在"数据类型"下拉列表框内选择"是/否"选项。此时"勤工否"字段内出现一个复选框，单击它可以在选中和取消选中之间切换。

（4）查找和替换：双击导航窗格内的"学生档案"表名称，弹出"学生档案"表的数据表，选中"系名称"字段，切换到"开始"选项卡，单击"查找"组内的"替换"按钮，弹出"查找和替换"（替换）对话框，在其"查找内容"下拉列表框内输入"计算机"，在"替换为"下拉列表框内输入"计算机应用"，如图 1-3-3 所示。再单击"全部替换"按钮，即可将"系名称"字段内的"计算机"改为"计算机应用"。

单击"查找和替换"（替换）对话框内的"查找"标签，或者单击"查找"组内的"查找"按钮，弹出"查找和替换"（查找）对话框，如图 1-3-4 所示。

图 1-3-3　"查找和替换"（替换）对话框

图 1-3-4　"查找和替换"（查找）对话框

（5）拼写检查：切换到"开始"选项卡，单击"记录"组内的"拼写检查"按钮。

（6）冻结字段：在拖曳滑块浏览表中字段内容时，可使一部分字段不移动，以便于对比查看。此处冻结"学号"和"姓名"字段。选中这两个字段，单击"记录"组内的"其他"按钮，弹出其菜单，单击该菜单内的"冻结"菜单命令。此时，拖曳数据表内右下角的滑块浏览表中字段内容时，"学号"和"姓名"字段不移动，如图 1-3-5 所示。

单击"记录"组内的"其他"按钮，弹出其菜单，单击该菜单内的"取消冻结"菜单命令，即可取消冻结。

（7）展开子数据表：单击记录行选定器右侧的⊞按钮，可以展开子数据表，如图 1-3-6 所示。再单击记录行选定器右边的⊟按钮，可以折叠子数据表。

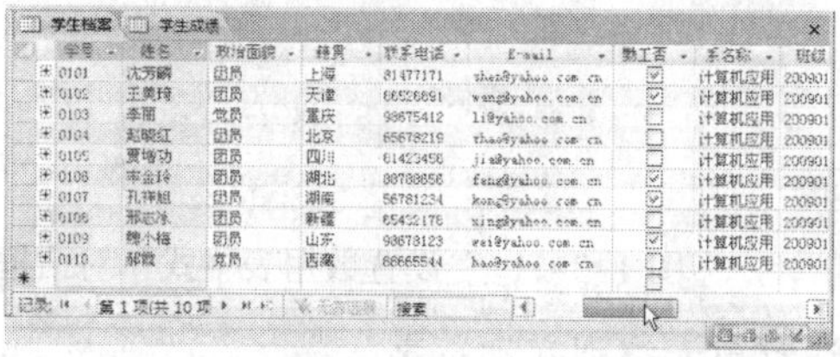

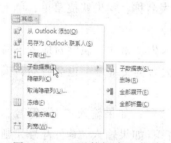

图 1-3-5　"学号"和"姓名"字段不移动

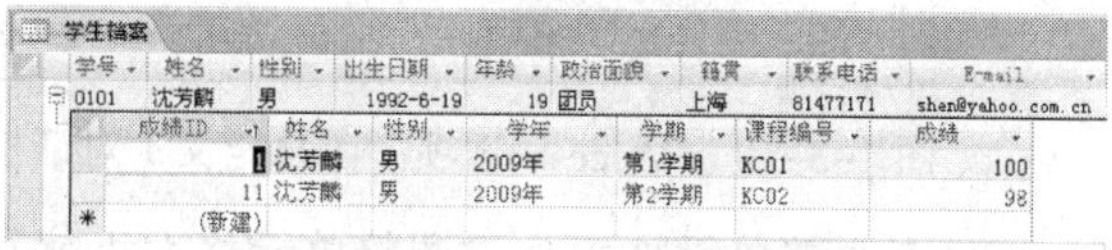

图 1-3-6　展开子数据表

单击"记录"组内的"其他"按钮，弹出其菜单，单击该菜单内的"子数据表"菜单命令，弹出"子数据表"子菜单，如图 1-3-7 所示。单击该菜单内的"全部展开"菜单命令，即可展开所有记录的子数据表。单击该菜单内的"全部折叠"菜单命令，即可将所有记录展开的子数据表折叠。

（8）隐藏字段：选中"学号"字段，单击"记录"组内的"其他"按钮，弹出其菜单，单击该菜单内的"隐藏列"菜单命令，即可将选中的"学号"字段隐藏。

再单击该菜单内的"取消隐藏列"菜单命令，弹出"取消隐藏列"对话框，选中"学号"复选框，如图 1-3-8 所示，即可将隐藏的"学号"字段显示出来。利用"取消隐藏列"对话框可以非常方便地确定隐藏和取消隐藏哪些字段。

图 1-3-7　"子数据表"菜单

图 1-3-8　"取消隐藏列"对话框

（9）改变数据表的显示方式：选中"学生档案"表，切换到"开始"选项卡，利用"字体"组（见图 1-3-9）内的选项可以设置整个表内文字的字体、字号、文字颜色、风格、背景色、偶数行记录的背景色、文字对齐方式等。

图 1-3-9　"字体"组

（10）设置单元格：除了利用"字体"组设置网格线种类外，还可以弹出"Access 选项"（自定义）对话框，按照图 1-3-10 所示进行设置，单击"确定"按钮，将"设置数据表格式"工具添加到快速访问工具栏内。

单击快速访问工具栏内的"设置数据表格式"按钮，弹出"设置数据表格式"对话框，如图 1-3-11 所示。利用该对话框可以设置单元格效果、网格线显示方式、网格线颜色、单元格背景色、偶数行记录的背景色、边框和线型等。

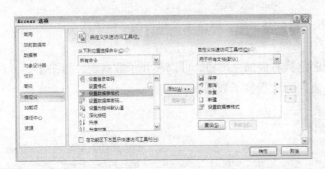

图 1-3-10　"Access 选项"（自定义）对话框　　　图 1-3-11　"设置数据表格式"对话框

（11）调整单元格大小：调整单元格大小就是调整单元格列宽和行高。

◎　调整单元格列宽：将鼠标指针移到两个字段名之间的分隔线上，当鼠标指针呈双箭头状时，水平拖曳鼠标，即可调整单元格的宽度。右击字段名，弹出快捷菜单，单击该菜单内的"列宽"菜单命令，可以弹出"列宽"对话框，利用该对话框可以精确调整单元格的宽度。

◎　调整单元格行高：将鼠标指针移到记录左侧选定器两行之间的记录分隔线上，当鼠标指针呈双箭头状时，垂直拖曳鼠标，即可调整单元格的高度。右击字段名，弹出快捷菜单，单击该菜单内的"行高"菜单命令，可以弹出"行高"对话框，利用该对话框可以精确调整单元格的高度。

2．字段属性设置

（1）进入设计视图：右击导航窗格内的"学生档案"表名称，弹出快捷菜单，单击该菜单内的"设计视图"菜单命令，将视图区域切换到设计视图。

（2）设置格式：选中 E-mail 字段，在"常规"选项卡内"格式"属性对应的下拉列表框中输入"<"符号，使所有字母变为小写显示，即使输入大写英文字母，也会自动转换成小写英文字母。

如果输入">"符号，则输入的字母显示为大写英文字母；如果输入"&"符号，则不要求文本字符（长度不足时，自动在数据后补空格，左对齐）；如果输入"@"符号，则显示任意文本字符（长度不足时，自动在数据前补空格，右对齐）。

例如，在"格式"属性对应的下拉列表框中输入"（@@@）@@@@@@@@"，则在字段内输入"01081477276"，则会显示"（010）81477276"。

（3）设置输入掩码：选中"出生日期"字段，在"常规"选项卡内"格式"属性对应的下拉列表框内选择"长日期"选项。

单击"输入掩码"属性对应的 … 按钮，弹出"输入掩码向导"对话框，在该对话框内选中"长日期（中文）"选项，如图 1-3-12 所示。单击"完成"按钮，即可在"输入掩码"文本框内输入"9999\年 99\月 99\日;0;_"。此时，在数据表内"出生日期"字段中输入数据时，它自动显示的输入格式是 ____年__月__日。

（4）数据有效性规则设置：右击导航窗格内的"学生　　图 1-3-12　"输入掩码向导"对话框

成绩"表名称，弹出快捷菜单，单击该菜单内的"设计视图"菜单命令，将视图区域切换到设计视图。选中"成绩"字段，在"常规"选项卡内单击"有效性规则"属性对应的⊡按钮，弹出"表达式生成器"对话框，选中"操作符"文件夹图标□，双击右侧列表框内的"<="选项，将"<="运算符号添加到上方的文本框内，再输入 100，如图 1-3-13 所示。单击"确定"按钮，即可在"有效性规则"文本框内输入"<=100"。

然后，在"有效性文本"文本框内输入"输入的数值大于 100"。以后在"学生成绩"表内的"成绩"字段内输入数值时，会弹出一个图 1-3-14 所示的提示对话框。

图 1-3-13 "表达式生成器"对话框

图 1-3-14 提示对话框

3. 筛选数据

筛选数据就是将符合条件的数据显示出来。下面进行 4 种筛选。

◎ 将"学生成绩"表中成绩大于 90 的记录筛选出来；

◎ 将成绩在 70~90 之间的记录显示出来；

◎ 显示成绩为 100 的记录；

◎ 按照降序排列成绩大于 80 的记录，当成绩相等时，先显示女生记录，再显示男生记录。

（1）复制"学生成绩"表：右击导航窗格内的"学生成绩"表名称，弹出快捷菜单，单击该菜单内的"复制"菜单命令，将"学生成绩"表复制到剪贴板内。再右击导航窗格空白处，弹出快捷菜单，单击该菜单内的"粘贴"菜单命令，弹出"粘贴表方式"对话框，在其"表名称"文本框内输入"学生成绩 1"，如图 1-3-15 所示。单击"确定"按钮，即可复制一个"学生成绩"表，它的名称为"学生成绩 1"。

图 1-3-15 "粘贴表方式"对话框

（2）打开"学生成绩"表的数据表视图，选中"成绩"字段。切换到"开始"选项卡，单击"排序和筛选"组内的"高级"按钮，弹出其菜单，单击该菜单内的"按窗体筛选"菜单命令。此时视图区域内出现按窗体筛选的表。单击"成绩"字段下方的下拉列表框（其内有"成绩"字段的所有数据），输入">90"，如图 1-3-16 所示。

图 1-3-16 视图区域内按窗体筛选表

（3）单击"排序和筛选"组内的"切换筛选"按钮，即可将成绩大于 90 的记录显示出来，如图 1-3-17 所示。

图 1-3-17 按窗体筛选表内成绩大于 90 的记录

（4）要取消窗体筛选，可以切换到"开始"选项卡，单击"排序和筛选"组内的"高级"按钮，弹出其菜单，单击该菜单内的"清除所有窗体筛选器"菜单命令。

（5）选中"成绩"字段，切换到"开始"选项卡，单击"排序和筛选"组内的"选择"→"期间"菜单命令，弹出"数字边界之间"对话框，在"最小"文本框内输入 70，在"最大"文本框内输入 90，如图 1-3-18 所示。单击"确定"按钮，即可在视图区域内的窗体筛选表中显示成绩在 70～90 之间的记录，如图 1-3-19 所示。

图 1-3-18 "数字边界之间"对话框　　　图 1-3-19 显示成绩在 70～90 之间的记录

（6）单击"排序和筛选"组内的"高级"按钮，弹出其菜单，单击该菜单内的"清除所有窗体筛选器"菜单命令，可取消窗体筛选。

（7）如果要显示成绩为 100 的记录，可单击"排序和筛选"组内的"选择"→"小于或等于 100"菜单命令。

（8）选中"成绩"字段，单击"排序和筛选"组内的"高级"按钮，弹出其菜单，单击该菜单内的"高级筛选/排序"菜单命令，此时的视图区域（即"高级筛选/排序"窗口）如图 1-3-20 所示。在"字段"行的第一个下拉列表框内选择"成绩"选项，在第二个下拉列表框内选择"性别"选项；在"排序"行第一个下拉列表框内选择"升序"选项，在第二个下拉列表框内选择"降序"选项；在第"条件"行内输入">80"，如图 1-3-21 所示。

（9）单击"排序和筛选"组内的"切换筛选"按钮，即可将成绩大于 80 的记录按照升序排序显示出来，当成绩相同时先显示女生记录，再显示男生记录，如图 1-3-22 所示。

图 1-3-20 视图区域　　图 1-3-21 视图区域设置 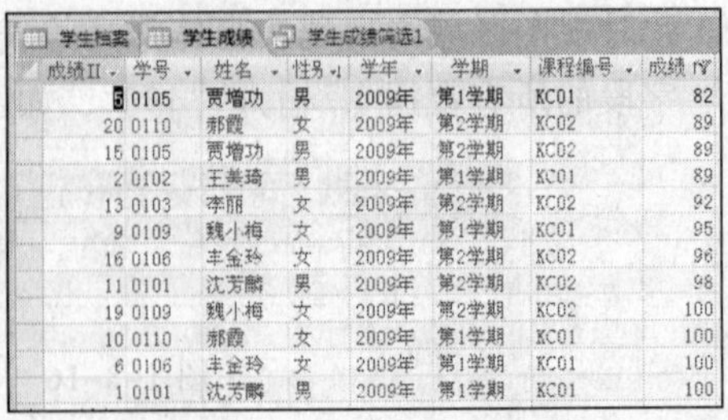　　图 1-3-22 显示符合要求的记录

4．使用查阅向导查看数据

使用查阅向导查看"学生成绩"表中学号、姓名、性别、学年、学期和成绩字段的记录，显示的记录按照成绩升序排列，在成绩相同时，先显示女生记录，再显示男生记录，效果如图 1-3-22 所示。具体操作步骤如下：

（1）在导航窗格内复制、粘贴一个"学生档案"表，命名为"学生档案 2"。

（2）打开"学生档案 2"表的设计视图，在"学号"字段上方创建一个名为"成绩排序"字段，在"数据类型"下拉列表框内选择"查阅向导"选项，弹出"查阅向导"对话框，如图 1-3-23 所示。

（3）单击"下一步"按钮，弹出下一个"查阅向导"对话框，选中"表：学生成绩"选项，如图 1-3-24 所示。

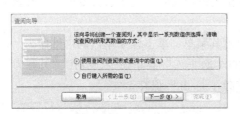

图 1-3-23　"查阅向导"对话框之一　　　　图 1-3-24　"查阅向导"对话框之二

（4）单击"下一步"按钮，弹出下一个"查阅向导"对话框，选中"可用字段"列表框内的"学号"字段，单击 ▶ 按钮，将"学号"字段移到右边的"选定字段"列表框内。再依次分别将"可用字段"列表框内的"姓名"、"性别"、"学年"、"学期"和"成绩"字段移到右边的"选定字段"列表框内，如图 1-3-25 所示。

（5）单击"下一步"按钮，弹出下一个"查阅向导"对话框，在第一个下拉列表框内选择"成绩"选项，在第二个下拉列表框内选择"性别"选项，单击第二个"升序"按钮，使它变为"降序"，如图 1-3-26 所示。

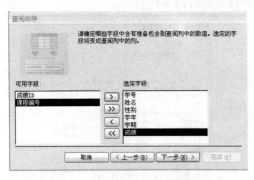

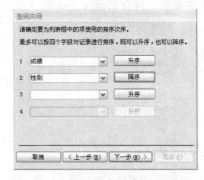

图 1-3-25　"查阅向导"对话框之三　　　　图 1-3-26　"查阅向导"对话框之四

（6）单击"下一步"按钮，弹出下一个"查阅向导"对话框，它给出了查询结果。再单击"下一步"按钮，弹出下一个"查阅向导"对话框，在其文本框内输入"成绩排序查询"，如图 1-3-27 所示。

（7）单击"完成"按钮，弹出下一个"查阅向导"对话框，如图 1-3-28 所示。单击"是"按钮，完成排序查询设置。

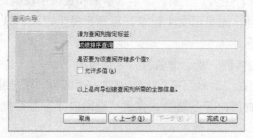 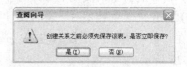

图 1-3-27　"查阅向导"对话框之五　　　　图 1-3-28　"查阅向导"对话框之六

（8）打开"学生档案 2"表的数据视图，单击"成绩排序查询"字段按钮，弹出筛选排序查询"学生成绩"表的结果，其中给出了"学号"、"姓名"、"性别"、"学年"、"学期"和"成绩"字段的记录，显示的记录按照成绩升序排列，在成绩相同时，先显示女生记录，再显示男生记录，效果如图 1-3-22 所示。

（9）保存数据库文档：单击 Office 按钮，弹出其菜单，单击该菜单内的"另存为"菜单命令，弹出其子菜单，单击该菜单内的"Access 2007 数据库"菜单命令，弹出"另存为"对话框，利用该对话框将当前数据库以名称"教学管理 1.accdb"保存。

相关知识

1. 查看数据库属性

（1）打开"教学管理 1.accdb"数据库文档，单击 Office 按钮，弹出其菜单，单击该菜单内的"管理"→"数据库属性"菜单命令，弹出"教学管理 1.accdb 属性"对话框，切换到"摘要"选项卡，如图 1-3-29 所示。在"摘要"选项卡内可以确定"教学管理 1.accdb"数据库的标题、主题、作者和关键字等信息。Access 2007 可以根据这些信息来检索文件。

（2）切换到"常规"选项卡，如图 1-3-30 所示。"常规"选项卡给出了"教学管理 1.accdb"数据库的类型、保存的路径、文件大小、创建和修改的时间等信息。

图 1-3-29　"摘要"选项卡　　　　　　图 1-3-30　"常规"选项卡

（3）切换到"统计"选项卡，如图 1-3-31 所示。"统计"选项卡给出了"教学管理 1.accdb"数据库创建时间、修改时间、存取时间、修订次数等信息。

（4）切换到"内容"选项卡，如图 1-3-32 所示。"内容"选项卡给出了"教学管理 1.accdb"数据库内所有对象的名称。

图 1-3-31 "统计"选项卡

图 1-3-32 "内容"选项卡

（5）切换到"自定义"选项卡，在"名称"下拉列表框内选择一个名称选项，或者输入一个名称，此处输入"教学管理"；在"类型"下拉列表框中选择一种类型，此处选择"文本"；在"取值"文本框内输入一个数值，此处输入 100，如图 1-3-33 所示。单击"添加"按钮，效果如图 1-3-34 所示。单击"确定"按钮，即可完成"教学管理 1.accdb"数据库自定义属性设置，从而可以作为高级搜索的条件，在用户不知道文件名的情况下帮助用户找到数据库文件。

图 1-3-33 "自定义"选项卡之一

图 1-3-34 "自定义"选项卡之二

2. 筛选数据的方法

筛选数据的方法有"按窗体筛选"、"按选定内容筛选"、"自定义筛选"和"高级筛选/排序"4 种，此处介绍前 3 种方法。后面单独介绍"高级筛选/排序"方法。

（1）按选定内容筛选：用来筛选出包含指定字段数据的记录。首先选中数据表内要筛选的字段的一个记录数据，再切换到"开始"选项卡，单击"排序和筛选"组内的"选择"按钮，弹出其菜单，如图 1-3-35 所示。利用该菜单内的菜单命令可以进行筛选。

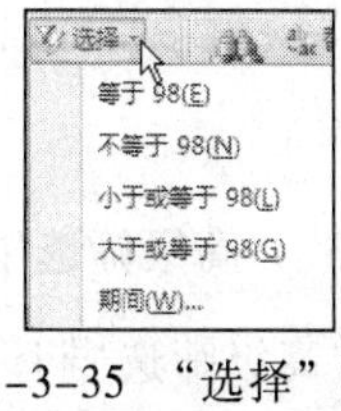

图 1-3-35 "选择"菜单

（2）自定义筛选：根据指定的表达式（包括数值），筛选出与条件相符的记录。右击要筛选字段的一个记录单元格（例如，"学生成绩"表内的"成绩"字段），弹出快捷菜单，将鼠标指针移到"数字筛选器"菜单命令上，弹出的子菜单如图 1-3-36 所示。单击"数字筛选器"子菜单内的菜单命令，会弹出"自定义筛选器"对话框，利用该对话框可以设置筛选表达式。例如，单击"数字筛选器"子菜单内的"小于"菜单命令，弹出的"自定义筛选器"对话框如图 1-3-37 所示，在文本框中输入一个成绩数值（如 80），再单击"确定"按钮，即可筛选出成绩小于或等于该数值的记录。

图 1-3-36 "数字筛选器"子菜单　　　　　　图 1-3-37 "自定义筛选器"对话框

（3）按窗体筛选：按照输入到窗体或数据表字段内的筛选条件进行筛选显示。

切换到"开始"选项卡，单击"排序和筛选"组内的"高级"按钮，弹出其菜单，单击该菜单内的"按窗体筛选"菜单命令。此时视图区域内会出现表逻辑结构与当前表逻辑结构完全相同的、字段为空的数据表，该表就是用来设置筛选条件的表。

单击字段名下方记录的单元格，其右侧会显示一个按钮 ，单击该按钮可以弹出下拉列表，其中有该字段内所有已有的数据。可以在一个或多个字段内设置筛选条件，可以输入表达式。例如，当前是"学生档案"表，在"性别"字段选择"女"，在"年龄"字段下拉列表框内输入">=20"，在"勤工否"字段内选中复选框，如图 1-3-38 所示。

图 1-3-38 设置筛选条件

单击"排序和筛选"组内的"切换筛选"按钮，即可显示筛选结果，如图 1-3-39 所示。单击"排序和筛选"组内的"高级"按钮，弹出其菜单，单击该菜单内的"清除所有窗体筛选器"菜单命令，或者再次单击"切换筛选"按钮，即可取消窗体筛选。

图 1-3-39 显示筛选结果

3. "高级筛选/排序"方法

"高级筛选/排序"方法可用于一个或多个字段的筛选或排序，它不但具有"按窗体筛选"方法的特性，而且具有混合排序的功能。在本节案例中筛选数据的例子就采用了"高级筛选/排序"方法。下面较全面地介绍"高级筛选/排序"方法。

（1）弹出"高级筛选/排序"窗口：选中要筛选的字段（如"成绩"字段），单击"排序和筛选"组内的"高级"按钮，弹出其菜单，单击该菜单内的"高级筛选/排序"菜单命令，此时视图区域切换为"高级筛选/排序"窗口。该窗口内有上下两部分，如图 1-3-20 所示。上方是包含所有表字段的列表框，下方是筛选条件的设计区域，设计区域内的第一行用来设置筛选字段，第二行用来设置排序方式，第三行用来设置筛选条件。

（2）设置筛选字段：设置筛选字段的方法有如下 3 个。

◎ 将上方列表框内的字段名拖曳到下面设计区域内的第一行。

◎ 双击上方列表框内的字段名，将字段名添加到下面设计区域内的第一行右边。

◎ 在下面设计区域内第一行的下拉列表框内选择相应的字段名称选项。

字段的左右次序决定了排序的次序。单击上方列表框内字段名上方的灰色横条，选中整个字段列，水平拖曳选中的字段列，就可以调整字段的排序位置。

（3）设置排序方式：单击下方设计区域内第二行每个字段的单元格，其右边会出现一个按钮 ⌄，单击该按钮，弹出下拉列表，从中选择"升序"、"降序"和"（不排序）"选项中的一个选项。

（4）设置筛选条件：在设计区域内第三行（"条件"行）内可以输入要查找的值或条件表达式，方法与"按选定内容筛选"方式的设置方法一样。

（5）删除字段设置：如果要取消设计区域内某一个字段的设置，可以单击上方列表框内字段名上方的灰色横条，选中该字段，再按【Delete】键，或单击"记录"组内的"删除"按钮。

（6）显示筛选结果：单击"排序和筛选"组内的"切换筛选"按钮，或者单击"高级"按钮，弹出其菜单，单击该菜单内的"应用筛选/排序"菜单命令。

（7）关闭表后再打开该表，筛选结果不再存在。如果要保存筛选结果，可以将筛选设置作为一个查询保存起来，以后将这个查询加载后还可以弹出筛选结果。具体步骤如下：

① 在"高级筛选/排序"窗口状态下，单击"排序和筛选"组内的"高级"按钮，弹出其菜单，单击该菜单内的"另存为查询"菜单命令，弹出"另存为查询"对话框，在"查询名称"文本框内输入查询名称（如"查询 1"），如图 1-3-40 所示。单击"确定"按钮，即可将设置的筛选/排序保存。

② 重新打开表后，弹出"高级筛选/排序"窗口，单击"排序和筛选"组内的"高级"按钮，弹出其菜单，单击该菜单内的"从查询加载"菜单命令，弹出"适用的筛选"对话框，如图 1-3-41 所示。选中要加载的查询名称，单击"确定"按钮，即可将保存的筛选设置加载到"高级筛选/排序"窗口内。

图 1-3-40 "另存为查询"对话框　　　图 1-3-41 "适用的筛选"对话框

（8）清除筛选：单击"排序和筛选"组内的"高级"按钮，弹出其菜单，单击该菜单内的"清除所有筛选器"菜单命令，或者单击"排序和筛选"组内的"切换筛选"按钮。

4．表达式

在进行有效性规则设置和筛选时，常需要输入表达式来确定条件。一般表达式由运算符和比较值组成。

（1）运算符及其含义如表 1-3-1 所示。

表 1-3-1　运算符及其含义

运　算　符	含　　义	运　算　符	含　　义
<	小于	In(a1,…,an)	检查输入数据是否为括号内某一个值，相当于 a1 Or a2 Or…Or an
>	大于		
<=	小于或等于		
>=	大于或等于	Between a1 And an	输入值应介于 a1 与 an 之间，相当于>=a1 And <=an
<>	不等于		
And	与		
=	等于	Like	检查文本或备注的值是否匹配一个模式字符串
Or	或		
Not	非		

（2）通配符：在使用 Like 时，可以使用通配符来构造匹配模式。通配符符号及含义如表 1-3-2 所示。

表 1-3-2　通配符符号及含义

通配符符号	通配符含义	举　　例	举例含义
?	单个字符	Like "H？"	文本由两个字符组成，第 1 个为"H"
*	零或多个字符	Like "H*"	文本由"H"字符开始的一串字符组成
#	单个数字	Like "10411#"	邮政编码为"10411"开头

（3）列表：可以设置字段取值只能是一个列表中给出的数值。这个列表应用"["和"]"符号括起来，如[A-K]、[10-20]等。

（4）运算符应用的表达式实例及其含义如表 1-3-3 所示。

表 1-3-3　运算符应用的表达式实例及其含义

表达式实例	表达式含义
<>100	不等于 100
>80 And <=95	大于 80，同时小于或等于 95
<=80 Or >95	小于或等于 80 或大于 95
Not "XY"	字段数据中不包含"XY"
Like "N?[C～E]#[!6～9]"	字段数据第 1 个字符是"N"，第 2 个字符为任意字符，第 3 个字符为"C"、"D"和"E"字符中的任意一个，第 4 个字符为任意数字，第 5 个字符为除"6"、"7"、"8"、"9"字符中的任意一个

思考练习 1-3

1. 打开思考练习 1-2 中创建的"学生管理系统 1.mdb"数据库文档，参考【案例 3】中介绍的方法，修改"学生档案表"、"学生成绩表"、"课程设置表"和"学生选课表"，进行增加字段、删除字段、改变字段顺序、插入记录、删除记录、表格式设置、表单元格设置、查找和替换字段中的文字等操作。

2．参考【案例 3】中介绍的方法，设置"学生档案表"和"学生成绩表"中的"出生日期"、"电话"和"成绩"字段的属性。

3．参考【案例 3】中介绍的 4 种筛选方法，进行"学生成绩表"的筛选，要求如下：

◎ 将"学生成绩表"中成绩小于 85 的记录筛选出来；

◎ 显示成绩为 96 的记录；

◎ 将成绩在 65 ～ 80 之间的记录显示出来；

◎ 将成绩小于 75 和大于或等于 90 的记录显示出来；

◎ 按照升序排列显示成绩大于 75 的记录，成绩相等时，先显示女生记录，再显示男生记录。

4．参考【案例 3】中介绍的方法，使用查阅向导查看"学生档案表"中的数据，要求查询结果中有"学生档案表"中的"学号"、"姓名"、"职务"、"专业"、"班级"和"电话"字段的内容，按照性别升序排序，性别相同时按照出生日期降序排序。

1.4　综合实训 1　创建"电器产品库存管理"数据库的表

实训效果

本实训创建一个"电器产品库存管理.accdb"数据库，该数据库内有"电器产品清单"、"电器产品库存"、"电器产品入库"和"电器产品出库"4 个表。这 4 个表的逻辑结构如表 1-4-1 ～表 1-4-4 所示。

表 1-4-1　"电器产品清单"表的逻辑结构

字段名称	数据类型	字段大小	字段名称	数据类型	字段大小
电器 ID	文本	6	最高库存量	数字	长整型
电器名称	文本	20	最低库存量	数字	长整型
电器规格	文本	2	备注	备注	
商品单价	货币	小数位数 2			

表 1-4-2　"电器产品库存"表的逻辑结构

字段名称	数据类型	字段大小	字段名称	数据类型	字段大小
电器 ID	文本	6	库存量	数字	长整型
商品分类	文本	10	备注	备注	

表 1-4-3　"电器产品入库"表的逻辑结构

字段名称	数据类型	字段大小	字段名称	数据类型	字段大小
入库 ID	数字	长整型	入库日期	日期/时间	短日期
电器 ID	文本	6	最新库存量	数字	长整型
电器名称	文本	20	是否有损坏	是/否	
入库数量	数字	长整型	备注	备注	

表 1-4-4 “电器产品出库”表的逻辑结构

字段名称	数据类型	字段大小	字段名称	数据类型	字段大小
出库 ID	数字	长整型	出库日期	日期/时间	短日期
电器 ID	文本	6	最新库存量	数字	长整型
电器名称	文本	20	是否有损坏	是/否	
出库数量	数字	长整型	备注	备注	

上述表中第一个字段设置为有索引和主关键字，其他没有设置。

本实训具体要求如下：

（1）创建上述 4 个表。4 个表的记录内容可以自行确定，图 1-4-1、图 1-4-2、图 1-4-3 和图 1-4-4 所示分别是 4 个表的记录，仅供参考。

电器产品清单

电器ID	电器名称	电器规格	商品单价	最高库存量	最低库存量	备注
BJB001	富士通笔记本	FST-7720	￥9,999.00	200	10	
BJB002	明基笔记本	MJ-33-23	￥6,800.00	180	25	
BJB003	HP笔记本	HP-66-56	￥7,800.00	79	16	
CP001	佳能DV摄像机	JN-DV302	￥4,200.00	240	30	
CP002	索尼DC照相机	Sony-DC9	￥2,500.00	350	40	
CP003	爱国者DV摄像机	AGZ-998	￥3,600.00	230	10	
CP004	佳能DC照相机	JN-DC112	￥1,800.00	180	30	
CP005	索尼DV摄像机	DC8879	￥4,500.00	650	70	
CP006	爱国者DC照相机	A7366-72	￥1,500.00	145	20	
DYX001	SGG低音炮音响	SGG-488	￥560.00	25	2	
YSJ001	安吉尔饮水机	AJE-553	￥1,090.00	200	10	
YSJ002	四通饮水机	ST-3-2	￥1,200.00	100	20	
YSJ003	汪汪饮水机	WW-4-3	￥890.00	80	10	
YX001	果果游戏机	SG-21	￥180.00	980	50	
YX002	老虎游戏机	LH-455	￥235.00	460	30	
YX003	大智慧游戏机	DZH-3-1	￥345.00	234	50	

图 1-4-1 “电器产品清单”表

电器产品库存

电器ID	商品分类	库存量	备注
BJB001	笔记本电脑	100	
BJB002	笔记本电脑	235	
BJB003	笔记本电脑	666	
CP001	摄/照像机	66	
CP002	摄/照像机	6333	
CP003	摄/照像机	564	
CP004	摄/照像机	644	
CP005	摄/照像机	5456	
CP006	摄/照像机	433	
DYX001	音响	45	
YSJ001	饮水机	433	
YSJ002	饮水机	663	
YSJ003	饮水机	554	
YX001	游戏机	5323	
YX002	游戏机	223	
YX003	游戏机	572	

图 1-4-2 “电器产品库存”表

电器产品入库

入库ID	电器ID	电器名称	入库数量	入库日期	最新库存量	是否有损坏	备注
1000022	BJB003	HP笔记本	77	2009-2-4	111	☐	
1000123	BJB002	明基笔记本	25	2009-2-5	198	☐	
1000202	CP001	佳能DV摄像机	9	2009-2-6	316	☐	
1000233	CP002	索尼DC照相机	66	2009-2-6	473	☐	
1000918	CP003	爱国者DV摄像机	69	2009-2-5	554	☐	
1039323	BJB001	富士通笔记本	35	2009-2-4	88	☐	
1086754	CP004	佳能DC照相机	99	2009-2-6	112	☐	
1546889	CP006	爱国者DC照相机	35	2009-2-1	344	☐	
1578990	DYX001	SGG低音炮音响	55	2009-2-12	223	☐	
1689993	YSJ001	安吉尔饮水机	68	2009-2-3	456	☐	
1768899	YSJ003	汪汪饮水机	8	2009-2-5	865	☐	
1878780	YSJ002	四通饮水机	4	2009-2-6	238	☐	
1878781	YX003	大智慧游戏机	1	2009-2-6	224	☑	损坏1台，运输

图 1-4-3 “电器产品入库”表

电器产品出库

出库ID	电器ID	电器名称	出库数量	出库日期	最新库存量	是否有损坏	备注
2000022	BJB003	HP笔记本	8	2009-2-4	111	☑	1台，搬运
2000918	CP003	爱国者DV摄像机	22	2009-2-5	554	☐	
2039323	BJB001	富士通笔记本	12	2009-2-4	88	☐	
2546889	CP006	爱国者DC照相机	45	2009-2-1	344	☐	
2578990	DYX001	SGG低音炮音响	66	2009-2-12	223	☐	
2689993	YSJ001	安吉尔饮水机	77	2009-2-3	456	☐	
2768899	YSJ003	汪汪饮水机	90	2009-2-5	865	☐	
2769089	YX003	大智慧游戏机	90	2009-2-4	223	☐	
2986754	CP004	佳能DC照相机	33	2008-12-12	145	☐	

图 1-4-4 “电器产品出库”表

（2）创建 4 个表的关系，如图 1-4-5 所示。

（3）在“电器产品库存”表内添加“包装类型”和“是否有损坏”字段，修改 4 个表的记录内容，进行拼写检查，改变数据表的显示方式、格式等。

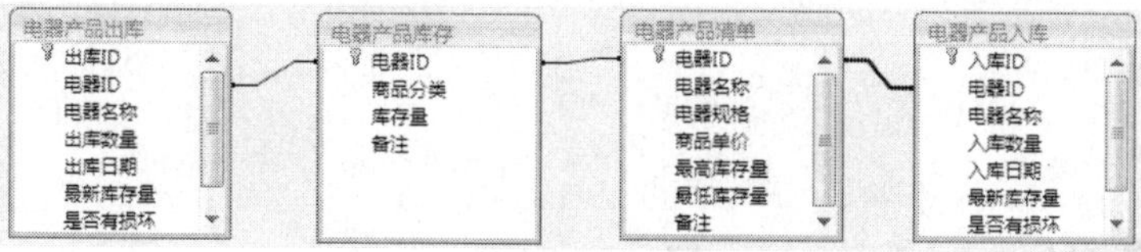

图 1-4-5　四个表的关系

（4）设置"最高库存量"字段输入的数值应小于1000，"最小库存量"字段输入的数值应大于或等于10。

（5）将"入库日期"字段的格式改为"长日期"，字段自动显示的输入格式是 ▩▩▩年▩月▩日。

（6）设置"电器 ID"字段内容中的英文只可以是大写英文字母。

（7）针对"电器产品清单"表进行下面 4 种筛选：

◎　将"电器产品清单"表中最高库存为 200 ~ 500（包括 200 和 500）的记录筛选出来；

◎　将"电器产品清单"表中商品单价小于 1000 的记录显示出来；

◎　显示"电器产品库存"表中"商品分类"字段为"笔记本电脑"的所有记录；

◎　按照降序排列显示"电器产品清单"表内最高库存量，在最高库存量相同时，按照商品单价升序排序显示。

（8）使用查阅向导查看"电器产品清单"表中电器名称、商品单价、最高库存量和最低库存量的记录，显示的记录按照最高库存量升序排列，在最高库存量一样时，按照商品单价降序排序显示。

实训提示

（1）参考本章【案例 1】内介绍的方法，完成 4 个表的创建。

（2）参考本章【案例 2】内介绍的方法，创建 4 个表的关系。

（3）参考本章【案例 3】内介绍的方法，完成（3）~（8）的要求。

实训测评

能力分类	能力	评分
职业能力	创建空数据库，创建表的逻辑结构和输入表记录	
	保存、关闭和打开表，切换到表的设计视图，保存、关闭和打开表，保存、关闭和打开数据库，以及数据库和表的基本操作	
	Access 数据类型的种类，字段属性，对象命名	
	创建关系，了解表的主键、外键、索引和关系的概念	
	修改表逻辑结构，修改字段属性，修改表记录	
	4 种筛选数据的方法，保存筛选	
	在进行有效性规则设置和筛选时，使用表单式	
通用能力	自学能力、总结能力、合作能力、创造能力等	
能力综合评价		

第2章 查　询

本章通过学习 3 个案例，制作"教学管理"数据库内的一些查询，从而掌握在数据库中创建查询的几种方法，以及查询的编辑方法、使用表达式生成器的方法等。

查询是对数据库内的表进行一系列检索的操作，它可以从表中依据一定的条件筛选出所需要的记录信息，同时还可以对表中数据进行统计、分类、排序和计算，查询的结果可以以一个查询的二维表格显示出来，查询结果可以作为窗体、报表和新数据表的数据来源。

在数据库的开发过程中，通常可以在创建表以后创建窗体和报表，如果有需要，也可以在创建查询以后再创建窗体和报表。

2.1 【案例 4】使用查询向导创建查询

案例描述

本案例将在"教学管理 2.accdb"数据库内新建 2 个简单的查询，一个是"学生档案和成绩查询"，另一个是"学生成绩汇总查询"。

"学生档案和成绩查询"运行后，将显示出"教学管理"数据库内"学生档案"、"学生成绩"和"课程" 3 个表中所有学生的"系名称"、"班级"、"学号"、"姓名"、"性别"、"年龄"、"勤工否"、"学年"、"学期"、"课程名称"、"成绩"字段内容的查询，查询结果要求按"学号"字段升序排序显示，字段顺序为前面列出的顺序。"学生档案和成绩查询"的显示结果如图 2-1-1 所示。

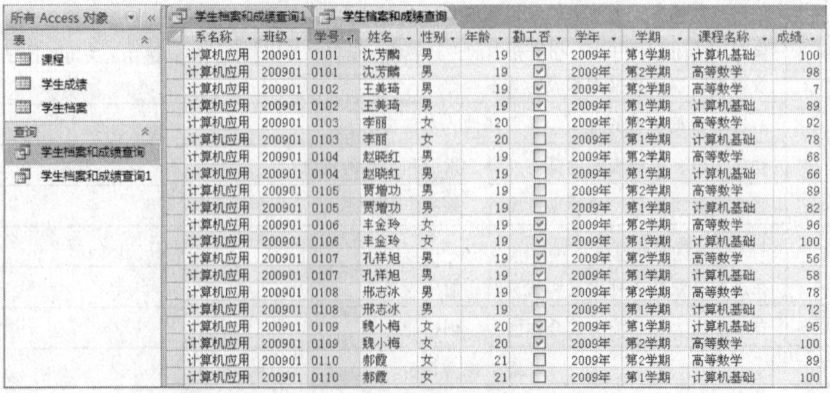

图 2-1-1　"学生档案和成绩查询"显示结果

"学生成绩汇总查询"运行后，将显示出针对"学生档案和成绩查询"进行的汇总查询结果，其中有"学号"、"姓名"、"学年"、"总成绩"、"平均成绩"和"考核科目数"字段内容，"总成绩"字段给出了学生 2009 年学年的各科成绩总和，"平均成绩"字段给出了学生 2009 年学年的各科成绩平均值，"考核科目数"字段给出了学生 2009 年学年参加考核的科目总数。查询结果要求按"学号"字段升序排序显示，字段顺序为前面列出的顺序，如图 2-1-2 所示。

图 2-1-2   "学生成绩汇总查询"显示结果

通过本案例的学习，可以了解查询的种类和作用，创建简单查询的方法，运行查询的方法，以及查询和筛选的关系等。

设计过程

1. 创建"学生档案和成绩查询 1"查询

（1）将"教学管理.accdb"数据库复制一份，将复制的数据库更名为"教学管理 2.accdb"。打开"教学管理 2.accdb"数据库文档，切换到"创建"选项卡，单击"其他"组内的"查询向导"按钮，弹出"新建查询"对话框，选中"简单查询向导"选项，如图 2-1-3 所示。可以看到，查询的类型有 4 种。

（2）单击"确定"按钮，关闭"新建查询"对话框，弹出"简单查询向导"对话框，在"表/查询"下拉列表框内选中"表：学生档案"表，如图 2-1-4 所示。

图 2-1-3   "新建查询"对话框

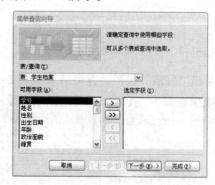

图 2-1-4   "简单查询向导"对话框之一

（3）在"可用字段"列表框内选中"系名称"选项，单击 > 按钮，将"系名称"选项移到右边的"选定字段"列表框中。接着将"可用字段"列表框内的"班级"、"学号"、"姓名"、"性别"和"勤工否"字段名称移到右边的"选定字段"列表框内，如图 2-1-5 所示。

（4）在"表/查询"下拉列表框中选中"表：学生成绩"选项，将"可用字段"列表框中的"学年"、"学期"和"成绩"字段名称依次移到"选定字段"列表框中。

（5）在"表/查询"下拉列表框中选择"表：课程"选项，在"可用字段"列表框中选中"课程名称"选项，在"选定字段"列表框中选中"学期"选项，单击 ❯ 按钮，将"课程名称"选项移到"选定字段"列表框内"学期"选项的下方，如图 2-1-6 所示。至此，查询的 3 个表中的字段和字段的次序已经确定。

图 2-1-5　添加"学生档案"表中的字段　　　图 2-1-6　添加另外两个表中的字段

（6）单击"下一步"按钮，弹出下一个"简单查询向导"对话框，在该列表框中选中"明细"单选按钮，如图 2-1-7 所示。

（7）单击"下一步"按钮，弹出下一个"简单查询向导"对话框，在其内的"请为查询指定标题"文本框中输入"学生档案和成绩查询 1"，在"请选择是打开查询还是修改查询设计"选项组中选中"打开查询查看信息"单选按钮，如图 2-1-8 所示。

图 2-1-7　"简单查询向导"对话框之二　　　图 2-1-8　输入查询名称

（8）单击"完成"按钮，查询结果如图 2-1-9 所示。可以看到，导航窗格内产生一个"学生档案和成绩查询 1"查询，在视图区域内显示查询结果。

图 2-1-9　"学生档案和成绩查询 1"查询结果

2．修改"学生档案和成绩查询 1"查询

（1）单击"学生档案和成绩查询 1"查询表内的"学号"字段列。

（2）切换到"开始"选项卡，单击"排序和筛选"组内的"升序"按钮 ↓，将查询表内的记录按照"学号"字段内的数据升序排序，效果如图 2-1-10 所示。

（3）切换到"创建"选项卡，单击"其他"组内的"查询向导"按钮，弹出"新建查询"对话框，选中"简单查询向导"选项，单击"确定"按钮，弹出"简单查询向导"对话框，在"表/查询"下拉列表框内选中"查询：学生档案和成绩查询 1"选项，单击 >> 按钮，将"可用字段"列表框内的所有选项移到右边的"选定字段"列表框中。

（4）在"表/查询"下拉列表框内选中"表：学生档案"选项，在"可用字段"列表框中选中"年龄"选项，在"选定字段"列表框中选中"性别"选项，单击 > 按钮，将"年龄"选项移到"选定字段"列表框内"性别"选项的下方，如图 2-1-11 所示。

图 2-1-10　"学生档案和成绩查询 1"查询排序结果

图 2-1-11　添加"年龄"字段

（5）单击"下一步"按钮，弹出下一个"简单查询向导"对话框；再单击"下一步"按钮，弹出下一个"简单查询向导"对话框，在"请为查询指定标题"文本框中输入"学生档案和成绩查询"。

（6）单击"完成"按钮，查询结果如图 2-1-1 所示。可以看到，导航窗格内产生一个"学生档案和成绩查询"，在视图区域内显示查询结果。

3．打开和关闭查询

（1）打开查询：打开"教学管理 2.accdb"数据库文档后，如果要在视图区域内展示"学生档案和成绩查询"的查询结果，可在导航窗格内的菜单内单击"查询"菜单命令。然后，采用下面的方法之一：

◎ 双击导航窗格内的"学生档案和成绩查询"名称。

◎ 右击"学生档案和成绩查询"名称，弹出快捷菜单，单击该菜单内的"打开"菜单命令。

（2）关闭查询：右击视图区域内"学生档案和成绩查询"标签，弹出快捷菜单，单击该菜单内的"关闭"菜单命令。

4．创建"学生成绩汇总查询"

（1）切换到"创建"选项卡，单击"其他"组内的"查询向导"按钮，弹出"新建查询"对话框，选中其内的"简单查询向导"选项。单击"确定"按钮，弹出"简单查询向导"对话

框，在"表/查询"下拉列表框内选中"查询：学生档案成绩查询"选项。

（2）将"可用字段"列表框内的"学号"、"姓名"、"学年"和"成绩"字段名称移到右边的"选定字段"列表框内，如图 2-1-12 所示。至此，查询的字段和字段的次序已经确定。

（3）单击"下一步"按钮，弹出下一个"简单查询向导"对话框，选中"汇总"单选按钮，如图 2-1-13 所示。

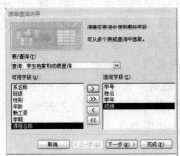

图 2-1-12　选择字段　　　　　　　图 2-1-13　选中"汇总"单选按钮

（4）单击"汇总选项"按钮，弹出"汇总选项"对话框，选中其内的"汇总"、"平均"和"统计 学生成绩 中的记录数"3 个复选框，如图 2-1-14 所示。单击"确定"按钮，关闭"汇总选项"对话框，返回到"简单查询向导"对话框。

（5）单击"下一步"按钮，弹出下一个"简单查询向导"对话框，在"请为查询指定标题"文本框中输入"学生成绩汇总查询"，在"请选择是打开查询还是修改查询设计"选项组中选中"打开查询查看信息"单选按钮，如图 2-1-15 所示。

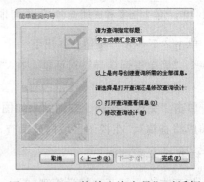

图 2-1-14　"汇总选项"对话框　　　　图 2-1-15　"简单查询向导"对话框

（6）单击"完成"按钮，查询结果如图 2-1-16 所示。可以看到，导航窗格内产生一个"学生成绩汇总查询"，在视图区域内显示查询结果。

图 2-1-16　"学生成绩汇总查询"结果

（7）右击导航窗格内的"学生成绩汇总查询"名称，弹出快捷菜单，单击该菜单内的"设计视图"菜单命令，弹出"学生成绩汇总查询"的设计视图。然后，将原来的"学年之 First：学年"字段名称改为"学年：学年"（"："右侧是原字段名称），将"成绩值总计：成绩"字段名称改为"总成绩：成绩"，将"成绩值平均值：成绩"字段名称改为"平均成绩：成绩"，将"学生成绩值之计算：Count(*)"字段名称改为"考核科目数：Count(*)"，如图 2-1-17 所示。

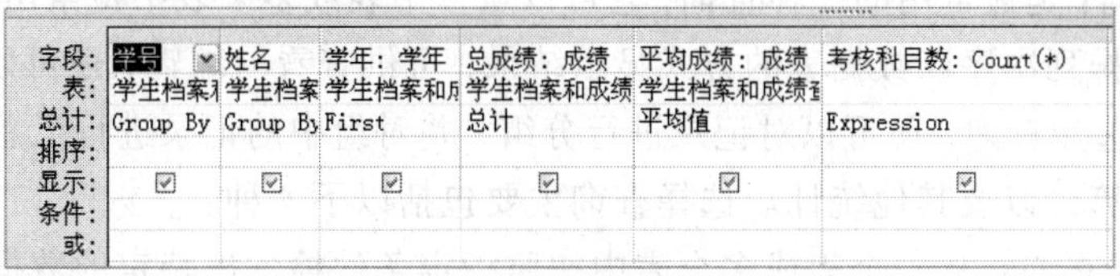

字段：	学号	姓名	学年：学年	总成绩：成绩	平均成绩：成绩	考核科目数：Count(*)
表：	学生档案	学生档案	学生档案和成绩	学生档案和成绩	学生档案和成绩	
总计：	Group By	Group By	First	总计	平均值	Expression
排序：						
显示：	☑	☑	☑	☑	☑	☑
条件：						
或：						

图 2-1-17 "学生成绩汇总查询"的设计视图

（8）单击"查询工具"｜"设计"选项卡内"结果"组中的"运行"按钮，即可返回"学生成绩汇总查询"结果，此时字段名称已经修改，如图 2-1-2 所示。

相关知识

1．查询的作用和功能

查询是针对数据库内的表和其他信息，依据一定的查询条件进行查找，得到所需要的记录信息的。查询可以对数据库中的一个表或多个表中存储的数据进行查找、统计、分类、排序和计算，查询结果可以作为窗体、报表和新数据表的数据来源。

查询与表一样都是数据库的一个对象，它同样也会生成一个数据表视图（也叫结果表），看起来就像新建的表对象的数据表视图一样。"查询"的字段来自很多互相之间有"关系"的表，这些字段组合成一个新的数据表视图。

查询对象并不是表，它只记录了该查询的查询条件和查询动作等，并不存储任何数据。当调用一个查询时，系统会按照查询中记录的查询条件和查询动作在各个表中进行查询，再以二维表的形式展示查询结果。这种方法的好处是便于维护，而且当改变表中的数据时，应用该表的所有查询中的数据也会随之改变。

Access 2007 在"创建"选项卡内"其他"组中提供了"查询向导"和"查询设计"两个查询工具，通过这两个查询工具，用户可以进行各种查询。利用查询可以完成以下功能：

（1）检索信息：查询可以检索数据库中的信息。

（2）直接编辑：查询可以直接编辑数据源中的数据，而且在查询中进行的修改可以一次改变整个数据库中的相关数据。

（3）选择字段：在查询中可以指定一个或多个表中所需要的字段，而不必包括表中的所有字段，而且可以指定字段的前后次序。

（4）选择记录：可以指定一个或多个条件，只有符合条件的记录才能在查询的结果中显示出来，而且可以指定记录的前后次序。

（5）生成表：可以将查询的结果表生成一个基本表。

（6）分类和排序记录：可以对查询结果进行分级，并指定记录的顺序。

（7）完成计算功能：用户可以建立一个计算字段，利用计算字段保存计算结果。

（8）作为窗体、报表或数据访问页的记录源：可以建立一个条件查询，将该查询的数据作为窗体或报表的记录源，当用户每次打开窗体或打印报表时，该查询从基本表中检索最新数据。

2．查询的种类

（1）选择查询：是最常用的一种查询，它可以从一个表或多个表中检索出特定的数据信息，并按照所需要的排列次序以数据表的方式显示结果，可供查看与编辑，还可以作为窗体和报表的数据源。利用选择查询，还可以对记录进行分组，并对组中的记录进行汇总、计数、平均值、最小、最大值计算，以及其他统计。选择查询主要包括以下 4 种：

◎ 简单选择查询：从一个表或多个表中按照指定条件检索出特定的数据信息。

◎ 汇总查询：可对查询结果求总值、平均值、最大值、最小值和计数统计。

◎ 重复项查询：可以在表中查找具有部分相同字段内容的记录。

◎ 不匹配查询：可以在表中查找不匹配的记录。

本案例介绍的两个查询分别属于简单选择查询和汇总查询。

（2）操作查询：操作查询也叫动作查询，它可以对表执行全局的数据管理操作，用户可以通过它完成一些操作。例如更新表、追加记录等。查询后的结果不是动态集合，而是转换后的表。操作查询主要包括以下 4 种：

◎ 生成表查询：利用一个或多个表进行查询，再将查询结果存储为一个新表；

◎ 追加查询：把一个表或多个表中的一组记录添加到一个表或多个表的末尾；

◎ 更新查询：可以对一个或多个表中的一组记录进行修改，如年龄加 1 等；

◎ 删除查询：从一个表或多个表中删除一组指定的记录。

（3）参数查询：在查询运行时会弹出一个对话框，要求用户输入参数，系统根据所输入的参数找出符合条件的记录。例如，要查询年龄为 20 岁的学生，则可以使用参数查询。

（4）自动查找查询：可以自动将一个新记录中的某个字段值填充到一个表或多个表中。

（5）交叉表查询：交叉表查询显示来源于表中某个字段的汇总值（合计、计算以及平均等），并将它们分组，一组列在数据表的左侧，一组列在数据表的上部。

（6）SQL 查询：它是使用 SQL（结构化查询语句）创建的查询。SQL 是一种用于数据库的标准化语言，许多数据库管理系统都支持该种语言。在查询的设计视图中创建查询时，Access 将在后台构造等效的 SQL 语句。实际上，在查询设计视图的属性表中，大多数查询属性在 SQL 视图中都有等效的子句和选项。如果需要，可以在 SQL 视图中查看和编辑 SQL 语句。但是，在对 SQL 视图中的查询做更改之后，查询可能无法按以前在设计视图中所显示的方式进行显示。SQL 查询主要包括联合查询、传递查询、数据定义查询和子查询 4 种类型。

以上几种查询不是相互对立的，而是相辅相成的，常配合使用。

3．筛选和查询的关系

从本章学习的查询可以看出，查询的功能和筛选有许多相似之处，下面简要介绍它们的相同与不同之处。

（1）查询和筛选的相同点：

◎ 都可以作为窗体和报表的数据源；

◎ 都可以从表或查询中检索出一个结果集；

◎ 都可以对记录进行排序；

◎ 在允许编辑的情况下都可以编辑结果集。

（2）查询和筛选的不同点：通常在窗体或数据表中可以使用筛选来临时查看或编辑记录的子集。如要执行下列操作，则需要使用查询，而使用筛选是无法完成的。

◎ 在表中添加新记录，添加更多的表；

◎ 在不用打开表、窗体或查询的情况下，查看结果集；

◎ 只选择指定的字段放在结果集中；

◎ 对字段中的值进行计算。

4．利用查询向导创建重复项查询

利用查询向导可以进行重复项查询，在表中查找具有部分相同字段内容的记录。例如，创建一个"重复项查询实例"查询，该查询可以在"学生档案"表内查找年龄和性别都一样的记录，只显示"年龄"、"性别"、"学号"、"姓名"、"政治面貌"和"联系电话"字段内容。具体操作方法如下：

（1）打开"教学管理"数据库文档，切换到"创建"选项卡，单击"其他"组内的"查询向导"按钮，弹出"新建查询"对话框，选中其内的"查找重复项查询向导"选项，单击"确定"按钮，关闭"新建查询"对话框，弹出"查找重复项查询向导"对话框，在列表框内选中"表：学生档案"选项，如图 2-1-18 所示。

（2）单击"下一步"按钮，弹出下一个"查找重复项查询向导"对话框，将该对话框内"可用字段"列表框中的"年龄"和"性别"字段名称移到右边的"重复值字段"列表框内，如图 2-1-19 所示。

图 2-1-18 选择表

图 2-1-19 选择要查找的可能重复的字段

（3）单击"下一步"按钮，弹出下一个"查找重复项查询向导"对话框，将该对话框内"可用字段"列表框中的"学号"、"姓名"、"政治面貌"和"联系电话"字段名称移到右边的"另外的查询字段"列表框内，如图 2-1-20 所示。

（4）单击"下一步"按钮，弹出下一个"查找重复项查询向导"对话框，在其内的文本框中输入"重复项查询实例"。

图 2-1-20 选择显示的字段

（5）单击"完成"按钮，关闭"查找重复项查询向导"对话框，显示查询结果如图 2-1-21 所示，其中列出了年龄和性别相同的记录。

年龄	性别	学号	姓名	政治面貌	联系电话
19	男	0108	邢志冰	团员	65432178
19	男	0107	孔祥旭	团员	56781234
19	男	0105	贾增功	团员	81423456
19	男	0104	赵晓红	团员	65678219
19	男	0102	王美琦	团员	86526391
19	男	0101	沈芳麟	团员	81477171
20	女	0109	魏小梅	团员	98678123
20	女	0103	李丽	党员	98675412

图 2-1-21　"重复项查询实例"查询效果

5．利用查询向导创建不匹配查询

利用查询向导可进行不匹配项查询，在表中查找不相匹配的记录。例如，创建"不匹配查询实例"查询，该查询在"学生档案"表和"学生成绩"表内查找"姓名"字段不相匹配的记录。具体方法如下：

（1）弹出"新建查询"对话框，选中其内的"查找不匹配项查询向导"选项，单击"确定"按钮，关闭"新建查询"对话框，弹出"查找不匹配项查询向导"对话框，在列表框内选中"表：学生档案"选项。

（2）单击"下一步"按钮，弹出下一个"查找不匹配项查询向导"对话框，在列表框内选中"表：学生成绩"选项。

（3）单击"下一步"按钮，弹出下一个"查找不匹配项查询向导"对话框，在该对话框内的两个列表框中均选中"姓名"字段名称，再单击 <=> 按钮，在"匹配字段"右边显示"姓名 <=> 姓名"文字，如图 2-1-22 所示。

（4）单击"下一步"按钮，弹出下一个"查找不匹配项查询向导"对话框，将该对话框内"可用字段"列表框中的"学号"、"姓名"、"性别"、"年龄"、"系名称"和"班级"字段名称移到右边的"选定字段"列表框内，如图 2-1-23 所示。

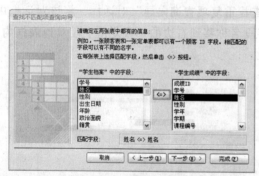

图 2-1-22　选择查询的字段

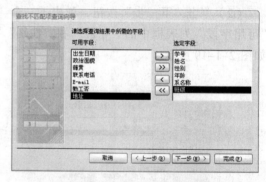

图 2-1-23　选择显示的字段

（5）单击"下一步"按钮，弹出下一个"查找不匹配项查询向导"对话框，在文本框内输入"不匹配查询实例"文字。单击"完成"按钮，显示效果如图 2-1-24 所示，可以看到表中没有记录，说明"学生档案"表和"学生成绩"表内的"姓名"字段没有不相匹配的记录。

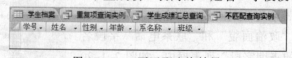

学号	姓名	性别	年龄	系名称	班级

图 2-1-24　不匹配查询结果

6．利用查询向导创建交叉表查询

交叉表查询可以在类似电子表格的格式中查看计算值。例如，创建"交叉表查询实例"查询，该查询利用"学生档案和成绩查询"，创建一个交叉表查询，显示"学号"、"姓名"、"课程名称"、"总计成绩"、"第 1 学期"和"第 2 学期"字段的所有记录内容。具体操作方法如下：

（1）弹出"新建查询"对话框，选中其内的"交叉表查询向导"选项，单击"确定"按钮，关闭"新建查询"对话框，弹出"交叉表查询向导"对话框，在该对话框内可以选择含有交叉表的表或查询，此处选中"查询"单选按钮，再在列表框内选中"查询：学生档案和成绩查询"选项，如图 2-1-25 所示。

（2）单击"下一步"按钮，弹出下一个"交叉表查询向导"对话框，选择在交叉表中哪些字段的值用来做行标题，最多只能选择 3 个字段，此处将"可用字段"列表框内的"学号"、"姓名"和"课程名称"3 个字段名称移到"选定字段"列表框内，如图 2-1-26 所示。

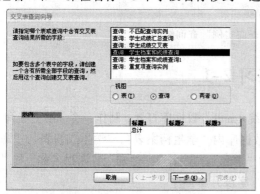

图 2-1-25　选择含有交叉表的查询　　　　图 2-1-26　选择显示的行标题字段

（3）单击"下一步"按钮，弹出下一个"交叉表查询向导"对话框，选择在交叉表中哪些字段的值用来做列标题，此处选择"学期"字段，如图 2-1-27 所示。

（4）单击"下一步"按钮，弹出下一个"交叉表查询向导"对话框，选择表中交叉点计算出的数值，此处，在"字段"列表框内选中"成绩"字段，在"函数"列表框内选中"汇总"选项，如图 2-1-28 所示。

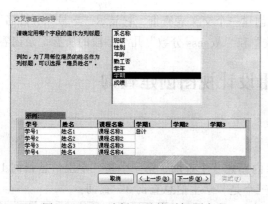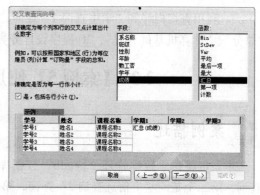

图 2-1-27　选择显示的列标题字段　　　　图 2-1-28　选择表中交叉点计算出的数值

（5）单击"下一步"按钮，弹出下一个"交叉表查询向导"对话框，在其文本框内输入查询的名称"交叉表查询实例"，然后单击"完成"按钮，创建一个名称为"交叉表查询实例"的交叉表查询，效果如图 2-1-29 所示。

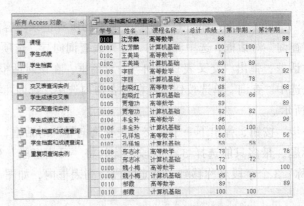

图 2-1-29 "交叉表查询实例"查询结果

思考练习 2-1

1. 将思考练习 1-2 中创建的"学生管理系统 1.mdb"数据库打开，制作一个"学生查询 1"查询，该查询运行后，将显示出"教学管理"数据库内"学生档案表"、"学生成绩表"、"课程设置表"和"学生选课表"4 个表中所有学生的"学号"、"姓名"、"性别"、"课程名称"和"成绩"字段内容的查询，查询结果要求按"学号"字段升序排序。

2. 打开"学生管理系统 1.mdb"数据库，制作一个"成绩汇总 1"查询，该查询运行后，将显示出针对"学生查询 1"查询进行的汇总查询结果，其中有"学号"、"姓名"、"总分"、"平均分"和"科目数"字段内容。

3. 利用查询向导在"学生档案表"中查找"政治面貌"为"团员"的男生，只显示"政治面貌"、"性别"、"学号"、"姓名"、"出生日期"和"职务"字段内容。

4. 利用查询向导，在"学生成绩表"和"学生选课表"内查找"姓名"字段不相匹配的记录。

5. 利用查询向导和"学生查询 1"查询，创建一个交叉表查询，它显示"学号"、"姓名"、"总分"、"计算机基础分数"、"C 程序设计分数"和"Access 分数"几个字段的所有记录内容。

2.2 【案例 5】使用设计视图创建查询

案例描述

本案例将在"教学管理 2.accdb"数据库内新建 3 个查询，第一个是"学生信息查询 1"查询，第二个是"学生信息查询 2"查询，第三个是"学生信息查询 3"查询。

"学生信息查询 1"查询可以选择性查询符合一定条件（成绩大于 90，且性别为"女"）的记录。该查询运行后，会显示"教学管理"数据库中 3 个表内的"学号"、"姓名"、"性别"、"课程名称"和"成绩"字段，显示成绩大于 90、性别为"女"的记录，如图 2-2-1 所示。

图 2-2-1 "学生信息查询 1"查询

“学生信息查询 2”查询可以根据用户输入的最低成绩和最高成绩数值，显示成绩在这一范围内的所有记录。该查询运行后，将显示“输入参数值”对话框，在该对话框内可以输入要查询的最低成绩，此处输入 80，如图 2-2-2 所示。单击“确定”按钮，关闭“输入参数值”对话框，弹出下一个“输入参数值”对话框，在该对话框内可以输入要查询的最高成绩，此处输入 90，如图 2-2-3 所示。

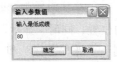

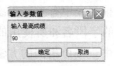

图 2-2-2　“输入参数值”对话框之一

图 2-2-3　“输入参数值”对话框之二

单击“确定”按钮，关闭“输入参数值”对话框，弹出查询结果，如图 2-2-4 所示。其内有“学号”、“姓名”、“性别”、“课程名称”和“成绩”字段。

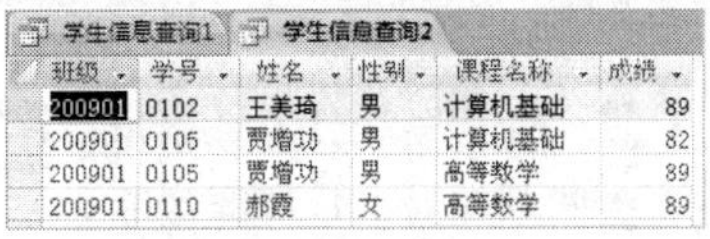

学生信息查询1　学生信息查询2

班级	学号	姓名	性别	课程名称	成绩
200901	0102	王美琦	男	计算机基础	89
200901	0105	贾增功	男	计算机基础	82
200901	0105	贾增功	男	高等数学	89
200901	0110	郝霞	女	高等数学	89

图 2-2-4　“学生信息查询 2”查询运行结果

“学生信息查询 3”查询属于交叉表查询，它利用“学生档案和成绩查询”创建一个交叉表查询，显示“学号”、“姓名”、“系名称”、“班级”、“年龄”、“学期”、“高等数学”和“计算机基础”几个字段的内容，其中，“高等数学”和“计算机基础”字段是新生成的，它们原是“课程名称”字段的两项数据，显示性别为“女”、成绩大于 80 的记录，如图 2-2-5 所示。

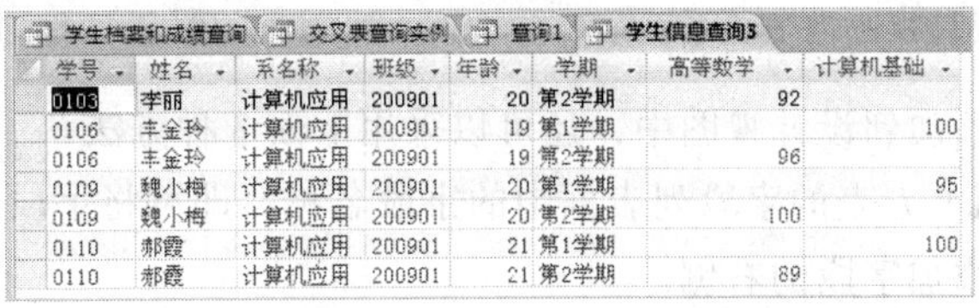

学生档案和成绩查询　交叉表查询实例　查询1　学生信息查询3

学号	姓名	系名称	班级	年龄	学期	高等数学	计算机基础
0103	李丽	计算机应用	200901	20	第2学期	92	
0106	丰金玲	计算机应用	200901	19	第1学期		100
0106	丰金玲	计算机应用	200901	19	第2学期	96	
0109	魏小梅	计算机应用	200901	20	第1学期		95
0109	魏小梅	计算机应用	200901	20	第2学期	100	
0110	郝霞	计算机应用	200901	21	第1学期		100
0110	郝霞	计算机应用	200901	21	第2学期	89	

图 2-2-5　“学生信息查询 3”查询运行结果

通过本案例的学习，可以初步掌握利用设计视图创建参数查询和交叉查询等几种查询的方法，了解查询的 5 种视图，了解有关查询的基本操作。

设计过程

1. 创建“学生信息查询 1”查询

（1）打开“教学管理 2.accdb”数据库，切换到“创建”选项卡，单击“其他”组内的“查询设计”按钮，视图区域内会显示“查询 1”的设计视图，以及“显示表”对话框，如图 2-2-6 所示。

图 2-2-6　设计视图和“显示表”对话框

（2）按住【Ctrl】键，单击“显示表”对话框“表”选项卡内的“学生档案”表、“学生成绩”表和“课程”表名称，再单击“添加”按钮，将建立查询所需要的表添加到设计视图中，单击“显示表”对话框中的“关闭”按钮，关闭“显示表”对话框。

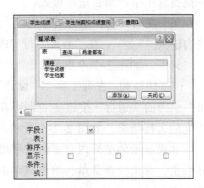

此时，切换到"查询工具"|"设计"选项卡，"查询类型"组内的"选择"按钮应呈突出显示状态。

（3）如果3个表之间没有建立关系，则建立"学生档案"表与"学生成绩"表"学号"字段的联系，建立"学生成绩"表与"课程"表"课程编号"字段的联系，如图2-2-7所示。

（4）在查询的设计视图中，单击"字段"行的第一个单元格，出现下拉按钮，单击下拉按钮，在弹出的下拉列表中有上一步添加的所有表中的所有字段。在其中选中"学生档案.学号"选项，则所选择的字段名和所使用的表名分别出现在相应的位置，同时"显示"行第一列的复选框也自动被选中。按照相同的方法，添加"姓名"、"性别"、"课程名称"和"成绩"字段，如图2-2-8所示。

图 2-2-7　设计视图内表关系

图 2-2-8　设计视图

要将表中的字段添加到设计视图中，还可以采用下面3种方法：

◎ 双击设计视图上方表的字段列表框中的字段名称，即可将字段名称添加到设计视图内"字段"行已添加字段的右侧。

◎ 拖曳设计视图上方表的字段列表框中的字段名称到设计视图下方"字段"行相应的位置。

◎ 直接输入字段名称。如果要更改字段名称，可以在输入新名称后输入"："，再输入原字段名称。例如，将字段名称"学号"改为"学生学号"，应在字段名单元格内输入"学生学号:学号"。

（5）如果要删除设计视图内添加的字段，可以单击"字段"行要删除的字段名称上方的灰色条，选中该字段，按【Delete】键。如果要改变添加字段的位置，可以在选中该字段后，水平拖曳选中字段到合适的位置。

（6）在设计视图下方"条件"行的"性别"列单元格内输入""女""，在"条件"行"成绩"列单元格内输入">90"，如图2-2-9所示。

（7）切换到"查询工具"|"设计"选项卡，单击"结果"组内的"运行"按钮，即可在视图区域内显示本查询的运行结果，如图2-2-1所示。

如果显示的结果内有多余的字段，可以选中该字段并右击，弹出快捷菜单，单击该菜单内的"隐藏列"菜单命令。

图 2-2-9　设置条件

（8）右击该查询的标签，在弹出的快捷菜单中选择"保存"命令，弹出"另存为"对话框，在"查询名称"文本框中输入"学生信息查询 1"，单击"确定"按钮，就可以将该查询保存。

（9）关闭"学生信息查询 1"查询后，如果要再次查看该查询的运行结果，可以双击导航窗格内的"学生信息查询 1"查询名称。如果要重新编辑"学生信息查询 1"查询，可以右击导航窗格内的"学生信息查询 1"查询名称，弹出快捷菜单，单击该菜单内的"设计视图"菜单命令，弹出"学生信息查询 1"查询的设计视图。

2. 创建"学生信息查询 1"查询的其他方法

创建"学生信息查询 1"查询还可以利用"学生档案和成绩查询"。"学生档案和成绩查询"中有"学生信息查询 1"查询所需要的所有字段，因此可直接使用"学生档案和成绩查询"来创建"学生信息查询 1"查询。具体方法有下述两种。

（1）方法 1：

① 按照上述方法，弹出"查询 1"的设计视图和"显示表"对话框。单击"显示表"对话框内的"查询"标签，切换到"查询"选项卡，如图 2-2-10 所示。

② 选中"查询"选项卡内的"学生档案和成绩查询"选项，单击"添加"按钮，将"学生档案和成绩查询"字段列表框添加到设计视图的上方。

③ 依次双击"学生档案和成绩查询"字段列表框内的"学号"、"姓名"、"性别"、"课程名称"和"成绩"字段名，将它们依次添加到设计视图下方的"字段"行。

④ 在设计视图下方"条件"行的"性别"列单元格内输入""女""，在"条件"行的"成绩"列单元格内输入">90"，如图 2-2-11 所示。

图 2-2-10　"显示表"对话框"查询"选项卡

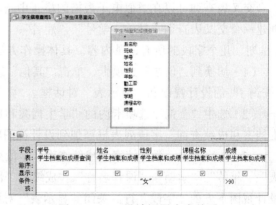

图 2-2-11　设计视图内表关系

（2）方法 2：

① 右击导航窗格内的"学生档案和成绩查询"名称，弹出快捷菜单，单击该菜单内的"复制"菜单命令，将"学生档案和成绩查询"复制到剪贴板内。

② 右击导航窗格空白处，弹出快捷菜单，单击该菜单内的"粘贴"菜单命令，弹出"粘贴为"对话框，在其内的文本框中输入"学生信息查询 1"，单击"确定"按钮，即可在导航窗格内粘贴一个名称为"学生信息查询 1"的查询。

③ 右击导航窗格内的"学生信息查询 1"查询名称，弹出快捷菜单，单击该菜单内的"设计视图"菜单命令，弹出"学生信息查询 1"查询的设计视图。

④ 选中不需要的字段名称并右击，弹出快捷菜单，单击该菜单内的"剪切"菜单命令，或按【Delete】键，删除不需要的字段列。

⑤ 在设计视图下方"条件"的行"性别"列单元格内输入""女""，在"条件"行的"成绩"列单元格内输入">90"，如图 2-2-11 所示。

3．创建"学生信息查询 2"查询

（1）右击导航窗格内的"学生信息查询 1"查询名称，弹出快捷菜单，单击该菜单内的"复制"菜单命令，将"学生信息查询 1"查询复制到剪贴板内。

（2）右击导航窗格空白处，弹出快捷菜单，单击该菜单内的"粘贴"菜单命令，弹出"粘贴为"对话框，在其内的文本框中输入"学生信息查询 2"，单击"确定"按钮，即可在导航窗格内粘贴一个名称为"学生信息查询 2"的查询。

（3）在设计视图内，拖曳字段列表框中的"班级"字段到下方"字段"行的左端，插入一个"班级"字段。

（4）选中设计视图下方"条件"行"性别"列单元格内的文字，按【Delete】键，删除该单元格内的条件；再删除"条件"行"成绩"列单元格内的条件。

（5）在"条件"行"成绩"列单元格内输入"Between [输入最低成绩] And [输入最高成绩]"，表示查询条件是，记录的"成绩"字段内的成绩数应该在"输入最低成绩"对话框内输入的数到"输入最高成绩"对话框内输入的数之间。

4．创建"学生信息查询 3"查询

交叉表查询可以在类似电子表格的格式中查看计算值。例如，利用"学生档案和成绩查询创建一个交叉表查询，显示"学号"、"姓名"、"课程名称"、"总计成绩"、"第 1 学期"和"第 2 学期"几个字段的所有记录内容。具体操作方法如下：

（1）切换到"创建"选项卡，单击"其他"组内的"查询设计"按钮，视图区域内会显示"查询 1"的设计视图和"显示表"对话框。

（2）选中"查询"选项卡内的"学生档案和成绩查询"选项，单击"添加"按钮，将"学生档案和成绩查询"字段列表框添加到设计视图的上方。

（3）依次双击"学生档案和成绩查询"字段列表框内的"学号"、"姓名"、"系名称"、"班级"、"年龄"、"学期"、"课程名称"、"成绩"、"性别"和"成绩"字段名，将它们依次添加到设计视图下方的"字段"行。关闭"显示表"对话框。

（4）切换到"查询工具"|"设计"选项卡，单击"查询类型"组内的"交叉表"按钮，视图区域下方的"显示"行变为"交叉表"。在"交叉表"行的"学号"、"姓名"、"系名称"、"班级"、"年龄"、"学期"字段单元格下拉列表框中选中"行标题"选项；在"交叉表"行的"课程名称"字段单元格下拉列表框中选中"列标题"选项；在"交叉表"行的第一个"成绩"字段单元格下拉列表框中选中"值"选项。

（5）在视图区域下方的"总计"行的第一个"成绩"字段单元格下拉列表框中选择"平均值"选项，在第二个"成绩"字段单元格下拉列表框中选择 Where 选项；其他字段单元格下拉列表框默认选择 Group By 选项。

（6）在视图域下方的"条件"行的"性别"字段单元格内输入""女""选项；在"条件"

行第二个"成绩"字段单元格内输入">80"。此时的设计视图如图 2-2-12 所示。

图 2-2-12　"学生信息查询 3"查询的设计视图

（7）切换到"查询工具"丨"设计"选项卡，单击"结果"组内的"运行"按钮，即可在视图区域内显示"学生信息查询 3"查询的运行结果，如图 2-2-5 所示。

相关知识

1. 认识查询设计器

使用查询向导创建查询虽然简单，但有其局限性，它只能创建一些简单的查询和某些特定的查询。如果使用向导建立查询不能满足实际需求，就需要使用查询设计器人工创建查询。使用查询设计器可以从头设计查询，而且可以对已有查询进行编辑和修改，查询的功能可以更强大，创建方法也并不复杂。

从图 2-2-7 可以看出，查询设计器分为上下两部分，上方是表/查询显示区，下方是查询设计区，表/查询显示区用来显示查询所用的数据源，可以是表和查询的字段列表框，查询设计区设置查询的字段和查询条件。查询设计区内网格的每一列都对应查询结果的一个字段，每一行是针对字段的属性。各行的作用如下：

（1）字段：查询结果所使用的字段名称，它是一个下拉列表框，其内有相应表或查询内的所有字段名称，可供选择。

（2）表：该字段所在的表或查询。

（3）总计：该下拉列表框中有 9 个汇总函数和 Where（条件）、Group By（分组）、Expression（表达式）3 个 SQL 语句的关键字。

选择 Where 选项后，应在"条件"行输入与该字段相关的条件表达式，如"="女""或""女""（即"性别="女""）、">80"（即"成绩>80"）等。

使用 Group By 选项，可以将一个或多个字段内容相同的记录分为一个分组，并对分组进行总计计算。图 2-2-12 所示是将所有"总计"行设置为 Group By 选项的字段内容都相同的记录分为一个分组，实际是每条记录为一个分组。

（4）交叉表：只有进行交叉表查询时才有，用来设置该字段为行标题、列标题、值或不显示。只能有一个列标题。如果选择了"列标题"选项，则该字段的不同内容将作为列标题，即生成以该字段的不同内容为名称的新字段。

（5）排序：在该下拉列表框中可以选择"升序"、"降序"和"（不排序）"3 个选项。

（6）显示：用来设置是否显示该字段内容。选中相应复选框，则显示该字段内容。

（7）条件：用来设置该字段的查询条件。不同字段设置的条件在逻辑上是"与"的关系。

（8）或：用来提供其他查询条件。该行设置的查询条件与"条件"行相同字段内设置的条件在逻辑上是"或"的关系。

2．查询的 5 种视图

在打开一个查询的数据表视图时，"开始"选项卡内的"视图"组中有一个"视图"按钮；在打开一个查询的设计视图时，"查询工具"｜"设计"选项卡内的"结果"组中也有一个"视图"按钮。单击"视图"下拉按钮，会弹出"视图"菜单，如图 2-2-13 所示。从该菜单内可以看到，Access 2007 中的查询具有 5 种视图，分别是"数据表视图"、"数据透视表视图"、"数据透视图视图"、"SQL 视图"和"设计视图"。几种视图的简介如下：

图 2-2-13 "视图"菜单

（1）设计视图：也叫查询设计器，通过该视图可以设计除 SQL 查询之外的任何类型的查询，前面已经做了初步介绍。例如，针对"学生档案和成绩查询"（见图 2-1-1）创建的"查询 3"查询的设计视图如图 2-2-14 所示。另外，除了查询有设计视图外，表、窗体、报表对象也有各自的设计视图。

字段:	学号: 学	姓名	性别	年龄: 年	系名称	班级	学年	学期	成绩: 成绩	平均分: 成绩
表:	学生档案:	学生档案	学生档案	学生档案和	学生档案	学生档案	学生档案	学生档案和		学生档案和成
总计:	First	Group By	Group By	First	Group By	Group By	Group By	Group By	平均值	平均值
交叉表:	行标题	行标题	行标题	行标题	行标题	行标题	行标题	列标题	值	行标题
排序:										
条件:										
或:										

图 2-2-14 "查询 3"查询的设计视图

（2）数据表视图：是查询的数据浏览器，与表的数据视图一样，都是以二维表格式显示表内容和查询的运行结果。利用它可以编辑字段、添加和删除数据，以及搜索数据，这些在前面已经做过介绍。"查询 3"查询的数据表视图如图 2-2-15 所示。

学号	姓名	性别	年龄	系名称	班级	学年	平均分	第1学期	第2学期
0106	丰金玲	女	19	计算机应用	200901	2009年	98	100	96
0110	郜霞	女	21	计算机应用	200901	2009年	94.5	100	89
0105	贾增功	男	19	计算机应用	200901	2009年	85.5	82	89
0107	孔祥旭	男	19	计算机应用	200901	2009年	57	58	56
0103	李丽	女	20	计算机应用	200901	2009年	85	78	92
0101	沈芳麟	男	19	计算机应用	200901	2009年	99	100	98
0102	王美琦	男	19	计算机应用	200901	2009年	48	89	7
0109	魏小梅	女	20	计算机应用	200901	2009年	97.5	95	100
0108	邢志冰	男	19	计算机应用	200901	2009年	75	72	78
0104	赵晓红	男	19	计算机应用	200901	2009年	67	66	68

图 2-2-15 "查询 3"查询的数据表视图

（3）数据透视表视图：表和查询都有数据透视表视图，用于汇总并分析查询或表中的数据。可以通过拖动字段和项，或通过显示和隐藏字段的下拉列表中的选项，来查看不同级别的详细信息。例如，运行"查询 3"查询，单击"视图"菜单内的"数据透视表视图"菜单命令，即可进入"查询 3"查询的数据透视表视图，并弹出"数据透视表字段列表"窗格，如图 2-2-16 所示。

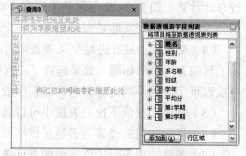

图 2-2-16 数据透视表视图和
"数据透视表字段列表"窗格

拖曳"数据透视表字段列表"窗格内的"姓名"字段到数
据透视表视图的"行区域"内，如图 2-2-17 所示。

然后，按住【Ctrl】键，选中"数据透视表字段列表"窗格
内的"平均分"、"第 1 学期"和"第 2 学期"3 个字段，在右
下角的下拉列表框内选中"数据区域"选项，单击"添加到"
按钮，即可在数据透视表视图的数据区域显示"平均分"、"第
1 学期"和"第 2 学期"3 个字段的内容，并对这些字段的数据
汇总求和，效果如图 2-2-18 所示。

图 2-2-17　添加"姓名"字段

切换到"数据透视表工具"｜"设计"选项卡，其中有一个"显示/隐藏"组，如图 2-2-19
所示。单击"拖放区域"按钮，使该按钮呈常规状态，此时数据透视表视图内的说明文字会消
失；再次单击"拖放区域"按钮，使其突出显示，数据透视表视图内的说明文字会重新出现。
单击"显示详细信息"按钮，可以展开记录的详细内容，这和单击姓名右侧的⊞按钮作用一样；
单击"隐藏详细信息"按钮，可以收缩展开的记录内容，这和单击姓名右侧⊟按钮作用一样。

图 2-2-18　添加字段到数据区域

图 2-2-19　"显示/隐藏"组

数据透视表视图还有许多功能，读者可以进行各种测试。

（4）数据透视图视图：是用于显示数据表或窗体中数据的图形分析的视图。可以通过拖动
字段和项，或通过显示和隐藏字段的下拉列表中的选项建立图示，查看不同级别的信息。

例如，单击"视图"菜单内的"数据透视图视图"菜单命令，即可进入"查询 3"查询的
数据透视图视图和"图表字段列表"窗格，如图 2-2-20 所示。

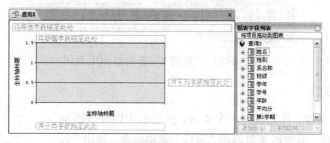

图 2-2-20　数据透视图视图和"图表字段列表"窗格

拖曳"图表字段列表"窗格内的"姓名"字段到数据透视图视图下方的分类区域内。然后，
按住【Ctrl】键，选中"图表字段列表"窗格内的"平均分"、"第 1 学期"和"第 2 学期"3
个字段选项，在右下角的下拉列表框内选中"数据区域"选项，单击"添加到"按钮，即可在
数据透视图视图的数据区域以图形的形式显示"平均分"、"第 1 学期"和"第 2 学期"3 个字
段的数据大小，效果如图 2-2-21 所示。

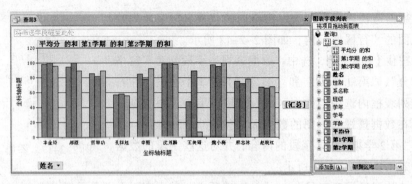

图 2-2-21　添加数据

切换到"数据透视图工具"|"设计"选项卡，其中有一个"显示/隐藏"组，如图 2-2-22 所示。单击"图例"按钮，使其突出显示，即可在数据透视图视图右侧的"[汇总]"文字下方显示图示说明文字，如图 2-2-23 所示。再次单击该按钮，图示说明文字又会消失。单击"拖放区域"按钮，使该按钮呈常规状态，此时数据透视图视图内的说明文字会消失；再次单击"拖放区域"按钮，数据透视图视图内的说明文字会重新出现。单击"字段列表"按钮，使该按钮呈常规状态，可以关闭"图表字段列表"窗格；再次单击"字段列表"按钮，使其突出显示，可以弹出"图表字段列表"窗格。

图 2-2-22　"显示/隐藏"组　　　　　　　　　　图 2-2-23　图示说明文字

（5）SQL 视图：用 SQL 语法规范显示查询，即显示查询的 SQL 语句。例如，运行"查询 3"查询，单击"视图"菜单内的"SQL 视图"菜单命令，即可进入"查询 3"查询的 SQL 视图，如图 2-2-24 所示。有关 SQL 视图的使用见本书下一章。

图 2-2-24　"查询 3"查询的 SQL 视图

3. 设置查询属性

要设置查询的属性，首先打开一个查询，然后右击设计视图空白处，弹出快捷菜单，单击该菜单内的"属性"菜单命令，弹出"属性表"窗格，如图 2-2-25 所示。利用该窗格可以设置查询的属性。

在弹出"属性表"窗格后，选中不同类型的字段，"属性表"窗格的内容会有所不同。此时可以设置该字段的属性。此处属性的设置不会影响与查询相关的表中的字段属性设置，只是改变字段在该查询内的属性。下面简要介绍几种属性。

（1）"说明"文本框：用来输入该查询的说明文字。

图 2-2-25　"属性表"窗格

（2）"默认视图"下拉列表框：用来选择一种默认的视图。

（3）"输出所有字段"下拉列表框：有"是"和"否"两个选项，用来选择是否输出查询设计区内的所有字段。

（4）"上限值"下拉列表框：用来设置显示结果的上限值。

（5）"唯一的记录"下拉列表框：有"是"和"否"两个选项，用来选择是否显示重复的记录。

（6）"源数据库"文本框：用来输入表或查询的源数据库名称，默认为当前数据库。

（7）"记录锁定"下拉列表框：有"不锁定"、"所有记录"和"编辑的记录" 3 个选项，用来设置表或查询的锁定方式。

（8）"记录集类型"下拉列表框：其内有"动态集"、"动态集（不一致的更新）"、"快照" 3 个选项。选择"动态集"选项，可以修改查询的数据表内的值，查询中的记录可以与相关的表内记录一起更新，即动态改动查询中的计算值；选择"快照"选项，不能自动更新表中的数据，指示该查询在某一时刻的"快照"。

4．设置查询条件

在查询设计器的查询设计区的"条件"和"或"行内可以设置查询条件。在一行内设置的各个条件之间是"与"的关系，在同一字段的"条件"和"或"行内设置的条件之间是"或"的关系。具体设置中的一些方法和要点如下：

（1）查找特定的值：在字段的"条件"和"或"行内可以输入该字段可能的值，用来设置显示该字段等于该值的记录。如果字段是文本类型字段，则输入的值应用英文双引号括起来。

（2）表达式：其设置方法与字段"有效性规则"属性的设置方法基本相同，可参看 1.3 节的有关内容。在表达式中可以使用如下运算符：

◎ "+"（加）：用于数字类型的字段值相加，还可以将文本型字段值和字符串相连接。例如，将"性别"和"姓名"字段组成一个字段的表达式为"[性别]+[姓名]"。

◎ "–"（减）：用于数字类型的字段值和数值相减。

◎ "*"（乘）：用于数字类型的字段值和数值相乘。例如，[单价]*[数量]表示"单价"字段的值和"数量"字段的值相乘，可以获得金额。

◎ "/"（除）：用于数字类型的字段值和数值相除。

◎ "\"（整除）：用于数字类型的字段值和数值整除。例如，A\B 表示 A 除以 B 的结果四舍五入成整数。

◎ "^"（乘方）：用于数字类型的字段值乘方。例如，A^B 表示 A 的 B 次幂。

◎ Mod(A,B)：表示数值型字段 A 和 B 的值或数值 A 和 B 转化为整数后再相除，然后给出它们的余数。例如 Mod(8,3)的结果为 2。

◎ A&B：将文本型字段 A 和 B 的值连接成一个字符串。

（3）表达式生成器：在查询设计视图内写条件的表达式时，有时会用到很多函数或表中的字段名，直接写表达式会很麻烦。为了解决这种问题，Access 提供了一个名为"表达式生成器"的工具。关于表达式生成器，在介绍"有效性规则"属性的设置方法时曾经简单介绍过。表达式生成器提供了数据库中所有的表或查询中字段名称、窗体、报表中的各种控件，还有很多函数、常量及操作符和通用表达式。将它们进行合理搭配，就可以书写任何一种表达式，十分方便。

　　进入查询的设计视图，切换到"查询工具"|"设计"选项卡，单击"查询设置"组内的"生成器"按钮 ，即可弹出"表达式生成器"对话框，如图 2-2-26 所示。右击设计视图内"条件"行中的单元格，弹出快捷菜单，单击该菜单内的"生成器"菜单命令，也可以弹出"表达式生成器"对话框。

　　"表达式生成器"对话框内各部分的作用如下：

◎ 上方的列表框：它是表达式编辑列表框，用来输入表达式。

◎ 中间一排按钮：它们是运算符按钮，单击这些按钮，可以在表达式编辑列表框中显示相应的表达式中使用的各种运算符。

◎ 下方的第一个列表框：其内列出了当前对象的名称，以及"表"和"查询"等文件夹，单击带有加号的文件夹图标 ，可以展开该文件夹，如图 2-2-27 所示。单击带有减号的文件夹图标 ，可以折叠已经展开的文件夹。

　　　　　　　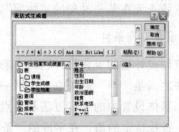

图 2-2-26　表达式生成器　　　　　　　图 2-2-27　展开文件夹

◎ 下方的第二个列表框：选中第一个列表框内的文件夹，可以在第二个列表框中显示相应的字段名称、函数类型、操作符类型等名称，如图 2-2-28 所示。选中不同文件夹，第二个列表框内会显示不同的内容。

◎ 第三个列表框：单击第二个列表框内部分文件夹或类型名称，会在第三个列表框内显示相应的函数、常量或操作符等名称，如图 2-2-29 所示。双击第三个列表框内的函数、常量或操作符等名称，可以将双击对象添加到表达式编辑列表框内。

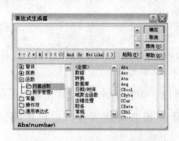　　　　　　　

图 2-2-28　表达式生成器　　　　　图 2-2-29　添加函数到表达式编辑列表框内

◎ 5 个按钮：其中"确定"、"取消"、"帮助"按钮的含义与其他对话框中相应按钮相同。单击"撤销"按钮可以撤销输入表达式时的上一步操作。选中第三个列表框内的对象，再单击"粘贴"按钮，也可以将选中的对象添加到表达式编辑列表框内。

5. 汇总查询

（1）打开一个数据库，例如，"教学管理 2.accdb 数据库。切换到"创建"选项卡，单击"其他"组内的"查询设计"按钮，在视图区域内会显示"查询1"的设计视图和一个"显示表"对话框。

（2）在"显示表"对话框中，选择"查询"选项卡，选中"学生成绩1"选项，单击"添加"按钮，就可以将"学生成绩1"查询添加到设计视图中。

（3）双击"成绩"字段，将"成绩"字段加到设计视图下方的"字段"行单元格内。

（4）切换到"查询工具"|"设计"选项卡，单击"显示/隐藏"组内的"汇总"按钮，设计视图下方会增加一个"总计"行。

（5）单击"总计"行"成绩"字段的单元格下拉按钮，弹出下拉列表，选择"总计"选项，应用"总计"函数，即对"成绩"进行总计，如图 2-2-30 所示。该单元格下拉列表内还有"平均值"、"最小值"、"最大值"和"计数"等选项，选择不同选项，可以对"成绩"字段内所有记录进行相应的汇总计算。

（6）单击"结果"组内的"运行"按钮，即可查看查询结果，如图 2-2-31 所示。如果运行查询后有错误，可以单击"结果"组内的"视图"按钮，弹出其下拉菜单，单击该菜单内的 SQL 菜单命令，切换到 SQL 视图，如图 2-2-32 所示。删除第一行最后的"，*"字符，以后再运行查询即可正常显示。

图 2-2-30　设计视图

图 2-2-31　查询结果

图 2-2-32　SQL 视图

思考练习 2-2

1. 创建一个"信息 1"查询，该查询运行后，会显示"教学管理"数据库中 3 个表内的"姓名"、"性别"、"年龄"、"籍贯"、"课程名称"和"成绩"字段，显示年龄为 19 岁、成绩大于 80 的记录。

2. 创建一个"信息 2"查询，该查询运行后，可以根据用户输入的性别和年龄，显示成绩符合输入条件的所有记录。

3. 创建一个"信息 3"查询，该查询运行后，可以显示"学生学号"、"姓名"、"系名称"、"班级"、"年龄"、"课程名称"、"第 1 学期"和"第 2 学期"几个字段，显示性别为"男"、成绩大于 70 且小于或等于 95 的所有记录，如图 2-2-33 所示。

学生学号	姓名	系名称	班级	年龄	课程名称	第1学期	第2学期
0102	王美琦	计算机应用	200901	19	计算机基础	89	
0105	贾嬉功	计算机应用	200901	19	高等数学		89
0105	贾嬉功	计算机应用	200901	19	计算机基础	82	
0108	邢志冰	计算机应用	200901	19	高等数学		78
0108	邢志冰	计算机应用	200901	19	计算机基础	72	

图 2-2-33　"信息 3"查询运行结果

4. 创建一个"信息 4"查询，该查询运行后，可以显示"学号"、"姓名"、"性别"、"年龄"、"系名称"、"班级"、"学年"、"平均分"、"第 1 学期"和"第 2 学期"几个字段的所有记录，平均分是一学年内 2 科成绩的平均分，"第 1 学期"和"第 2 学期"字段数据分别是该学期内平均分，运行效果如图 2-2-34 所示。

5. 创建一个"信息 5"查询，该查询运行后，可以显示"性别"、"平均分"、"第 1 学期"和"第 2 学期"几个字段的 2 条记录，平均分是一学年内男生或女生 2 科成绩的平均分，"第 1 学期"和"第 2 学期"字段数据分别是该学期内男生或女生 2 科成绩平均分，运行效果如图 2-2-35 所示。

图 2-2-34　"信息 4"查询运行结果　　　　图 2-2-35　"信息 5"查询运行结果

2.3 【案例 6】利用动作查询编辑"教学管理"数据库

案例描述

本案例利用动作查询来编辑"教学管理 1.mdb"数据库内的表，主要有以下内容：

（1）利用"学生档案"表和"学生成绩"表生成一个新表，名称为"学生信息"，该表内有"学号"、"姓名"、"性别"、"出生日期"、"年龄"、"联系电话"、"班级"、"课程编号"、"成绩"字段，记录内容不变。"学生信息"表如图 2-3-1 所示。生成该表采用生成表查询设计的方法，该查询的名称为"生成新表查询"。

（2）对"学生信息"表内的"学号"、"年龄"、"联系电话"和"班级"字段的内容进行更新修改，在"学号"字段的内容前增加"2009"，例如，"1001"改为"200910101"；对"年龄"字段的内容进行更新修改，用当前年份减去出生的年份，获得新的年龄；对"联系电话"字段的内容进行更新修改，在"联系电话"字段的内容前增加"010-"，例如，"81477171"改为"010-81477171"；在"班级"字段的内容后增加"班"字。该查询的名称为"更新查询"，运行该查询可以修改"学生信息"表内"学号"、"年龄"、"联系电话"和"班级"字段的内容，效果如图 2-3-2 所示。

图 2-3-1　"学生信息"表　　　　　　　　图 2-3-2　修改后的"学生信息"表

（3）将“学生信息”表复制 3 份，名称分别改为“学生信息 1”、“学生信息 2”和“学生信息 3”。将“学生信息 2”表内“课程编号”字段为“KC01”的记录删除，效果如图 2-3-3 所示，删除查询的名称为“删除记录查询 1”。将“学生信息 3”表内“课程编号”字段为“KC02”的记录删除，效果如图 2-3-4 所示，删除查询的名称为“删除记录查询 2”。

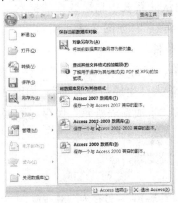

姓名	性别	出生日期	年龄	联系电话	班级	课程编号	成绩
沈芳麟	男	1992-6-19	18	010-8147	200901班	KC02	93
王美琦	男	1992-5-20	18	010-8652	200901班	KC02	7
李丽	女	1991-3-17	19	010-9867	200901班	KC02	92
赵晓红	男	1991-11-18	19	010-6567	200901班	KC02	68
贾增功	男	1991-9-16	19	010-8142	200901班	KC02	89
丰金玲	女	1992-3-26	18	010-8878	200901班	KC02	96
孔祥旭	男	1992-2-23	18	010-5678	200901班	KC02	56
邢志冰	男	1992-5-16	18	010-6543	200901班	KC02	78
魏小梅	女	1991-8-18	19	010-9867	200901班	KC02	100
郝霞	女	1990-6-20	20	010-8866	200901班	KC02	89

图 2-3-3　“学生信息 2”表结果

姓名	性别	出生日期	年龄	联系电话	班级	课程编号	成绩
沈芳麟	男	1992-6-19	18	010-8147	200901班	KC01	100
王美琦	男	1992-5-20	18	010-8652	200901班	KC01	89
李丽	女	1991-3-17	19	010-9867	200901班	KC01	78
赵晓红	男	1991-11-18	19	010-6567	200901班	KC01	66
贾增功	男	1991-9-16	19	010-8142	200901班	KC01	82
丰金玲	女	1992-3-26	18	010-8878	200901班	KC01	100
孔祥旭	男	1992-2-23	18	010-5678	200901班	KC01	58
邢志冰	男	1992-5-16	18	010-6543	200901班	KC01	72
魏小梅	女	1991-8-18	19	010-9867	200901班	KC01	95
郝霞	女	1990-6-20	20	010-8866	200901班	KC01	100

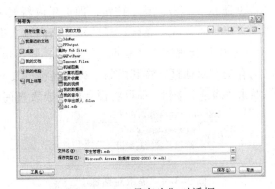

图 2-3-4　“学生信息 3”表结果

通过本案例的学习，可以进一步掌握利用设计视图创建查询的方法、表达式在查询中的使用方法、查询的基本操作，初步掌握创建动作查询的方法等。

设计过程

1. 利用生成表查询创建“学生信息”表

（1）打开“教学管理.accdb”数据库，单击左上角的 Office 按钮，弹出其菜单，单击该菜单内的“另存为”→“Access 2002-2003 数据库”菜单命令（见图 2-3-5），弹出“另存为”对话框。

（2）在“另存为”对话框的“保存位置”下拉列表框内选中“案例”文件夹；在“文件名”下拉列表框内输入“教学管理 1.mdb”，如图 2-3-6 所示。单击“保存”按钮，将“教学管理.accdb”数据库以名称“教学管理 1.mdb”保存在指定的文件夹内。

图 2-3-5　Office 菜单

图 2-3-6　“另存为”对话框

（3）切换到“创建”选项卡，单击“其他”组内的“查询设计”按钮，在视图区域会显示“查询 1”的设计视图，以及一个“显示表”对话框。

（4）按住【Ctrl】键，单击“显示表”对话框“表”选项卡内的“学生档案”表和“学生成绩”表名称，再单击“添加”按钮，将建立查询所需要的表添加到设计视图中，单击“显示表”对话框的“关闭”按钮，关闭“显示表”对话框。

（5）如果两个表之间没有建立关系，则建立“学生档案”表与“学生成绩”表“学号”字段的关系。

（6）切换到"查询工具"|"设计"选项卡，单击"查询类型"组内的"生成表"按钮，弹出"生成表"对话框。在"表名称"下拉列表框中输入所要创建或替换的表的名称"学生信息"，如图 2-3-7 所示。"表名称"下拉列表框内有要追加记录的表名称。

如果表位于当前打开的数据库中，则选中"当前数据库"单选按钮。如果表不在当前打开的数据库中，则选中"另一数据库"单选按钮，这时"文件名"文本框和"浏览"按钮变为有效。可以在"文件名"文本框内输入数据库文件的路径和名称，也可以通过单击"浏览"按钮选择外部数据库。

（7）按住【Ctrl】键，依次选中"学生档案"表字段列表内的"学号"、"姓名"、"性别"、"出生日期"、"年龄"、"联系电话"和"班级"字段，拖曳它们到设计视图下方的设计区域内；再依次双击"学生成绩"表字段列表内的"课程编号"和"成绩"字段，将这两个字段依次添加到"班级"字段的右侧，如图 2-3-8 所示。

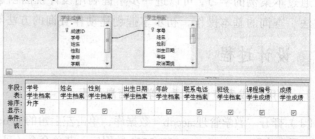

图 2-3-7 "生成表"对话框　　　　图 2-3-8 设计视图

（8）要预览查询效果，可以单击"结果"组内的"视图"下拉按钮，弹出其菜单，单击该菜单内的"数据表视图"菜单命令，可以观察生成表的效果。

（9）单击"结果"组内的"运行"按钮，弹出要求确认向新表中粘贴数据的提示对话框，如图 2-3-9 所示。单击"是"按钮，即可生成新表"学生信息"，如图 2-3-1 所示。

如果需要，可以在"条件"行的单元格内输入查询的条件。

（10）右击设计视图内"查询 1"标签，弹出快捷菜单，单击该菜单内的"保存"按钮，弹出"另存为"对话框，在其内的"查询名称"文本框内输入"生成新表查询"，如图 2-3-10 所示。单击"确定"按钮，即可将设计的生成表查询以名称"生成新表查询"保存在数据库内。

图 2-3-9 提示对话框　　　　图 2-3-10 "另存为"对话框

2. 利用更新查询修改"学生信息"表

这种查询可以对一个或多个表中的一组记录做全局的更改。例如，可以将所有商品价格提高 5%，或将工资提高 10%。使用更新查询，可以更改已有表中的数据。利用更新查询修改"学生信息"表的操作步骤如下：

（1）切换到"创建"选项卡，单击"其他"组内的"查询设计"按钮，在视图区域内显示"查询 1"的设计视图，以及一个"显示表"对话框。

（2）选中"显示表"对话框"表"选项卡内的"学生信息"名称，再单击"添加"按钮，将建立查询所需要的"学生信息"表添加到设计视图中，然后关闭"显示表"对话框。

（3）依次双击"学号"、"年龄"、"联系电话"和"班级"字段名，将这些字段添加到设计视图下方的设计区域内。

（4）切换到"查询工具"｜"设计"选项卡，单击"查询类型"组内的"更新"按钮，设计视图下方的设计区域内会增加一个"更新到"行。

（5）在"更新到"行的"学号"字段单元格内输入""2009" & [学生信息]![学号]"，表示在原学号的左边添加数字"2009"；在"更新到"行的"年龄"字段单元格内输入"Year(Now())-Year([学生信息]![出生日期])"，表示在"年龄"字段内添加目前年份减去"出生日期"字段内的出生年份，即当前年龄。

（6）在"更新到"行的"联系电话"字段单元格内输入""010-" & [学生信息]![联系电话]"，表示在原联系电话号码的左边添加"010-"符号；在"更新到"行的"班级"字段单元格内输入"[学生信息]![联系电话] & "班""，表示在原班级名称的右边添加"班"字，如图 2-3-11 所示。

图 2-3-11 设计视图

（7）要预览查询效果，可以单击"结果"组内的"视图"下拉按钮，弹出其菜单，单击该菜单内的"数据表视图"菜单命令，可以观察生成表的效果。

（8）单击"结果"组内的"运行"按钮 ，弹出一个提示对话框，如图 2-3-12 所示。单击"是"按钮，即可更新"学生信息"表，如图 2-3-2 所示。

图 2-3-12 提示对话框

（9）右击设计视图内"查询 1"标签，弹出快捷菜单，单击该菜单内的"保存"按钮，弹出"另存为"对话框，在其内的"查询名称"文本框内输入"更新表查询"。单击"确定"按钮，即可将创建的查询以名称"更新表查询"保存在数据库内。

3. 利用删除查询创建"学生信息 2"和"学生信息 3"表

删除查询可以从一个或多个相互关联的表中删除一组记录，而不是个别字段的内容。例如，可以使用删除查询来删除不再进货的商品。删除查询根据表及表之间的关系可以简单地划分为 3 种类型：删除单个表或一对一关系表中的记录，使用只包含一对多关系中"一"端的表的查询来删除记录，以及使用一对多关系中两端的表的查询来删除记录。利用删除表查询创建"学生信息 2"和"学生信息 3"表的操作步骤如下：

（1）在导航窗格内，将"学生信息"表复制并粘贴 3 个，分别命名为"学生信息 1"、"学生信息 2"和"学生信息 3"。

（2）切换到"创建"选项卡，单击"其他"组内的"查询设计"按钮，视图区域内会显示"查询1"的设计视图，以及一个"显示表"对话框。

（3）选中"显示表"对话框"表"选项卡内的"学生信息2"名称，再单击"添加"按钮，将"学生信息2"表添加到设计视图中，然后关闭"显示表"对话框。

（4）按住【Ctrl】键，选中"学生信息2"表字段列表内的"学号"、"姓名"、"性别"、"出生日期"、"年龄"、"联系电话"、"班级"、"课程编号"和"成绩"字段名，再单击"添加"按钮，将这些字段添加到设计视图下方的设计区域内。

（5）切换到"查询工具"|"设计"选项卡，单击"查询类型"组内的"删除"按钮，设计视图下方设计区域内会增加一个"删除"行，其内默认选择Where选项。如果将"学生信息2"表字段列表内的"*"拖曳到设计视图下方的设计区域内，则"删除"行内默认选择From选项。

（6）在"条件"行的"课程编号"字段单元格内输入""KC01""，表示删除"课程编号"字段内容是KC01的记录。此时的设计视图如图2-3-13所示。

图 2-3-13　设计视图

（7）要预览查询效果，可以单击"结果"组内的"视图"下拉按钮，弹出其菜单，单击该菜单内的"数据表视图"菜单命令，可以观察删除效果。

（8）单击"结果"组内的"运行"按钮，弹出一个提示对话框，如图2-3-14所示。单击"是"按钮，即可删除"学生信息2"表中"课程编号"字段等于KC01的记录。

（9）打开"学生信息2"表，如图2-3-15所示。

图 2-3-15　数据表视图

图 2-3-14　提示对话框

再切换到"表工具"|"数据表"选项卡，单击"字段和列"组中的"删除"按钮，即可将已经标注删除的记录删除，效果如图2-3-3所示。

（10）右击设计视图内的"查询1"标签，弹出快捷菜单，单击该菜单内的"保存"按钮，弹出"另存为"对话框，在其内的"查询名称"文本框内输入"删除记录查询1"。单击"确定"按钮，即可将设计的查询以名称"删除记录查询 1"保存在数据库内。

（11）按照上述方法针对"学生信息 3"表进行设计，只是在"删除"行的"课程编号"字段单元格内输入""KC02""，表示删除"课程编号"字段内容是""KC02""的记录。此时的设计视图如图 2-3-16 所示。

注意： 使用删除查询删除记录之后，将无法撤销此操作。因此，在运行查询之前，应该先预览删除的查询效果，最好预先备份一份。

图 2-3-16 设计视图

相关知识

1. 追加查询

追加查询可以将一个或多个表中的一组记录添加到一个或多个表的末尾。追加查询只能够追加相互匹配的字段内容，那些不对应的字段会被忽略。下面创建一个追加查询，运行该查询后，"学生成绩 2"表内的记录将追加到"学生成绩 3"表的末尾。"学生成绩 3"表的内容与"学生成绩"表的内容相同，如图 1-2-1 所示；"学生成绩 2"表的内容如图 2-3-17 所示；追加记录后的"学生成绩 3"表如图 2-3-18 所示。创建追加查询和运行该查询的操作步骤如下：

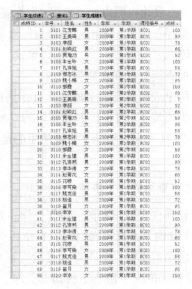

图 2-3-17 "学生成绩 2"表   图 2-3-18 追加记录后的"学生成绩 3"表

（1）打开"教学管理 2.mdb"数据库，在导航窗格内，将"学生成绩"表复制并粘贴 3 个，分别命名为"学生成绩 1"、"学生成绩 2"和"学生成绩 3"。

（2）打开"学生成绩 2"表，按照图 2-3-17 所示进行修改。

（3）切换到"创建"选项卡，单击"其他"组内的"查询设计"按钮，视图区域内会显示"查询 1"的设计视图，以及一个"显示表"对话框。

（4）选中"显示表"对话框"表"选项卡内的"学生成绩 2"名称，再单击"添加"按钮，将"学生成绩 2"表添加到设计视图中，然后关闭"显示表"对话框。

（5）按住【Ctrl】键，选中"学生成绩 2"表字段列表内的"学号"、"姓名"、"性别"、"课程编号"和"成绩"字段名，再单击"添加"按钮，将这些字段添加到设计视图下方的设计区域内。这些字段都是用来设置条件的字段。

（6）切换到"查询工具"|"设计"选项卡，单击"查询类型"组内的"追加"按钮，弹出"追加"对话框，在"表名称"文本框内输入"学生成绩 3"，如图 2-3-19 所示。

（7）单击"确定"按钮，关闭"追加"对话框，设计视图下方的设计区域内会增加一个"追加到"行，如图 2-3-20 所示。

图 2-3-19　"追加"对话框

图 2-3-20　设计视图

（8）单击"结果"组内的"运行"按钮，弹出一个提示对话框，单击"是"按钮，即可将"学生成绩 2"表中的记录追加到"学生成绩 3"表的末尾，如图 2-3-18 所示。

（9）右击设计视图内的"查询 1"标签，弹出快捷菜单，单击该菜单内的"保存"按钮，弹出"另存为"对话框，在其内的"查询名称"文本框内输入"追加查询"。单击"确定"按钮，即可将设计的查询以名称"追加查询"保存在数据库内。

如果两个表中所有的字段都具有相同的名称，可以在设计视图内，只将"学生成绩 2"表字段列表框内的"*"拖到查询设计区域中，效果如图 2-3-21 所示。但是，如果使用的是数据库的副本，则必须追加所有的字段。

图 2-3-21　设计视图

2．动作查询的注意事项

动作查询也叫操作查询，动作查询主要包括更新查询、追加查询、删除查询和生成表查询 4 种。动作查询是不可以撤销的，在使用中的一些注意事项如下：

（1）启用所有宏：动作查询要运行正常，需要启用所有宏，具体设置步骤如下：

① 单击 Office 按钮 ，弹出其菜单，单击该菜单内的"Access 选项"按钮，弹出"Access 选项"对话框，切换到"信任中心"选项卡，如图 2-3-22 所示。

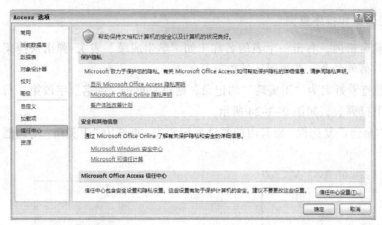

图 2-3-22 "Access 选项"对话框的"信任中心"选项卡

② 单击"信任中心设置"按钮，弹出"信任中心"对话框，切换到"宏设置"选项卡，选中第 4 个单选按钮，如图 2-3-23 所示。

图 2-3-23 "信任中心"对话框的"宏设置"选项卡

③ 单击"信任中心"对话框内的"确定"按钮，关闭该对话框，回到"Access 选项"对话框，再单击该对话框内的"确定"按钮即可。

（2）更新查询：更新查询用于同时对多个记录的一个或多个字段内容进行更新，如果添加一些条件，除了可以更改多个表的记录外，还可以筛选要更改的记录。大部分更新查询可以用表达式来规定更新规则。例如，将所有商品的"单价"字段内的单价值提高 5%，可以在"更新到"行"单价"字段的单元格内输入表达式"[商品入库]![单价]*1.05"。

（3）追加查询：在创建和使用追加查询时，如果目标表内有"自动编号"类型字段，则不要将源表内的"自动编号"类型字段添加到设计视图内；如果源表中要追加的字段比目标表中的字段多，则多余的字段会自动被忽略；如果源表中要追加的字段比目标表中的字段少，则只追加有匹配名的字段，保留目标表中剩余的字段，追加的记录中这些字段没有内容。

（4）删除查询：从相互关联的一个或多个表中删除记录的操作会麻烦一些。删除操作是不可以恢复的，所以在删除前最好将目标表保存一份。

（5）生成表查询：生成表查询可以利用一个或多个表或查询来生成一个新表。可以利用生成表查询，将表中记录导出到其他数据库，可以将表中数据完整地导出到 Excel 或 Word 中，可以用新的记录集替换现有表中的记录，可以对导出的记录进行筛选，可以在一个特定时间形成一个报表的记录源等。

3．简单的选择和排序查询

（1）在导航窗格内，右击一个表的名称（如"学生成绩"表），弹出快捷菜单，单击该菜单内的"打开"菜单命令，在视图区域内打开该表。

（2）如果想查看姓名为"王美琦"的记录，则可以单击"姓名"字段第一行单元格内的下拉按钮，弹出下拉列表，如图 2-3-24 所示。

（3）单击"(全选)"复选框，使其内的复选标记消失，再选中"王美琦"复选框，如图 2-3-25 所示。

图 2-3-24　下拉列表之一

图 2-3-25　下拉列表之二

（4）单击"确定"按钮，即可看到只有"姓名"字段值为"王美琦"的所有记录，如图 2-3-26 所示。

（5）还可以按照上述方法继续进行筛选查询。例如，选择"课程编号"字段值为"KC01"的记录。

图 2-3-26　只有姓名为"王美琦"的所有记录

（6）单击图 2-3-24 所示下拉列表内的"升序"或"降序"按钮，可以按照选中的字段对记录进行升序或降序排序。

思考练习 2-3

1．创建一个"学生信息查询 1"查询，该查询运行后，会自动生成一个"学生全部信息"数据库，其内的字段包括"教学管理"数据库内 3 个表中的所有字段，只保留年龄为 19 岁、成绩大于 80 的记录。记录内容不变。

2．将"学生信息查询 1"表复制并粘贴 4 份，名称分别为"学生信息查询 2"、"学生信息查询 3"、"学生信息查询 4"和"学生信息查询 5"。更新"学生信息查询 2"表内"学号"、"年龄"、"联系电话"和"班级"字段的内容，在"学号"字段的内容前增加"2010"，对"年龄"字段的内容进行更新修改，将"学年"字段的内容改为"2010 年"，在"地址"字段的内容前面增加"北京市"文字。

3．将"学生信息查询 3"表内"性别"字段为"男"的记录删除。将"学生信息 4"表内"学期"字段为"第 1 学期"的记录删除。将"学生信息 5"表内"出生日期"字段中的年份为 1991 年的记录删除。

2.4　综合实训 2　创建"电器产品库存管理"数据库的查询

实训效果

本综合实训要求对综合实训 1 中创建的"电器产品库存管理.accdb"数据库复制 4 份，再分别对复制的数据库进行相关的动作查询。具体要求如下：

（1）将"电器产品库存管理.accdb"数据库复制一份，名称为"电器产品库存管理 2"。

（2）创建一个"产品查询 1"查询，该查询运行后，会自动生成一个"电器产品信息"数据库，其内的字段包括"电器产品库存管理"数据库内 4 个表中的所有字段，只保留商品单价小于 20 的记录。记录内容不变。

（3）更新"电器产品清单"表内"商品单价"字段的数值，使它增加 3%；在"商品分类"字段的内容左边增加"电器–"文字。

（4）更新"电器产品库存管理 2"数据库表内"最新库存量"字段内容，使它等于"入库数量"和"出库数量"字段数值的差。在"最新库存量"、"入库数量"和"出库数量"字段内数值的右边增加"台"。

（5）将"电器产品库存管理 3"数据库表内"最新库存量"字段内数据小于 10 的记录删除；将"电器产品库存管理 4"数据库表内"入库日期"字段内的年份数据在 2008 年以前的记录删除。

实训提示

（1）注意启用所有宏设置，复制的数据库为"Access 2002–2003 数据库"格式。

（2）按照本章 3 个案例的操作方法，依次完成本实训的 5 项任务。

（3）如果生成的查询不能正常运行，可以打开 SQL 视图，修改其内的语句。

实训测评

能 力 分 类	能　　　　　力	评　分
职业能力	了解查询的种类和作用，使用查询向导创建 4 种简单查询的方法	
	掌握运行查询的方法，以及查询和筛选的关系等	
	认识查询设计器，了解查询的 5 种视图	
	使用设计视图创建选择、汇总、交叉表等查询	
	了解筛选和查询的相同点和不同点	
	设置查询属性，设置查询条件，表达式生成器的使用方法	
	利用动作查询生成新表，更新查询，进行表记录追加，删除表中的记录	
	操作查询的注意事项，简单的选择和排序查询	
通 用 能 力	自学能力、总结能力、合作能力、创造能力等	
能力综合评价		

第 3 章　SQL 查询

本章通过学习 3 个案例，利用 SQL 查询创建“教学管理”数据库内的一些查询，从而了解 SQL 的特点，初步掌握 SQL 中 SELECT 等语句的基本使用方法。

Access 有 3 种查询不能利用查询的设计视图和查询向导来产生，这 3 种 SQL 查询是：联合查询、传递查询和数据定义查询。创建这 3 种查询必须使用 SQL 查询。SQL 是一种通用的数据库操作语言，SQL 查询就是使用 SQL 语句来查询、更新和管理数据库。本章只是简要介绍 SQL 的部分内容，感兴趣的读者可查阅专门讲解 SQL 的书籍。

3.1 【案例 7】创建“综合成绩汇总”联合查询

案例描述

在“教学管理 3.accdb”数据库内创建“综合成绩汇总”查询，它属于联合查询，它是通过运行 SQL 语句，将“学科 2009 年成绩汇总”查询和“学科 2010 年成绩汇总”查询联合在一起，形成的新查询。“综合成绩汇总”查询如图 3-1-1 所示。

“学生成绩 11”表与 1.2 节中制作的“学生成绩”表一样，“学生成绩 12”表如图 3-1-2 所示。“学科 2009 年成绩汇总”查询是针对“学生成绩 11”表创建的查询，如图 3-1-3 所示；“学科 2010 年成绩汇总”查询是针对“学生成绩 12”表创建的查询，如图 3-1-4 所示。

综合成绩汇总

学年	课程名称	总分	平均分	人数
2009学年	高等数学	773	77.3	10
2009学年	计算机基础	840	84	10
2010学年	图像处理	837	83.7	10
2010学年	外语	775	77.5	10

图 3-1-1 “综合成绩汇总”查询

学生成绩12

成绩ID	学号	姓名	性别	学年	学期	课程编号	成绩
1	0101	沈芳麟	男	2010年	第1学期	KC03	90
2	0102	王美琦	男	2010年	第1学期	KC03	79
3	0103	李丽	女	2010年	第1学期	KC03	68
4	0104	赵晓红	男	2010年	第1学期	KC03	56
5	0105	贾增功	男	2010年	第1学期	KC03	72
6	0106	丰金玲	女	2010年	第1学期	KC03	80
7	0107	孔祥旭	男	2010年	第1学期	KC03	88
8	0108	邢志冰	男	2010年	第1学期	KC03	82
9	0109	魏小梅	女	2010年	第1学期	KC03	90
10	0110	郝霞	女	2010年	第1学期	KC03	70
11	0101	沈芳麟	男	2010年	第2学期	KC04	100
12	0102	王美琦	男	2010年	第2学期	KC04	89
13	0103	李丽	女	2010年	第2学期	KC04	98
14	0104	赵晓红	男	2010年	第2学期	KC04	98
15	0105	贾增功	男	2010年	第2学期	KC04	86
16	0106	丰金玲	女	2010年	第2学期	KC04	96
17	0107	孔祥旭	男	2010年	第2学期	KC04	56
18	0108	邢志冰	男	2010年	第2学期	KC04	58
19	0109	魏小梅	女	2010年	第2学期	KC04	90
20	0110	郝霞	女	2010年	第2学期	KC04	66

图 3-1-2 “学生成绩 12”表

学科2009年成绩汇总				
学年	课程名称	总分	平均分	人数
2009学年	高等数学	773	77.3	10
2009学年	计算机基础	840	84	10

学科2009年成绩汇总	学科2010年成绩汇总			
学年	课程名	总分	平均分	人数
2010学年	图像处理	837	83.7	10
2010学年	外语	775	77.5	10

图 3-1-3 "学科 2009 年成绩汇总"查询   图 3-1-4 "学科 2010 年成绩汇总"查询

通过本案例学习，初步了解 SQL，初步掌握 SELECT 语句的基本语法和使用方法，掌握 SQL 中创建联合查询的 UNION 语句的使用方法等。

设计过程

1. 使用设计视图创建成绩汇总查询

（1）将"教学管理 2.accdb"数据库复制一份，更名为"教学管理 3.accdb"，打开"教学管理 3.accdb"数据库。在导航窗格内复制并粘贴 2 份"学生成绩"表，将新的表分别命名为"学生成绩 11"和"学生成绩 12"。

（2）切换到"创建"选项卡，单击"其他"组内的"查询设计"按钮，视图区域内会显示"查询 1"的设计视图，以及一个"显示表"对话框。

（3）按住【Ctrl】键，单击"显示表"对话框"表"选项卡内的"学生成绩 11"表和"课程"表名称，再单击"添加"按钮，将"学生成绩 11"表和"课程"表添加到设计视图中，然后关闭"显示表"对话框。

（4）双击"课程"表字段列表框内的"课程编号"字段名称，在设计视图下方添加"课程编号"字段；双击"课程"表字段列表框内的"课程名称"字段名称，添加"课程名称"字段；双击 3 次"学生成绩 11"表字段列表框内的"成绩"字段名称，在设计视图下方添加 3 个"成绩"字段。

（5）将"字段"行第 1 列单元格内的"课程编号"文字改为"学年:"2009 学年""，使该字段第 1 行标题为"学年"，该字段各记录的内容是"2009 学年"；将"字段"行第 5 列单元格内的"成绩"文字改为"人数:Count(*)"，使该字段第 1 行标题为"人数"，该字段各记录的内容是统计的人数（由函数 Count(*)来完成）。

（6）在"总计"行的各单元格下拉列表框中分别选中 Expression（表达式）、Group By（分组）、"总计"、"平均值"和 Expression 选项，具体设置如图 3-1-5 所示。

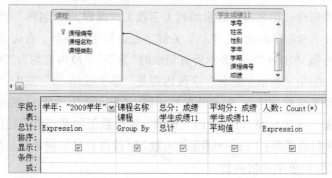

图 3-1-5 "学科 2009 年成绩汇总"查询的设计视图

（7）右击设计视图内的"查询1"标签，弹出快捷菜单，单击该菜单内的"保存"命令，弹出"另存为"对话框，在其内的"查询名称"文本框内输入"学科2009年成绩汇总"。单击"确定"按钮，即可将"学科2009年成绩汇总"查询保存在数据库内。

运行该查询，即可打开图3-1-3所示的查询结果。

（8）按照上述方法，制作针对"学生成绩12"与"课程"表的"学科2010年成绩汇总"查询，运行该查询的结果如图3-1-4所示。其设计视图的具体设计如图3-1-6所示。

2．采用 SQL 查询创建成绩汇总查询

（1）切换到"创建"选项卡，单击"其他"组内的"查询设计"按钮，在视图区域内显示"查询1"的设计视图和"显示表"对话框。

（2）单击"显示表"对话框内的"关闭"按钮，关闭"显示表"对话框，新建一个空白查询。

（3）切换到"查询工具"|"设计"选项卡，单击"结果"组内的"视图"下拉按钮，弹出其菜单，单击该菜单内的"SQL视图"菜单命令，切换到 SQL 视图，如图3-1-7所示。

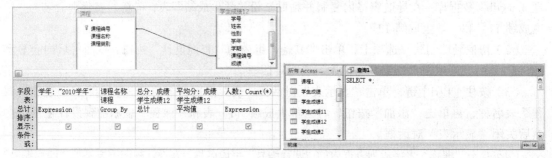

图 3-1-6 "学科2010年成绩汇总"查询的设计视图 　　　　图 3-1-7　SQL 视图

（4）在 SQL 视图内输入 SQL 语句，如下所示。

```
SELECT "2009学年" AS 学年, 课程.课程名称, Sum(学生成绩11.成绩) AS 总分, Avg(学
生成绩11.成绩) AS 平均分, Count(*) AS 人数
FROM 课程 INNER JOIN 学生成绩11 ON 课程.课程编号=学生成绩11.课程编号
GROUP BY 课程.课程名称;
```

在输入 SQL 语句时需要注意，除去汉字以外的所有字母、数字、标点符号一律用英文半角（包括空格），大小写均可，整个 SQL 语句以"；"结尾。

上述 SQL 语句的含义如下：

◎ SELECT 语句行：用来确定显示的列（字段），"课程.课程名称"表示显示"课程"表内的"课程名称"字段内容；"AS"关键字左边是字段内容，右边是字段标题，它们之间用逗号分隔。"2009学年"表示所有记录的"学年"字段内容均为"2009学年"；"Sum(学生成绩11.成绩)"表示"总分"字段内容是"学生成绩11"表内"成绩"字段数值的和（相同课程名称的组），Sum 是求和函数；"Avg(学生成绩11.成绩)"表示"平均分"字段内容是"学生成绩11"表内"成绩"字段数值的平均值（相同课程名称的组），Avg 是求平均值函数；Count(*)表示"人数"字段内容是相同课程名称组内记录的个数，Count 是统计记录个数的函数。

◎ FROM 子语句行：用来建立"学生成绩11"表和"课程"表的联系，连接的字段是两

个表内的"课程编号"字段。其中 INNER JOIN 子句用来联系两个表，其格式如下：

```
FROM 表名1 INNER JOIN 表名2 ON 表名1.字段名1=表名2.字段名2
```

◎ GROUP BY 子语句行：用来将指定的字段列表（此处只有"课程"表内的"课程名称"字段）中具有相同值的记录组合成一个组。此处，因为"课程名称"字段内只有"高等数学"和"计算机基础"两个数据，因此分为"高等数学"和"计算机基础"两个组，求和与求平均值都是针对这两个组内的记录进行的。

（5）右击"查询 1"查询的标签，弹出快捷菜单，单击该菜单内的"保存"菜单命令，弹出"另存为"对话框，在文本框中输入查询的名称"学科 2009 年成绩汇总"。单击"确定"按钮，将该查询以"学科 2009 年成绩汇总"保存。

（6）采用上述方法，创建"学科 2010 年成绩汇总"查询。该查询的 SQL 视图内输入的 SQL 语句如下所示。

```
SELECT "2010 学年" AS 学年, 课程.课程名称, Sum(学生成绩12.成绩) AS 总分, Avg(学生成绩12.成绩) AS 平均分, Count(*) AS 人数
FROM 课程 INNER JOIN 学生成绩12 ON 课程.课程编号=学生成绩12.课程编号
GROUP BY 课程.课程名称;
```

3. 创建"综合成绩汇总"联合查询

（1）切换到"创建"选项卡，单击"其他"组内的"查询设计"按钮，在视图区域内显示"查询 1"的设计视图和"显示表"对话框。

（2）单击"显示表"对话框内的"关闭"按钮，关闭"显示表"对话框，新建立一个空白查询。

（3）右击设计视图内的"查询 1"标签，弹出快捷菜单，单击该菜单内的"保存"按钮，弹出"另存为"对话框，在其内的"查询名称"文本框内输入"综合成绩汇总"。单击"确定"按钮，将设计的生成表查询以名称"综合成绩汇总"保存在数据库内。

（4）单击"查询类型"组内的"联合"按钮，打开联合查询窗口，在其内输入 SQL 语句，如图 3-1-8 所示。

在输入 SQL 语句时，要求 UNION 前后两条语句的 SELECT 部分的结构相同，即选择的字段数目一样多，对应的数据类型一致。本案例中的"学科 2009 年成绩汇总"和"学科 2010 年成绩汇总"两个查询的结构完全一致。

图 3-1-8 联合查询窗口

UNION 意即将前后两个 SELECT 语句产生的"虚拟表"（结果）合并到一个集合中，即使用"联合查询"或"集合查询"。

因此，使用 UNION 连接的两个 SQL 语句产生的"虚拟表"要有相同的列数且类型一致。这是使用联合查询必须注意的地方。至于每个 SELECT 语句的查询条件，可以视具体情况而定，不一定相同。UNION 前后分别是一个 SELECT 语句，如下所示。

```
SELECT 语句 A
UNION
SELECT 语句 B
```

如果在查询中有重复记录（即所选字段内容完全一样的记录），则联合查询只显示重复记录中的第一条记录；要想显示所有的重复记录，需要在 UNION 后加上关键字 ALL，即写成"UNION ALL"。

（5）单击"结果"组内的"运行"按钮，则查询效果如图 3-1-1 所示。

相关知识

1. SQL 的特点

SQL 是 Access 2007 用于查询操作的程序设计语言，即结构化查询语言（Structured Query Language），它是一种通用的关系型数据库操作语言。目前所有主要的关系数据库管理系统都支持某种形式的 SQL。SQL 由于功能强大，简洁易学，被用户广泛使用。SQL 的特点如下：

（1）非过程化的语言：当使用 SQL 这种非过程化语言进行数据操作时，只要提出"做什么"，而不必指明"如何做"，存取路径的选择和语句的操作过程均由系统自动完成。在关系数据库管理系统中，所有 SQL 语句均使用查询优化器，来决定对指定数据使用何种存取手段以保证最快的速度，这既减轻了用户的负担，又提高了数据的独立性与安全性。

（2）功能一体化的语言：SQL 语言集数据定义语言（DDL）、数据操纵语言（DML）、数据控制语言（DCL）及附加语言元素于一体，语言风格统一，能够完成创建数据库对象、修改和删除记录、插入记录、数据查询等操作。

（3）一种语法两种使用方式：SQL 既可以作为一种自含式语言，被用户以一种联机交互的方式，在终端键盘上直接输入 SQL 命令来对数据库进行操作，又可以作为一种嵌入式语言，被程序设计人员在开发应用程序时直接嵌入到高级语言（如 C/C++ 等）中使用。在不同使用方式下，SQL 语法结构基本一致，因此具有极大的灵活性与便利性。

（4）面向集合操作的语言：非关系数据模型采用面向记录的操作方式，操作对象是单一的某条记录，而 SQL 允许用户在较高层的数据结构上工作，操作对象可以是若干记录的集合，简称记录集。所有 SQL 语句都接受记录集作为输入，返回记录集作为输出。其面向集合的特性还允许一条 SQL 语句的结果作为另一条 SQL 语句的输入。

（5）语法简洁、易学易用的标准语言：SQL 不仅功能强大，而且语法接近英语口语，符合人的思维习惯，因此较容易学习和掌握。同时，由于 SQL 是一种通用的标准语言，使用其编写的程序也具有良好的移植性。

2. SELECT 语句结构

在 SQL 中，最实用的语句就是 SELECT 语句。SELECT 语句的主要功能是从数据库的数据表中选取某些字段的一组记录信息，构成查询结果集。它不会修改数据库中的数据。

（1）SELECT 语句结构如下：

```
SELECT [ALL|DISTINCT| DISTINCTROW][TOPn[PERCENT]] *|表名.* |[表名.]字段名 1
[AS <别名 1>][,[表名.]字段名 2 [AS <别名 2>][,…]]
FROM <表名 1>[,<表名 2>…][IN 外部数据库]
[WHERE <条件表达式 1> [AND|OR <条件表达式 2>…]
[GROUP BY 字段名 1[,字段名 2…] [HAVING <条件>]]
[ORDER BY 字段名 1 [ASC|DESC][,字段名 2 [ASC|DESC] …]]
[HAVIG…]
[WITH OWNERACCESS OPTION]
```

（2）SELECT 语句的基本作用：从某一个（或某几个）数据表中选择满足一定条件的记录，并把这些记录某一个（或某几个）字段的值以二维表格形式显示。

（3）语法描述的约定说明如下：

◎ SELECT、FROM、WHERE、GROUP BY 等是系统的保留字，用户不可更改。

◎ ［　］中的内容是可选项。<>中的内容为必选项。[< >]中的内容表示如果选择了 [　]，就必须指定<>中的内容。例如，[AS <别名 1>]表示如果语句中有了 AS，就必须指定"别名 1"。书写语句时，［　］和<>不要输入。

◎ "|"表示"或"，即"|"左右的两个值"二选一"，如 ASC|DESC。

◎ 书写语句时，所有的字母、数字、标点等符号一律用英文半角（包括空格），不区分大小写（语法描述中的大写只是为了利于阅读）。

◎ "*"表示表中的所有字段。例如，"SELECT * FROM 课程"语句中的"*"表示"课程"表中的所有字段。

◎ ALL 的含义：返回查询所得到的全部记录，而不论这些记录是否有重复；默认值。

◎ DISTINCT 的含义：查询所得到的记录如有重复，则不包括重复行（只返回第一条），其他记录返回。

◎ DISTINCTROW 的含义：在选定字段中彻底略去具有重复值的记录。

◎ TOPn[PERCENT]的含义：限定返回前 n 条记录集。如果加入 PERCENT 关键字，则设置限定返回 n%条记录集。

◎ "字段名 1 AS <别名 1>…"的含义：AS 左边的字段名可以用 AS 右边的别名替代。该语句针对字段可以用表达式，[AS <别名 1>]表示可以为整个较长的表达式起一个别名，以方便使用。

例如，针对"学生成绩"表进行"学号"和"学年"字段查询，如果要求显示的字段名称分别为"学生学号"和"本学年"，则输入的语句如下：

```
SELECT 学号 AS 学生学号,学年 AS 本学年 FROM 学生成绩
```

3. SELECT 语句的子句

（1）FROM 子句：

【格式】FROM <表名 1>[,<表名 2>…][IN 外部数据库]子句

【含义】FROM 子句是 SELECT 语句必需的唯一子句，它用来指定那些包含要检索的表或查询。[IN 外部数据库]选项用来指定可以使用的外部数据库，从而指定外部数据库的表或查询。

如果把 SELECT 语句中所有的可选部分都去除，就是一个最简化的 SELECT 语句，即

```
SELECT  <列表达式 1>
FROM  <表名 1>
```

（2）WHERE 子句：

【格式】WHERE <条件表达式 1> [AND|OR <条件表达式 2>…]

【含义】WHERE 子句用来设置查询的条件，可以用 AND（与）或 OR（或）来连接各条件表达式。它可以与 UPDATE（更新查询）和 DELETE（删除查询）语句一起使用。条件表达式中常用的运算符如表 3-1-1 所示，它们的含义在本书 1.3 节已做介绍。

表 3-1-1　条件表达式中常用的运算符

类　　　型	谓　　　词
比较	=, >, <, >=, <=, != , <>,　&（字符串连接）
确定范围	BETWEEN AND，NOT BETWEEN AND
确定集合	IN（为一个字段指定多个值），NOT IN
字符匹配	LIKE（"%" 匹配任何长度，"_" 匹配一个字符），NOT LIKE 注意：在 Access 中 "%" 换为 "*"，"_" 换为 "?"
空值	IS NULL，IS NOT NULL
子查询	ANY，ALL，EXISTS
集合查询	UNION（并），INTERSECT（交），MINUS（差）
多重条件	AND（与），OR（或），NOT（非）

（3）GROUP BY 子句：

【格式】GROUP BY 字段名 1[,字段名 2···][HAVING <条件>]

【含义】用来将指定的字段列表中具有相同值的记录组合成一个组。字段列表包含有一组（最多可以有 10 个）字段名，其顺序决定了分组级别从最高到最低，也可以添加一个合计数来汇总数值。

HAVING <条件>子句用来规定要显示分组记录必须满足的条件。

（4）ORDER BY 子句：

【格式】ORDER BY 字段名 1 [ASC|DESC][,字段名 2 [ASC|DESC]···]

【含义】用来规定根据指定字段的值对所获字段集进行排序。选择 ASC 关键字，规定升序排序；选择 DESC 关键字，规定降序排序；默认为升序。

（5）WITH 子句：

【格式】WITH OWNERACCESS OPTION

【含义】使用该子句后，允许查询的用户与该查询的拥有者具有相同的权限。

4．SELECT 语句应用实例和解释

下面针对 "教学管理 1.accdb" 数据库介绍一些使用 SELECT 语句编写查询的实例。在输入 SELECT 语句之前，打开 "教学管理 1.accdb" 数据库，在视图区域内显示 "查询 1" 的设计视图和一个 "显示表" 对话框。单击该对话框的 "关闭" 按钮，关闭 "显示表" 对话框，新建一个空白查询。再切换到 SQL 视图。

【实例 1】创建 "实例 1" 查询，它显示 "学生成绩" 表中的 "姓名"、"性别" 和 "成绩"字段，显示成绩大于 90 的所有记录，效果如图 3-1-9 所示。创建该查询的方法如下：

（1）在 SQL 视图内输入的 SQL 语句如下所示。

```
SELECT 学生成绩.姓名, 学生成绩.性别, 学生成绩.成绩
FROM 学生成绩
WHERE 学生成绩.成绩>90;
```

（2）"查询 1" 查询的设计视图如图 3-1-10 所示。运行 "查询 1" 查询，效果如图 3-1-9所示。将该查询以 "实例 1" 保存。

图 3-1-9　切换到 SQL 视图　　　　　　图 3-1-10　设计视图

【实例 2】创建"实例 2"查询，它显示"学生成绩"表中的"课程编号"字段，要求不显示重复记录。创建该查询的方法如下：

（1）在 SQL 视图内输入的 SQL 语句如下所示。

```
SELECT DISTINCT 学生成绩.课程编号
FROM 学生成绩;
```

（2）将该查询以"实例 2"保存。运行"实例 2"查询，效果如图 3-1-11 所示。

图 3-1-11　"实例 2"查询
运行效果

【实例 3】创建"学生各科成绩"表，如图 3-1-12 所示。然后创建"实例 3"查询，它显示"学生各科成绩"表中所有记录的"学号"、"姓名"、"性别"、"数学"、"语文"、"计算机基础"、"图像处理"、"总分"和"平均分"字段内容，如图 3-1-13 所示。其中，"总分"和"平均分"字段是由 SQL 语句产生的。

成绩ID	学号	姓名	性别	学年	学期	数学	语文	计算机基础	图像处理
1	0101	沈芳麟	男	2009年	第1学期	100	80	95	96
2	0102	王美琦	男	2009年	第1学期	89	70	86	78
3	0103	李丽	女	2009年	第1学期	78	60	78	68
4	0104	赵晓红	男	2009年	第1学期	66	65	69	58
5	0105	贾增功	男	2009年	第1学期	82	75	56	90
6	0106	丰金玲	女	2009年	第1学期	100	85	87	80
7	0107	孔祥旭	男	2009年	第1学期	58	95	86	92
8	0108	邢志冰	男	2009年	第1学期	72	99	90	98
9	0109	魏小梅	女	2009年	第1学期	95	88	80	86
10	0110	郝霞	女	2009年	第1学期	100	77	70	78

图 3-1-12　"学生各科成绩"表

创建该查询的方法如下：

（1）将"学生成绩"表复制并粘贴生成一个表，将该表命名为"学生各科成绩"，修改"学生各科成绩"表的结构，增加"数学"、"语文"、"计算机基础"、"图像处理"字段，删除 10 条记录，输入各科成绩，最后效果如图 3-1-12 所示。

（2）在 SQL 视图内输入的 SQL 语句如下所示。可见 SELECT 语句中的"字段名 1"和"字段名 2"等字段名项可以是一个表达式。

```
SELECT 学号,姓名,性别,数学,语文,计算机基础,图像处理,数学+语文+计算机基础+图像处理
AS 总分,总分/4 AS 平均分
FROM 学生各科成绩;
```

（3）将该查询以"实例3"保存。运行"实例3"查询，效果如图3-1-13所示。

图3-1-13 "实例3"查询运行效果

【实例4】创建"实例4"查询，用来查询"学生档案3"表中年龄符合要求的记录，而"学生档案3"表中没有"年龄"字段。该查询运行后弹出一个"输入参数值"对话框，如图3-1-14所示。在该对话框内的文本框中输入年龄（如19）后，单击"确定"按钮，即可显示年龄为输入值的记录，显示的字段有"学号"、"姓名"、"性别"和"年龄"，如图3-1-15所示。

图3-1-14 输入年龄的值　　图3-1-15 查询年龄结果

创建该查询的方法如下：

（1）将"学生档案"表复制并粘贴生成一个表，将该表命名为"学生档案3"。将"学生档案3"表内的"年龄"字段删除。

（2）在SQL视图内输入的SQL语句如下所示。

```
SELECT 学号，姓名，性别，年龄
FROM 学生档案3;
```

（3）将该查询以"实例4"保存。运行"实例4"查询，效果如图3-1-15所示。

【实例5】创建"实例5"查询，用来查询"学生档案3"表中年龄大于或等于18且小于或等于19的记录，包含了"学生档案3"表中的"学号"、"姓名"、"性别"字段，还增加了由SQL语句产生的"年龄"字段，如图3-1-16所示。

图3-1-16 "实例"查询运行结果

创建该查询的方法如下。

（1）在SQL视图内输入的SQL语句如下所示。

```
SELECT  学号,姓名,性别,Year(Date())-Year([出生日期]) AS 年龄
FROM 学生档案3
WHERE (Year(Date())-Year([出生日期]))>=18 AND (Year(Date())-Year([出生日期]))<=19;
```

如果条件多于两个，可以使用AND、OR或NOT把多个条件连接在一起。OR表示"或"的意思，NOT表示"非"的意思。

（2）将该查询以"实例5"名称保存，运行"实例5"查询。

在这个 SELECT 语句中，Year(Date())–Year([出生日期])是一个表达式。其中，Date()是系统提供的返回系统当前日期的函数；Year()也是一个系统提供的函数，其作用是从一个日期型的数据中提取出年份。因此，Year(Date())的结果就是当前的年“2010”。同样，Year(出生日期)就将是数据表中当前记录的“出生日期”字段的年份。二者相减的结果就是当前记录代表的学生的“年龄”。

（3）还可以使用确定范围的条件表达式 BETWEEN…AND…（在……和……之间）。在 SQL 视图内输入的 SQL 语句如下所示。

```
SELECT 学号, 姓名, 性别, Year(Date())-Year([出生日期]) AS 年龄
FROM 学生档案 3
WHERE  Year(Date())-Year([出生日期]) BETWEEN 18 AND 19;
```

但是，BETWEEN…AND…只适用于某个字段或表达式在两个值之间的情况。

【实例 6】创建“实例 6”查询，用来查询“学生档案 3”表中年龄不在 18 和 19 岁范围的记录，包含了“学生档案 3”表中的“学号”、“姓名”、“性别”字段，还增加了由 SQL 语句产生的“年龄”字段，如图 3–1–17 所示。

创建该查询的方法如下：

（1）在 SQL 视图内输入的 SQL 语句如下所示。

```
SELECT 学号, 姓名, 性别, Year(Date())-Year([出生日期]) AS 年龄
FROM 学生档案 3
WHERE Year(Date())-Year([出生日期]) Not Between 18 And 19;
```

（2）将该查询以“实例 6”保存。运行“实例 6”查询，效果如图 3–1–17 所示。

（3）将“实例 6”查询复制并粘贴一份，更名为“实例 6–2”。在 SQL 视图内修改 SQL 语句如下所示。运行“实例 6–2”查询，效果与图 3–1–17 所示相同。

```
SELECT 学号, 姓名, 性别, Year(Date())-Year([出生日期]) AS 年龄
FROM 学生档案 3
WHERE NOT (Year(Date())-Year([出生日期])>=18 AND Year(Date())-Year([出生日
期])<=19);
```

【实例 7】创建“实例 7”查询，用来查询“学生档案 3”表中所有姓“王”或姓“沈”的学生的姓名和出生日期，如图 3–1–18 所示。

学生档案3 | 实例6

学号	姓名	性别	年龄
0110	郝霞	女	20

图 3–1–17 “实例 6”查询运行结果

实例7

学号	姓名	性别	出生日期
0101	沈芳麟	男	1992年6月19日 星期五
0102	王美琦	男	1992年5月20日 星期三

图 3–1–18 “实例 7”查询运行结果

创建该查询的方法如下：

（1）在 SQL 视图内输入的 SQL 语句如下所示。

```
SELECT 学生档案.学号, 学生档案.姓名, 学生档案.性别, 学生档案.出生日期
FROM 学生档案
WHERE 姓名 LIKE "王*" OR 姓名 LIKE "沈*";
```

（2）将该查询以“实例 7”保存。运行“实例 7”查询，效果如图 3–1–18 所示。

这里使用 LIKE 谓词实现了“字符匹配”查询。其中，“LIKE "王*"”表示“姓名”字段以“王”字开头。“*”匹配后面的其他多个任意字符，如“王可信”、“王长江”等。

（3）如果要查询“学生档案 3”表中所有姓“王”或姓“沈”且名字为两个汉字的记录，则需要将 SQL 语句修改如下：

```
SELECT 学生档案.学号, 学生档案.姓名, 学生档案.性别, 学生档案.出生日期
```

```
FROM 学生档案
WHERE 姓名 LIKE "王?" OR 姓名 LIKE "沈?";
```

【**实例 8**】创建"实例 8"查询，用来将"学生档案"、"学生成绩"和"课程"表中的所有记录显示出来，只显示"学号"、"姓名"、"性别"、"班级"、"学年"、"学期"、"课程名称"和"成绩"字段的内容，同时只显示"计算机基础"课程的名称和成绩，如图 3-1-19 所示。

学号	姓名	性别	班级	学年	学期	课程名称	成绩
0101	沈芳麟	男	200901	2009年	第1学期	计算机基础	100
0102	王美琦	男	200901	2009年	第1学期	计算机基础	89
0103	李丽	女	200901	2009年	第1学期	计算机基础	78
0104	赵晓红	女	200901	2009年	第1学期	计算机基础	66
0105	贾增功	男	200901	2009年	第1学期	计算机基础	82
0106	丰金玲	女	200901	2009年	第1学期	计算机基础	100
0107	孔祥旭	男	200901	2009年	第1学期	计算机基础	58
0108	邢志冰	男	200901	2009年	第1学期	计算机基础	72
0109	魏小梅	女	200901	2009年	第1学期	计算机基础	95
0110	郝霞	女	200901	2009年	第1学期	计算机基础	100

图 3-1-19 "实例 8"查询运行结果

创建该查询的方法如下：

（1）在 SQL 视图内输入的 SQL 语句如下所示。

```
SELECT 学生档案.学号, 学生档案.姓名, 学生档案.性别, 学生档案.班级, 学生成绩.学年,
学生成绩.学期, 课程.课程名称, 学生成绩.成绩
FROM 课程 INNER JOIN (学生档案 INNER JOIN 学生成绩 ON 学生档案.学号 = 学生成绩.学号) ON 课程.课程编号 = 学生成绩.课程编号
WHERE (((学生成绩.课程编号)="KC01"));
```

（2）将该查询以"实例 8"保存，"实例 8"查询的设计视图如图 3-1-20 所示。运行"实例 8"查询，效果如图 3-1-19 所示。

上述 SQL 语句中，FROM 子句用来建立 3 个表之间的联系，其中 INNER JOIN 子句用来联系两个表。语句的格式如下：

```
FROM 表3名 INNER JOIN (表1名 INNER JOIN 表2名 ON 表1名.联系字段名1=表2名称.
联系字段名1) ON 表3名.联系字段名2=表2名称.联系字段名2
```

【**实例 9**】创建"实例 9"查询，用来查询"学生档案"表"出生日期"字段内的日期大于或等于 1992 年 3 月 1 日的记录，只显示"学生档案"表中的"学号"、"姓名"、"出生日期"和"年龄"字段，效果如图 3-1-21 所示。

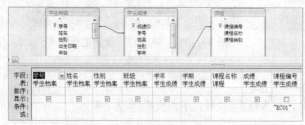

图 3-1-20 "实例 8"查询的设计视图　　　　图 3-1-21 "实例 9"查询运行结果

创建该查询的方法如下：

（1）在 SQL 视图内输入的 SQL 语句如下所示。

```
SELECT 学号,姓名,出生日期,年龄
FROM 学生档案
WHERE 出生日期>=#1992-3-1#;
```

（2）将该查询以"实例 9"保存，运行"实例 9"查询，效果如图 3-1-21 所示。

【实例 10】创建“实例 10”查询，用来查询“学生各科成绩”表（见图 3-1-12），显示“学生各科成绩”表中前 20%（总记录数为 10 条，20%的记录为 4 条）记录的“学号”、“姓名”、“性别”、“数学”、“语文”、“计算机基础”、“图像处理”、“总分”和“平均分”字段内容，而且按照总分降序排列，如图 3-1-22 所示。其中，“总分”和“平均分”字段是由 SQL 语句产生的。

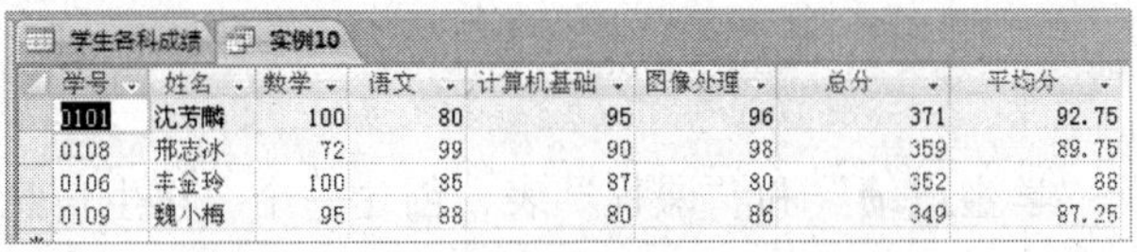

学号	姓名	数学	语文	计算机基础	图像处理	总分	平均分
0101	沈芳麟	100	80	95	96	371	92.75
0108	邢志冰	72	99	90	98	359	89.75
0106	丰金玲	100	85	87	80	352	88
0109	魏小梅	95	88	80	86	349	87.25

图 3-1-22 “实例 10”查询运行效果

创建该查询的方法如下：

（1）在 SQL 视图内输入的 SQL 语句如下所示。

```
SELECT TOP 40 PERCENT 学号,姓名,数学,语文,计算机基础,图像处理,数学+语文+计算机基础
+图像处理 AS 总分,总分/4 AS 平均分
FROM 学生各科成绩 ORDER BY 数学+语文+计算机基础+图像处理 DESC;
```

（2）将该查询以“实例 10”保存。运行“实例 10”查询，效果如图 3-1-22 所示。

（3）在 SQL 视图内修改 SQL 语句，也可以获得相同的效果，如下所示。

```
SELECT TOP 4 学号, 姓名, 数学, 语文, 计算机基础, 图像处理, 数学+语文+计算机基础+图
像处理 AS 总分, 总分/4 AS 平均分
FROM 学生各科成绩
ORDER BY 数学+语文+计算机基础+图像处理 DESC;
```

思考练习 3-1

1. 在“教学管理 2.accdb”数据库内创建一个“学生成绩 13”表，其结构与“学生成绩 12”表一样，输入 8 条记录。再创建“学科 2008 年成绩汇总”查询，它是针对“学生成绩 13”表创建的查询，类似图 3-1-3 所示。创建“综合成绩汇总 2”查询，它属于联合查询，是通过运行 SQL 语句，将“学科 2008 年成绩汇总”查询、“学科 2009 年成绩汇总”查询和“学科 2010 年成绩汇总”查询联合在一起，形成的新查询。

2. 创建“习题 1”查询，显示“学生档案”表中的“姓名”、“性别”和“地址”字段，显示男生且是团员的所有记录。

3. 创建“习题 2”查询，显示全部字段，显示出生日期在 1991 年 12 月 10 日以前的所有记录。

4. 创建“习题 3”查询，用来查询“学生档案 3”表中年龄符合要求的记录。该查询运行后弹出一个“输入参数值”对话框，在该对话框内的文本框中输入性别（如“男”）后，单击“确定”按钮，即可显示性别为输入值的记录，显示的字段有“学号”、“姓名”、“性别”和“年龄”。

5. 创建“计算机基础课程成绩”表，其内有“学号”、“姓名”、“性别”、“平时成绩”、“期中考试成绩”、“期末考试成绩”、“实训成绩”字段。然后创建“习题 4”查询，显示“计算机基础课程成绩”表中所有记录的所有字段内容，同时还增加“总分”和“平均分”字段。“总分”和“平均分”字段是由 SQL 语句产生的。

6. 创建"习题 5"查询，该查询用来查询"学生档案"表中所有姓"丰"或姓"孔"且姓名为 3 个汉字的记录。

3.2 【案例 8】创建"分科成绩"查询

案例描述

利用"学生档案"、"学生成绩"和"课程"表，创建一个"学生信息"查询，如图 3-2-1 所示。再利用"学生信息"查询创建"分科成绩"查询，该查询属于交叉查询，它是通过运行 SQL 语句对"学生信息"查询进行新的查询。

"分科成绩"查询如图 3-2-2 所示。可以看到，"分科成绩"查询保留了"学生信息"查询中的"学号"、"姓名"、"性别"、"班级"、"学年"字段，还增加了"总分"、"高等数学"和"计算机基础"字段。"高等数学"和"计算机基础"是"学生信息"查询中"课程名称"字段中的内容。

图 3-2-1 "学生信息"查询   图 3-2-2 "分科成绩"查询

通过本案例学习，初步掌握使用 SQL 中的交叉查询 TRANSFORM 语句、更新查询语句 UPDATE SET、删除查询语句 DELETE，以及生成表查询语句 SELECT INTO FROM 和数据定义查询语句 CREATE INDEX、DROP INDEX 等的使用方法。

设计过程

1. 创建"学生信息"查询

（1）打开"教学管理 2.accdb"数据库。切换到"创建"选项卡，单击"其他"组内的"查询设计"按钮，在视图区域内显示"查询 1"的设计视图和"显示表"对话框。单击"显示表"对话框内的"关闭"按钮，关闭"显示表"对话框，新建一个空白查询。

（2）切换到"查询工具" | "设计"选项卡，单击"结果"组内的"视图"下拉按钮，弹出其菜单，单击该菜单内的"SQL 视图"菜单命令，切换到 SQL 视图。

（3）在 SQL 视图内输入的 SQL 语句如下所示。

SELECT 学生档案.系名称, 学生档案.班级, 学生档案.学号, 学生档案.姓名, 学生档案.性别, 学生成绩.学年, 学生成绩.学期, 课程.课程名称, 学生成绩.成绩

FROM 课程 INNER JOIN (学生档案 INNER JOIN 学生成绩 ON 学生档案.学号=学生成绩.学号)
ON 课程.课程编号=学生成绩.课程编号;

上述 SQL 语句的含义如下：

◎ SELECT 语句行：用来确定显示的列（字段）。

◎ FROM 子语句行：用来建立"学生档案"和"学生成绩"表的联系，连接的字段是两个表内的"学号"字段；再建立"学生成绩"和"课程"表的联系，连接的字段是两个表内的"课程编号"字段，其中 INNER JOIN ON 子句用来联系两个表。

（4）切换到"查询工具" | "设计"选项卡，单击"结果"组内的"视图"下拉按钮，弹出其菜单，单击该菜单内的"设计视图"菜单命令，切换到设计视图，如图 3-2-3 所示。

图 3-2-3　"学生信息"查询的设计视图

2．创建"分科成绩"查询

（1）切换到"创建"选项卡，单击"其他"组内的"查询设计"按钮，在视图区域内显示"查询 1"的设计视图和"显示表"对话框。单击"显示表"对话框内的"关闭"按钮，关闭"显示表"对话框，新建一个空白查询。

（2）切换到"查询工具" | "设计"选项卡，单击"结果"组内的"视图"下拉按钮，弹出其菜单，单击该菜单内的"SQL 视图"菜单命令，切换到 SQL 视图。

（3）在 SQL 视图内输入的 SQL 语句如下所示。

TRANSFORM Sum(学生信息.成绩) AS 成绩之总计
SELECT 学生信息.学号, 学生信息.姓名, 学生信息.性别, 学生信息.班级, 学生信息.学年,
Sum(学生信息.成绩) AS 总分
FROM 学生信息
GROUP BY 学生信息.学号, 学生信息.姓名, 学生信息.性别, 学生信息.班级, 学生信息.学年
PIVOT 学生信息.课程名称;

创建"分科成绩"查询采用的是交叉表查询，其语法结构如下：

TRANSFORM 字段统计
GROUP BY 分组字段
PIVOT 标题字段

◎ 字段统计是"Sum(学生信息.成绩)"语句，用来分组求"成绩"字段的和，设置的字段标题"成绩之总计"会被"学生信息"表中"课程名称"字段内容"高等数学"和"计算机基础"取代。

◎ SELECT 语句行：用来确定显示的列（字段）。

◎ FROM 语句行：用来确定进行操作的表，此处是"学生信息"表。

◎ GROUP BY 子语句行：用来将指定的字段列表中具有相同值的记录组合成一个组。

（4）右击"查询 1"查询的标签，弹出快捷菜单，单击该菜单内的"保存"菜单命令，弹出"另存为"对话框，在其内文本框中输入查询的名称"分科成绩"。单击"确定"按钮，将该查询以"分科成绩"保存。

（5）切换到"查询工具"|"设计"选项卡，单击"结果"组内的"视图"下拉按钮，弹出快捷菜单，单击该菜单内的"设计视图"菜单命令，切换到设计视图，如图 3-2-4 所示。

图 3-2-4 "分科成绩"交叉表查询的设计视图

（6）单击"结果"组内的"运行"按钮，则"分科成绩"查询效果如图 3-2-2 所示。

相关知识

创建数据定义查询是使用 SQL 的 DDL 语句。注意：在一个数据定义查询中只能使用一条 DDL 语句。下面简要介绍 5 种 DDL 语句的格式与使用方法。

1．操作查询的 SQL 语句

（1）更新查询：用来更新指定表中指定字段的内容。

【格式】`UPDATE table_name SET 表达式 1,表达式 2,…`

【说明】table_name 是要更新的表的名称；表达式可以有多个，各表达式之间用逗号分隔，表达式用来修改字段内容。

【举例】2.3 节【案例 6】中介绍了利用设计视图创建更新查询的方法。更新查询可以对"学生信息"表内"学号"、"年龄"、"联系电话"和"班级"字段的内容进行更新修改，在"学号"字段的内容前增加"2009"，例如，"1001"改为"200910101"；对"年龄"字段的内容进行更新修改，用当前年份减去出生的年份，获得新的年龄；对"联系电话"字段的内容进行更新修改，在"联系电话"字段的内容前增加"010-"，例如，"81477171"改为"010-81477171"；在"班级"字段的内容后增加"班"字。

在 SQL 视图内输入如下语句，也可以创建相同效果的更新查询。

```
UPDATE 学生信息 SET 学生信息.学号="2009" & [学生信息]![学号], 学生信息.年龄
=Year(Now())-Year([学生信息]![出生日期]), 学生信息.联系电话="010-" & [学生信息]![联
系电话], 学生信息.班级= [学生信息]![联系电话] & "班";
```

（2）追加查询：用来将一个或多个原表中的一组记录添加到一个或多个目标表的末尾。追加查询只能够追加相互匹配的字段内容，那些不对应的字段会被忽略。

【格式】`INSERT INTO 目标表名称(字段名 1,字段名 2,…) SELECT 字段名 1,字段名,2…`
`FROM 源表名称`

【说明】INSERT INTO 后面是追加查询的目标表名称，括号内是目标表中要追加的字段名称，字段名用逗号分隔；SELECT 后是原表中要追加的字段，字段名用逗号分隔；FROM 后是原表名称。

【举例】2.3 节【案例 6】中介绍了利用设计视图创建追加查询的方法。运行该追加查询，会将"学生成绩 2"表内的记录追加到"学生成绩 3"表的末尾。

在 SQL 视图内输入如下语句，也可以创建相同效果的追加查询。

```
INSERT INTO 学生成绩 3 (学号，姓名，性别，课程编号，成绩)
SELECT 学生成绩 2.学号，学生成绩 2.姓名，学生成绩 2.性别，学生成绩 2.课程编号，学生成绩 2.成绩，*
FROM 学生成绩 2;
```

（3）删除查询：可以从一个或多个相互关联的表中删除一组记录，而不是个别字段的内容。

【格式】DELETE 字段名 1，字段名 2，… FROM 表名称 WHERE 条件表达式

【说明】DELETE 右边是要删除数据的字段名称表，字段名用逗号分隔；FROM 右边是要删除数据的表名称；WHERE 右边是条件表达式，用来限定删除的范围，可以省略。

【举例】2.3 节【案例 6】中介绍了利用设计视图创建删除查询的方法。该查询用来删除"学生信息 2"表内"课程编号"字段为"KC01"的记录。

在 SQL 视图内输入如下语句，也可以创建相同效果的删除查询。

```
DELETE 学生信息 2.学号，学生信息 2.姓名，学生信息 2.性别，学生信息 2.出生日期，学生信息 2.年龄，学生信息 2.联系电话，学生信息 2.班级，学生信息 2.课程编号，学生信息 2.成绩，*
FROM 学生信息 2
WHERE (((学生信息 2.课程编号)="KC01"));
```

（4）删除所有记录查询：可以删除表中的所有记录。

【格式】DELETE FROM table_name

【说明】table_name 是要删除的表名称，该表内不能有设置了主键的字段。

【举例】删除"课程 2"表内所有记录的 SQL 语句是"DELETE FROM 课程 2"。

（5）生成表查询：借助源表生成一个新目标表。

【格式】SELECT 源表名称(字段名 1，字段名 2，…) INTO 目标新表名称 FROM 字段名 1，字段名 2，… FROM 源表名称

【说明】SELECT 后是源表要生成新表的字段名列表，字段名之间用逗号分隔；INTO 后是生成的新目标表的名称；FROM 后是源表的名称。

【举例】2.3 节【案例 6】中介绍了利用设计视图创建生成表查询的方法。该生成表查询运行后会自动利用"学生档案"和"学生成绩"表生成一个"学生信息"表，该表内有"学号"、"姓名"、"性别"、"出生日期"、"年龄"、"联系电话"、"班级"、"课程编号"、"成绩"字段，记录内容不变。

在 SQL 视图内输入如下语句，也可以创建该生成表查询。

```
SELECT 学生档案.学号，学生档案.姓名，学生档案.性别，学生档案.出生日期，学生档案.年龄，学生档案.联系电话，学生档案.班级，学生成绩.课程编号，学生成绩.成绩 INTO 学生信息
FROM 学生成绩 INNER JOIN 学生档案 ON 学生成绩.学号=学生档案.学号
ORDER BY 学生档案.学号;
```

2. DDL 语句

在一个数据定义查询中只可以使用一条 DDL 语句。

（1）CREATE TABLE 语句：用来创建一个新表，此时，表是一个空表，没有任何数据。

【格式】CREATE TABLE table_name
(column_name_1 data_type_1[size] [NOT NULL],
column_name_2 data_type_2[size],
…
CONSTRAINT [Index_name] PRIMARY KEY ([column_name_*]);
【说明】这个语句的语法相关说明如表 3-2-1 所示。

表 3-2-1　CREATE TABLE 语句参数说明

参　　数	说　　明
table_name	要创建的表的名称
column_name_*	要在新表中创建的字段的名称。必须创建至少一个字段
data_type_*	字段的数据类型
size	以字符为单位的字段大小（仅限于文本和二进制字段）
NOT NULL	在添加新记录时该字段不能为空
CONSTRAINT [Index_name]	使用约束、索引

【举例】下面的语句用来创建一个名称为"教师档案"的表。
CREATE TABLE 教师档案
([教师 ID] integer,
[姓名] text,
[电话] text,
[地址] text,
CONSTRAINT [Index1] PRIMARY KEY ([教师 ID])
);
　　这个 CREATE TABLE 语句创建了一个数据表，名为"教师档案"；数据表中共有 4 个字段，分别为"教师 ID"、"姓名"、"电话"、"地址"；它们的数据类型分别是："教师 ID"字段为 integer（整型），其余字段为 text（文本型）；其中，"教师 ID"被 CONSTRAINT 指定为使用约束创建索引，并使用 PRIMARY KEY 设置为主关键字。
　　（2）DROP TABLE 语句：用来删除指定的数据表。
【格式】DROP TABLE table_name
【说明】table_name 是要删除的表的名称。
【举例】"DROP TABLE 课程 3;"语句用来删除"课程 3"表。
　　（3）ALTER TABLE 语句：用来修改已用 CREATE TABLE 语句创建的表的结构。
【格式 1】ALTER TABLE table_name ADD COLUMN column_name data_type
【说明 1】为表 table_name 增加一个 data_type 类型的字段 column_name（没有删除某个字段的语法）。
【举例】下面的语句是为表 tblCustomers 添加 CustomerID 字段：
ALTER TABLE tblCustomers ADD COLUMN CustomerID INTEGER
【格式 2】ALTER TABLE table_name ADD PRIMARY KEY (column_name)
【说明 2】把表 table_name 的主键更改为 column_name 字段。
【举例】下面的语句是更改表 tblCustomers 的主关键字为 CustomerID 字段：
ALTER TABLE tblCustomers ADD PRIMARY KEY(CustomerID)

【格式 3】`ALTER TABLE table_name DROP PRIMARY KEY (column_name)`

【说明 3】下面的语句是删除表 table_name 已经定义的主键 column_name。

【举例】删除表 tblCustomers 的主关键字 CustomerID。

`ALTER TABLE tblCustomers DROP PRIMARY KEY(CustomerID)`

（4）CREATE INDEX 语句：用来为指定字段创建索引，以加快查询速度。

【格式】`CREATE INDEX index_name ON table_name(column_name)`

【说明】对表 table_name 的字段 column_name 建立名为 index_name 的索引。

【举例】下面的语句是为表 tblCustomers 的字段 CustomerID 建立索引，命名为 index1：

`CREATE INDEX index1 ON tblCustomers(CustomerID)`

（5）DROP INDEX 语句：删除指定表的索引。

【格式】`DROP INDEX index_name ON table_name`

【说明】删除表 table_name 的索引 index_name。

【举例】下面的语句是删除表 tblCustomers 的索引 index1：

`DROP INDEX index1 ON tblCustomers`

思考练习 3-2

1. 使用 SQL 创建一个"信息查询 1"查询，该查询运行后，会显示"教学管理"数据库中 3 个表内的"姓名"、"性别"、"年龄"、"籍贯"、"政治面貌"、"课程名称"和"成绩"字段，显示"政治面貌"为团员、成绩小于或等于 90 的记录。

2. 使用 SQL 创建一个"信息查询 2"查询，该查询运行后，可以根据用户输入的性别和年龄，显示成绩符合输入条件的所有记录。

3. 使用 SQL 创建一个"信息查询 3"查询，该查询运行后，可以显示"学生学号"、"姓名"、"系名称"、"班级"、"年龄"、"课程名称"、"第 1 学期"和"第 2 学期"几个字段，显示性别为"男"、成绩大于 70 且小于等于 90 的所有记录。

4. 使用 SQL 创建一个"删除记录 1"查询，运行该查询后，可以将"学生档案"表内"性别"字段为"女"的记录删除。将"信息查询 3"表内"学期"字段为"第 1 学期"的记录删除。

5. 使用 SQL 创建"数学课程成绩"表，其内有"学号"、"姓名"、"性别"、"平时成绩"、"期中考试成绩"、"期末考试成绩"、"实训成绩"字段。然后，创建"信息查询 4"查询，运行它后可以显示"数学课程成绩"表中所有记录的所有字段内容，同时还增加"总分"和"平均分"字段。

6. 使用 SQL 创建"信息查询 5"查询，运行该查询可以更新"学生档案"表中所有男生记录的成绩，使他们的成绩比原来少 10 分。

3.3 【案例 9】创建 SQL 子查询

案例描述

制作一个"学生考勤"表，如图 3-3-1 所示，该表存放的是所有曾经请过假的学生的相关信息。针对"学生考勤"表和图 3-3-2 所示的"学生档案"表，利用 SQL 子查询语句创建一个“缺勤学生”查询，如图 3-3-3 所示，并创建一个“全勤学生”查询，如图 3-3-4 所示。

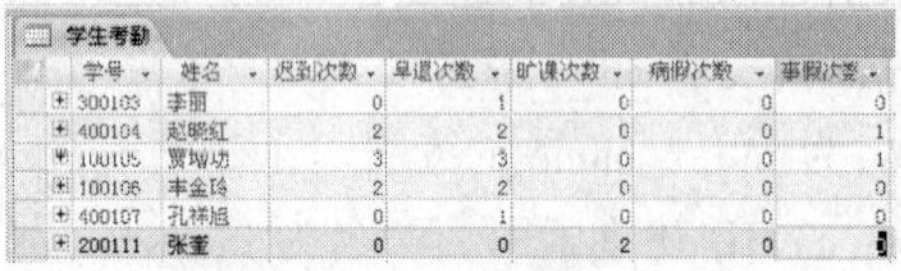

学生考勤

学号	姓名	迟到次数	早退次数	旷课次数	病假次数	事假次数
300103	李丽	0	1	0	0	0
400104	赵晓红	2	2	0	0	1
100105	贾增功	3	3	0	0	1
100106	丰金玲	2	2	0	0	0
400107	孔祥旭	0	1	0	0	0
200111	张董	0	0	2	0	0

图 3-3-1 “学生考勤”表

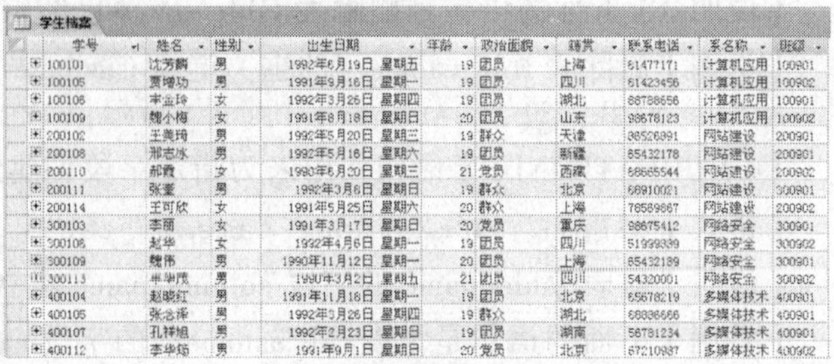

学生档案

学号	姓名	性别	出生日期	年龄	政治面貌	籍贯	联系电话	系名称	班级
100101	沈芳麟	男	1992年6月19日 星期五	19	团员	上海	81477171	计算机应用	100901
100105	贾增功	男	1991年9月16日 星期一	19	团员	四川	81423456	计算机应用	100902
100106	丰金玲	女	1992年3月26日 星期四	19	团员	湖北	88788656	计算机应用	100901
100109	魏小梅	女	1991年8月18日 星期日	20	团员	山东	98678123	计算机应用	100902
200102	王美琦	男	1992年5月20日 星期三	19	群众	天津	86526891	网站建设	200901
200108	邢志冰	男	1992年5月16日 星期六	19	团员	新疆	65432178	网站建设	200901
200110	郝霞	女	1990年6月20日 星期三	21	党员	西藏	88665544	网站建设	200902
200111	张董	男	1992年3月6日 星期日	19	群众	北京	88910021	网站建设	300901
200114	王可欣	女	1991年5月25日 星期六	20	群众	上海	78569867	网站建设	200902
300103	李丽	女	1991年3月17日 星期日	20	党员	重庆	98675412	网络安全	300901
300106	赵华	女	1992年4月6日 星期一	19	团员	四川	51999889	网络安全	300902
300109	魏伟	男	1990年11月12日 星期一	20	团员	上海	65432189	网络安全	300901
300113	丰华茂	男	1990年3月2日 星期五	21	团员	四川	54320001	网络安全	300902
400104	赵晓红	男	1991年11月16日 星期一	19	团员	北京	65678219	多媒体技术	400901
400105	张念泽	男	1992年3月26日 星期四	19	群众	湖北	88886666	多媒体技术	400901
400107	孔祥旭	男	1992年2月23日 星期日	19	团员	湖南	56781234	多媒体技术	400901
400112	李华筠	男	1991年9月1日 星期日	20	党员	北京	67210987	多媒体技术	400902

图 3-3-2 “学生档案”表

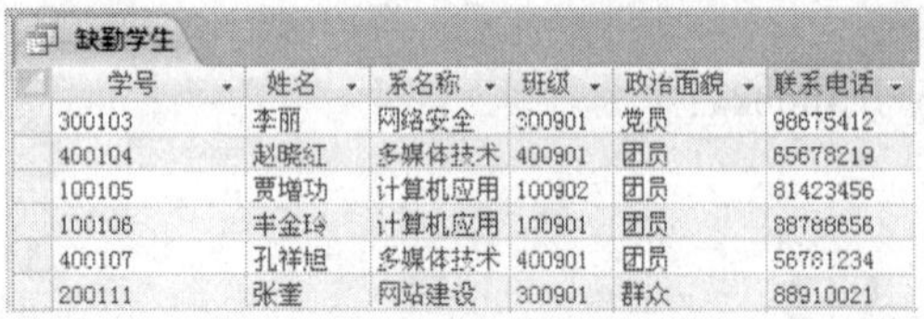

缺勤学生

学号	姓名	系名称	班级	政治面貌	联系电话
300103	李丽	网络安全	300901	党员	98675412
400104	赵晓红	多媒体技术	400901	团员	65678219
100105	贾增功	计算机应用	100902	团员	81423456
100106	丰金玲	计算机应用	100901	团员	88788656
400107	孔祥旭	多媒体技术	400901	团员	56781234
200111	张董	网站建设	300901	群众	88910021

图 3-3-3 “缺勤学生”表

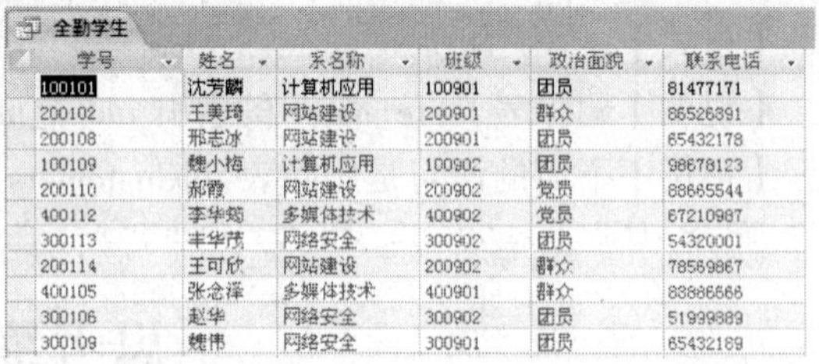

全勤学生

学号	姓名	系名称	班级	政治面貌	联系电话
100101	沈芳麟	计算机应用	100901	团员	81477171
200102	王美琦	网站建设	200901	群众	86526891
200108	邢志冰	网站建设	200901	团员	65432178
100109	魏小梅	计算机应用	100902	团员	98678123
200110	郝霞	网站建设	200902	党员	88665544
400112	李华筠	多媒体技术	400902	党员	67210987
300113	丰华茂	网络安全	300902	团员	54320001
200114	王可欣	网站建设	200902	群众	78569867
400105	张念泽	多媒体技术	400901	群众	88886666
300106	赵华	网络安全	300902	团员	51999889
300109	魏伟	网络安全	300901	团员	65432189

图 3-3-4 “全勤学生”表

通过本案例的学习，可以初步掌握子查询语句的基本使用方法，学会通过在一个 SELECT 语句查询中嵌入另外一个 SELECT 语句来创建一个子查询的方法等。

设计过程

1. 利用设计视图创建“缺勤学生”查询

（1）创建一个新查询，添加“学生档案”表，然后将查询命名为“缺勤学生”。

（2）将“学生档案”表字段列表中的“学号”、“姓名”、“系名称”、“班级”、“政治面貌”和“联系电话”字段拖曳到设计视图下方的设计区内，再在 “学号”字段的“条件”行单元格内输入“In (SELECT 学号 FROM 学生考勤)”语句，如图 3-3-5 所示。

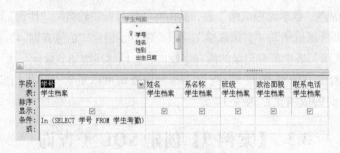

图 3-3-5 设计视图

In (SELECT 学号 FROM 学生考勤)语句的含义为：建立子查询，查询“学生考勤”表中“学号”字段有内容的记录，判断“学生档案”主查询含有这些记录的记录，作为主查询的条件。“学生档案”主查询表与“学生考勤”子查询表的联系字段是“学号”。

（3）右击“缺勤学生”查询的标签，弹出快捷菜单，单击该菜单内的“SQL 视图”菜单命令，切换到 SQL 视图，可以看到该查询的 SQL 语句如下：

SELECT 学生档案.学号, 学生档案.姓名, 学生档案.系名称, 学生档案.班级, 学生档案.政治面貌, 学生档案.联系电话

FROM 学生档案

WHERE (((学生档案.学号) In (SELECT 学号 FROM 学生考勤)));

WHERE 语句行也可以是如下形式：

WHERE (学生档案.学号

In (SELECT 学号 FROM 学生考勤);

（4）运行"缺勤学生"查询，效果如图 3-3-2 所示。

2. 利用 SQL 视图创建"全勤学生"查询

（1）创建一个空的新查询，将该查询命名为"全勤学生"。

（2）在 SQL 视图内输入的 SQL 语句如下所示。

SELECT 学生档案.学号, 学生档案.姓名, 学生档案.系名称, 学生档案.班级, 学生档案.政治面貌, 学生档案.联系电话

FROM 学生档案

WHERE 学生档案.学号

Not In (SELECT 学号 FROM 学生考勤);

上述 SQL 语句的含义如下：

◎ SELECT 语句行：用来确定显示的列（字段）。

◎ FROM 子语句行：用来确定主表。

◎ WHERE 语句行：确定主表与子表相关联的主表字段名称，此处是"学生档案"表的"学号"字段。

◎ In 语句：建立子查询，查询"学生考勤"表中"学号"字段有内容的记录，判断"学生档案"主查询含有这些记录的记录，作为主查询的条件。

"学生档案"主查询表与"学生考勤"子查询表的联系字段是"学号"。

◎ Not In 语句行："Not"逻辑取反，因此该行语句的作用是建立子查询，查询"学生考勤"表中"学号"字段有内容的记录，判断"学生档案"主查询不含这些记录的记录，作为主查询的条件。

（3）"全勤学生"查询的设计视图如图 3-3-6 所示。运行"全勤学生"查询，效果如图 3-3-3 所示。

图 3-3-6　设计视图

相关知识

1. SQL 子查询

子查询就是嵌入在另一个 SELECT、SELECT INTO、INSETT INTO、DELETE 或 UPDATE 语

句内部的 SELECT 语句。在 SELECT 语句中，也可以把一个子查询嵌入到另一个子查询中。在嵌套查询中，子查询的结果往往是一个集合（有多条记录）。当在一个 SQL 语句中使用一个子查询时，它可以作为一个域列表、WHERE 子句或者 HAVING 子句的一部分。子查询有 3 种基本形式，并且每种子查询都使用不同种类的谓词。

2. IN 子查询

如果主表字段的值与子查询的结果一致或存在与之匹配的记录，则查询结果集就包含该记录。

【格式】
```
SELECT 表名 1.字段名 1 [,[表名 2.]字段名 2 [,…]]
FROM 主表名称
WHERE 主表的字段名称
IN (SELECT 子表的字段名称 FROM 子表名称)
```

【说明】IN 关键字用来判断一个表中指定列（字段）的值是否包含在已定义的列表中，或在另一个表中。带有 IN 谓词的子查询是指主查询与子查询之间用 IN 进行连接，通过 IN 关键字对主表目标字段的值和子查询的返回结果进行比较，如果主表目标字段的值与子查询的结果一致或存在与之匹配的记录，则查询结果集就包含该记录。IN 子查询从其他工作表中只能返回一列，这是一个限制条件。如果返回的结果多于一列就会产生错误。

由于在嵌套查询中，子查询的结果往往是一个含有多条记录的集合，所以谓词 IN 是嵌套查询中最经常使用的谓词。

通过在 IN 前面添加 NOT 逻辑操作符，可以检索和 IN 子查询相反的记录。

【实例 1】创建一个名为“子查询 1”的查询，该查询运行后，显示“学生档案”表中与姓名为“沈芳麟”的学生同为一个系的所有团员的“学号”、“姓名”、“性别”、“系名称”、“班级”、“政治面貌”和“联系电话”字段内容，如图 3-3-7 所示。

子查询1

学号	姓名	性别	系名称	班级	政治面貌	联系电话
100101	沈芳麟	男	计算机应用	100901	团员	81477171
100105	贾增功	男	计算机应用	100902	团员	81423456
100106	丰金玲	女	计算机应用	100901	团员	88788656
100109	魏小梅	女	计算机应用	100902	团员	98678123

图 3-3-7 “子查询 1”查询

（1）创建一个空的新查询，将该查询命名为“子查询 1”。

（2）在 SQL 视图内输入的 SQL 语句如下所示。

```
SELECT 学生档案.学号, 学生档案.姓名, 学生档案.性别, 学生档案.系名称, 学生档案.班级,
学生档案.政治面貌, 学生档案.联系电话
FROM 学生档案
WHERE 学生档案.系名称
In(SELECT 学生档案.系名称 FROM 学生档案 WHERE 姓名="沈芳麟")
AND 政治面貌="团员";
```

（3）运行“子查询 1”查询，效果如图 3-3-7 所示。

【实例 2】创建一个名为“子查询 2”的查询，用来查询选修“学生成绩 2009”表内“课程代号”字段内容为“KC02”的学生中，属于“网站建设”系的学生还选修了哪些课程代号。“学生成绩 2009”表如图 3-3-8 所示。该查询运行后，将显示选修了课程代号为“KC02”且是

“网站建设”系的学生的“学号”、“姓名”、“系名称”、“课程代号”和“成绩”字段的内容，如图 3-3-9 所示。

（1）按照图 3-3-8 所示，创建“学生成绩 2009”表。

（2）创建一个空的新查询，将该查询命名为“子查询 2”。

学生成绩2009

学号	姓名	学期	课程代号	成绩
300113	丰华茂	第1学期	KC03	69
300113	丰华茂	第2学期	KC07	96
100106	丰金玲	第1学期	KC01	69
100106	丰金玲	第2学期	KC05	89
200110	郝霞	第1学期	KC02	66
200110	郝霞	第2学期	KC06	77
100105	贾增功	第1学期	KC01	89
100105	贾增功	第2学期	KC05	78
400107	孔祥旭	第1学期	KC02	54
400107	孔祥旭	第2学期	KC04	88
400112	李华筠	第2学期	KC04	77
400112	李华筠	第1学期	KC02	98
300103	李丽	第1学期	KC03	57
300103	李丽	第2学期	KC07	87
100101	沈芳麟	第1学期	KC01	98
100101	沈芳麟	第2学期	KC05	96
200114	王可欣	第2学期	KC06	69
200114	王可欣	第1学期	KC02	85
200102	王美琦	第1学期	KC02	78
200102	王美琦	第2学期	KC06	92
300109	魏伟	第1学期	KC03	78
300109	魏伟	第2学期	KC07	87
100109	魏小梅	第1学期	KC05	80
100109	魏小梅	第2学期	KC01	58
200108	邢志冰	第1学期	KC02	93
200108	邢志冰	第2学期	KC06	83
200111	张堇	第1学期	KC02	88
200111	张堇	第2学期	KC06	99
400105	张念泽	第1学期	KC02	67
400105	张念泽	第2学期	KC04	76
300106	赵华	第2学期	KC07	89
300106	赵华	第1学期	KC03	69
400104	赵晓红	第2学期	KC04	88
400104	赵晓红	第1学期	KC02	65

图 3-3-8 “学生成绩 2009”表

子查询2

学号	姓名	系名称	课程代号	成绩
200102	王美琦	网站建设	KC02	78
200102	王美琦	网站建设	KC06	92
200108	邢志冰	网站建设	KC02	93
200108	邢志冰	网站建设	KC06	83
200110	郝霞	网站建设	KC02	66
200110	郝霞	网站建设	KC06	77
200114	王可欣	网站建设	KC02	85
200114	王可欣	网站建设	KC06	69
200111	张堇	网站建设	KC02	88
200111	张堇	网站建设	KC06	99

图 3-3-9 “子查询 2”查询

（3）在 SQL 视图内输入的 SQL 语句如下所示。

```
SELECT 学生档案.学号,学生档案.姓名,学生档案.系名称,学生成绩 2009.课程代号,学生成绩 2009.成绩
FROM 学生档案 INNER JOIN 学生成绩 2009
ON 学生档案.学号=学生成绩 2009.学号
WHERE 学生档案.学号
IN (SELECT 学生档案.学号 FROM 学生成绩 2009 WHERE 课程代号="KC02")
AND 系名称="网站建设";
```

（4）运行“子查询 2”查询，效果如图 3-3-9 所示。

3. ANY/SOME/ALL 子查询

ANY、SOME 和 ALL 子查询谓词被用于比较主查询的记录和子查询的多个输出记录。ANY 和 SOME 谓词是同义词，并可以被替换使用。

当需要从主查询中检索任何符合子查询中满足比较条件的记录时可以使用 ANY 或 SOME 谓词。谓词应该放在子查询开始的括号前面。

【格式】
```
SELECT 字段列表
FROM 主表名
WHERE 表达式 operator [ANY | ALL | SOME] 子查询语句
```

【说明】operator 表示比较运算符，带有比较运算符的子查询是指主查询与子查询之间用

比较运算符进行连接。ANY、ALL 和 SOME 是 SQL 支持的在子查询中进行比较的关键字。ANY 和 SOME 表示如果与子查询结果中至少有一个值比较后为真，则表示满足搜索条件。如果子查询没有返回值，就不满足搜索条件。ALL 表示若与子查询结果的所有值比较都为真，则表示满足搜索条件，在主查询中检索满足子查询比较条件的所有记录时使用谓词 ALL。当用户能确切知道内层查询返回的是单值时，可以用>、<、=、>=、<=、!=或<>等比较运算符。子查询结果为单值时，可以使用=比较运算符；子查询结果为多值时，可以使用 IN 或 NOT IN 谓词。使用 ANY 或 ALL 谓词时必须同时使用比较运算符，ANY 和 ALL 运算符的含义如表 3-3-1 所示。

表 3-3-1　ANY 和 ALL 运算符的含义

运　算　符	含　　　义	运　算　符	含　　　义
>ANY	大于子查询结果中的某个值	<= ANY	小于或等于子查询结果中的某个值
>ALL	大于子查询结果中的所有值	<= ALL	小于或等于子查询结果中的所有值
<ANY	小于子查询结果中的某个值	= ANY	等于子查询结果中的某个值
<ALL	小于子查询结果中的所有值	= ALL	等于子查询结果中的所有值
>=ANY	大于或等于子查询结果中的某个值	!= ANY	不等于子查询结果中的某个值
>= ALL	大于或等于子查询结果中的所有值	!= ALL	不等于子查询结果中的任何一个值

【实例 3】创建一个名为"子查询 3"的查询，该查询运行后，可以显示出其他系学生中比"计算机应用"系某一个学生年龄大的学生清单，如图 3-3-10 所示。

（1）创建一个空的新查询，将该查询命名为"子查询 3"。

（2）在 SQL 视图内输入的 SQL 语句如下所示。

```
SELECT 学号,姓名,年龄,系名称
FROM 学生档案
WHERE 学生档案.年龄>ANY (SELECT 年龄 FROM 学生档案 WHERE 系名称="计算机应用")
AND 系名称<>"计算机应用";
```

（3）运行"子查询 3"查询，效果如图 3-3-10 所示。

（4）本例也可以使用集合函数实现，使用集合函数实现 SELECT 查询的语句如下所示。

```
SELECT 学号, 姓名, 年龄, 系名称
FROM 学生档案
WHERE 学生档案.年龄>(SELECT MIN(年龄) FROM 学生档案 WHERE 系名称="计算机应用")
AND 系名称<>"计算机应用";
```

【实例 4】创建一个名为"子查询 4"的查询，该查询运行后，可以显示出其他系学生中比"计算机应用"系所有学生年龄都大的学生清单，如图 3-3-11 所示。

图 3-3-10　"子查询 3"查询　　　　　图 3-3-11　"子查询 4"查询 Z

（1）创建一个空的新查询，将该查询命名为"子查询 4"。

（2）在 SQL 视图内输入的 SQL 语句如下所示。

```
SELECT 学号, 姓名, 年龄, 系名称
FROM 学生档案
WHERE 学生档案.年龄>ALL (SELECT 年龄 FROM 学生档案 WHERE 系名称="计算机应用")
AND 系名称<>"计算机应用";
```

（3）运行"子查询 4"查询，效果如图 3-3-11 所示。

4．EXISTS 子查询

【格式】
```
SELECT 字段列表
       FROM 主表名
       WHERE EXISTS (子查询语句)
```

【说明】上述语句执行时，首先执行括号中的查询，如果有返回值，再执行括号外的 SELECT 语句，否则不返回任何值。

在 SQL 中，关键字 EXISTS 代表"存在"，它只查找满足条件的记录，一旦找到第一个匹配的记录后，则立即停止查找。带 EXISTS 的子查询不返回任何记录，只产生逻辑值"真"（TRUE）或者逻辑值"假"（FALSE），其作用是在 WHERE 子句中测试子查询返回的记录是否存在。如果子查询没有返回任何行，这个比较就为 FALSE。而如果它返回了一行或多行，这个比较就为 TRUE。

如果使用 NOT EXISTS 关键字替代 EXISTS 关键字，则与 EXISTS 相反，会显示不满足条件的记录。当子查询返回空行或查询失败时，外查询成功，当子查询返回非空行或成功时，外查询失败。

【实例 5】创建一个名为"子查询 5-1"的查询，该查询运行后，可以显示所有选中"KC01"课程的学生档案清单，如图 3-3-12 所示。

学号	姓名	性别	出生日期	年龄	政治面貌	籍贯	联系电话	系名称	班级
100101	沈芳麟	男	1992年6月19日	19	团员	上海	81477171	计算机应用	100901
100105	贾增功	男	1991年9月18日	19	团员	四川	81423456	计算机应用	100902
100106	丰金玲	女	1992年3月26日	19	团员	湖北	88788656	计算机应用	100901
100109	魏小梅	女	1991年8月18日	20	团员	山东	98678123	计算机应用	100902

图 3-3-12　"子查询 5-1"查询

（1）创建一个空的新查询，将该查询命名为"子查询 5-1"。

（2）在 SQL 视图内输入的 SQL 语句如下所示。

```
SELECT *
FROM 学生档案
WHERE EXISTS
(SELECT * FROM 学生成绩 2009 WHERE 学生成绩 2009.学号=学生档案.学号 AND 学生成绩
2009.课程代号="KC01");
```

上述 SQL 语句执行时，首先执行括号中的查询，如果有返回值，则再执行括号外的 SELECT 语句，否则不返回任何值。

（3）运行"子查询 5-1"查询，效果如图 3-3-12 所示。

（4）创建"子查询 5-2"查询，其内的 SQL 语句用 NOT EXISTS 关键字替代 EXISTS 关键字，则与 EXISTS 相反，会显示没有选中课程代号为"KC01"的所有记录。运行"子查询 5-2"查询的效果如图 3-3-13 所示。

【**实例 6**】创建一个名为"子查询 6"的查询，该查询运行后，可以显示成绩大于或等于 90 的记录，列出学生的学号、姓名、性别、系名称、课程代号和成绩，如图 3-3-14 所示。

图 3-3-13　"子查询 5-2"查询

图 3-3-14　"子查询 6"查询

（1）创建一个空的新查询，将该查询命名为"子查询 6"。

（2）在 SQL 视图内输入的 SQL 语句如下所示。

SELECT 学生档案.学号,学生档案.姓名,学生档案.性别,学生档案.系名称,学生成绩 2009.课程代号,学生成绩 2009.成绩
FROM 学生档案 INNER JOIN 学生成绩 2009 ON 学生档案.学号=学生成绩 2009.学号
WHERE EXISTS
(SELECT * FROM 学生档案 WHERE 学生成绩 2009.学号=学生档案.学号 AND 学生成绩 2009.成绩>90);

（3）运行"子查询 6"查询，效果如图 3-3-14 所示。

思考练习 3-3

1. 创建一个名为"习题 1"的查询，该查询运行后，显示"学生档案"表中与姓名为"李华筠"的学生同一籍贯的"学号"、"姓名"、"性别"、"系名称"、"班级"、"籍贯"和"联系电话"字段内容。

2. 创建一个名为"习题 2"的查询，该查询运行后，可以显示出其他系中比"多媒体技术"系某一个学生成绩高的学生记录。

3. 创建一个名为"习题 3"的查询，该查询运行后，可以显示所有成绩大于 86 的男生的档案清单。

3.4　综合实训 3　创建"电器产品库存管理"

数据库的 SQL 查询

实训效果

本综合实训要求将综合实训 1 中制作的"电器产品库存管理.accdb"数据库复制一份，命

名为"电器产品库存管理 5"，再对复制的数据库创建一些查询。具体要求如下：

（1）使用 SQL 创建一个"查询 1"查询，该查询运行后，会自动生成一个"电器产品信息"数据库，其内的字段包括"电器产品库存管理 5"数据库内 4 个表中的所有字段，只保留商品单价小于 20 的记录。记录内容不变。

（2）使用 SQL 创建一个"查询 2"查询，更新"电器产品库存管理 5"数据库表内"商品单价"字段的数值，使它增加 5%；在"商品类型"字段的内容左边增加"电器–"文字。

（3）使用 SQL 创建一个"查询 3"查询，更新"电器产品库存管理 5"数据库表内"最新库存量"字段内容，使它等于"入库数量"和"出库数量"字段数值的差。在"最新库存量"、"入库数量"和"出库数量"字段内数值的右边增加"台"。

（4）使用 SQL 创建一个"查询 4"查询，该查询运行后，显示"电器产品入库"表中与"电器名称"字段为"索尼 DC 照相机"的记录为相同"入库日期"的产品记录，显示的字段有"电器 ID"、"电器名称"、"入库量"、"入库日期"和"最新库存量"字段内容。

（5）使用 SQL 创建一个"查询 5"查询，将"电器产品库存管理 5"数据库表内"最新库存量"字段内数据小于 10 的记录删除；将"电器产品库存管理 5"数据库表内"入库日期"字段内年份数据小于 2008 的记录删除。

🔘 实训提示

（1）最好将"电器产品库存管理.accdb"数据库复制 2 份，其中一份备份。

（2）按照本章 3 个案例的操作方法，依次完成本实训的 5 项任务。

▶ 实训测评

能　力　分　类		能　　　　　力	评　分
职业能力		联合查询，SQL 语言特点，SELECT 语句结构	
		SELECT 语句的子句，SELECT 语句应用	
		CREATE TABLE 语句，DROP TABLE 语句，ALTER　TABLE 语句	
		CREATE INDEX 命令，DRO INDEX 命令	
		SQL 子查询，IN 子查询	
		ANY/SOME/ALL 子查询，EXISTS 子查询	
通 用 能 力		自学能力、总结能力、合作能力、创造能力等	
能力综合评价			

第4章 窗 体

本章通过 3 个案例介绍创建窗体的方法。窗体是 Access 中的一种对象，是联系数据库与用户的桥梁，是数据库与用户进行人–机交互的一个窗口。窗体为用户的输入、修改、查询数据等操作提供了一个简单和易于操作的平台，用户可以使用每次浏览一条记录的方式浏览数据。如果表中含有图像文档或其他程序提供的对象，则可以在窗体的视图内观察到实际的对象。窗体是一个友好的界面，可以更方便、更直观和更人性化地显示数据库中的数据。

4.1 【案例10】创建学生档案窗体

案例描述

本案例将在"教学管理 4.accdb"数据库内，采用不同的方法，依次创建"学生档案窗体 1"、"学生档案窗体 2"和"学生档案窗体 3"3 个窗体，在创建窗体中使用了"学生档案"表，如图 4-1-1 所示，此处的"学生档案"表比 1.1 节创建的"学生档案"表少了"出生日期"、"籍贯"、"E-mail"和"系名称"字段，增加了"照片"字段。

学号	姓名	性别	年龄	政治面貌	联系电话	班级	地址	照片
0101	沈芳麟	男	19	团员	81477171	200901	西直门大街2-201	Photoshop Image
0102	王美琦	男	19	团员	86526891	200901	东直门大街6-601	Photoshop Image
0103	李丽	女	20	党员	98675412	200901	红联小区15-602	Photoshop Image
0104	赵晓红	男	19	团员	65678219	200901	广内大街26-801	Photoshop Image
0105	贾增功	男	19	团员	81423456	200901	教子胡同31	Photoshop Image
0106	丰金玲	女	19	团员	88788656	200901	宣武门大街26-605	Photoshop Image
0107	孔祥旭	男	19	团员	56781234	200901	珠市口大街12-303	Photoshop Image
0108	邢志冰	男	19	团员	65432178	200901	西单东大街30-602	Photoshop Image
0109	魏小梅	女	20	团员	98678123	200901	天桥大街20-406	Photoshop Image
0110	郝霞	女	21	党员	88665544	200901	东直门二条38	Photoshop Image

图 4-1-1 "学生档案"表

3 个窗体分别如图 4-1-2、图 4-1-3 和图 4-1-4 所示。窗体下方有一个记录控制器，单击记录控制器内的按钮，可以浏览上一条、下一条、第一条、最后一条记录的内容，以及新增一条空记录，可以显示当前记录的编号和总记录数，在"搜索"文本框内输入要查询的数据，按【Enter】键后即可切换到相应的记录。

图 4-1-2　"学生档案1"窗体

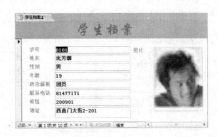

图 4-1-3　"学生档案体2"窗体

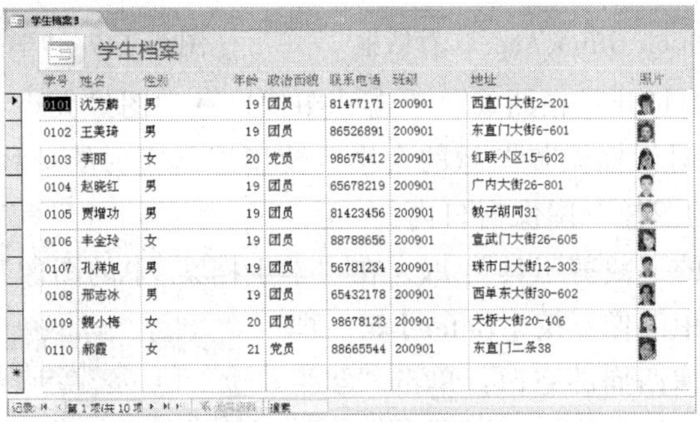

图 4-1-4　"学生档案3"窗体

通过本案例的学习，可以了解窗体的作用和分类，掌握快速自动创建窗体、使用窗体向导创建窗体和用窗体向导创建窗体等相关知识和操作方法。

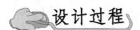设计过程

1. 修改"学生档案"表

（1）复制"教学管理.accdb"数据库文件，将复制的数据库文件命名为"教学管理4.accdb"。在 Access 2007 中打开"教学管理4.accdb"数据库。

（2）在视图区域打开"学生档案"表，切换到设计视图。将表中的"出生日期"、"籍贯"、"E-mail"和"系名称"字段删除。在字段末尾添加一个名为"照片"的字段，该字段的数据类型设置为"OLE 对象"。

（3）切换到数据表视图，如图 4-1-5 所示。此时还没有在各记录的"照片"字段内添加图像。

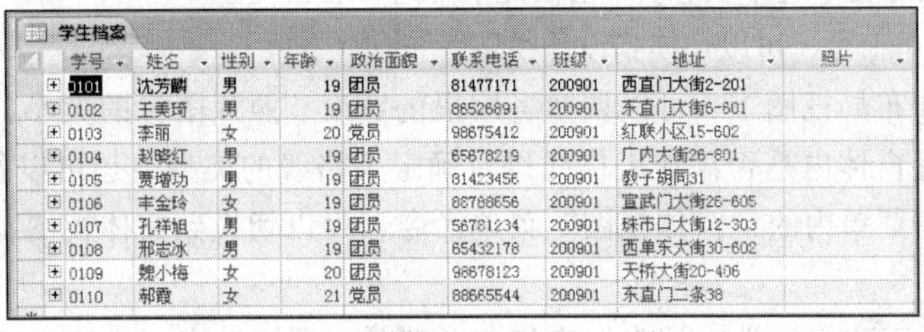

图 4-1-5　"学生档案"表

（4）右击第一条记录"照片"字段的单元格，弹出快捷菜单，单击该菜单内的"插入对象"菜单命令，弹出 Microsoft Office Access 对话框，如图 4-1-6 所示。

（5）选中"新建"单选按钮，选中"对象类型"列表框中的 Adobe Photoshop Image 选项，单击"确定"按钮，关闭 Microsoft Office Access 对话框，进入 Photoshop 工作环境，并弹出"学生档案 中的图像"图像窗口，如图 4-1-7 所示。

图 4-1-6　Microsoft Office Access 对话框　　　图 4-1-7　"学生档案中的图像"窗口

（6）在 Photoshop 中打开一幅图像，单击"图像"→"图像大小"菜单命令，弹出"图像大小"对话框，利用该对话框调整图像的大小。使用工具箱内的"移动工具" ﹂将打开的图像移到"学生档案 中的图像"图像窗口内。

（7）使用工具箱内的"裁剪工具" ﹂，在"学生档案 中的图像"图像窗口内沿着图像边缘拖曳出一个矩形，选中图像，按【Enter】键，即可裁剪出图像，去除图像四周的空白。单击"学生档案中的图像"图像窗口右上角的"关闭"按钮 ✕，关闭"学生档案中的图像"图像窗口，回到 Access 2007 的数据表视图。此时，第一条记录"照片"字段的单元格内会显示"Photoshop Image"，表示已添加图像。

（8）按照上述方法，继续为其他记录的"照片"单元格添加照片，效果如图 4-1-1 所示。

2. 使用自动方法快速创建窗体

（1）切换到"创建"选项卡，单击"窗体"组内的"窗体"按钮，即可依据"学生档案"表创建窗体，如图 4-1-8 所示。

（2）右击窗体的标签，弹出快捷菜单，可以看到"布局视图"菜单命令处于选中状态。单击快捷菜单内的"设计视图"菜单命令，可以切换到设计视图。

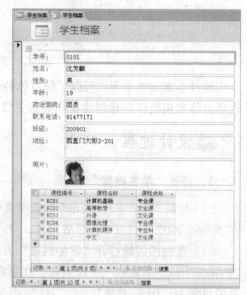

图 4-1-8　"学生档案"窗体

在设计视图和布局视图下，可以调整各字段的宽度、照片图像的大小，设置文字的大小和颜色等，可以设置窗体内是否添加表格线以及确定表格线的类型，还可以删除选中的字段。

如果单击快捷菜单内的"窗体视图"菜单命令，可以切换到窗体视图，在该视图下不可以修改窗体。

（3）选中窗体下方与"学生档案"表相互关联的"课程"表，使该表的控制器四周出现一个棕色矩形框，表示其已被选中。右击棕色边框，弹出快捷菜单，如图 4-1-9 所示，单击该菜单内的"删除"菜单命令，即可将"课程"表删除。

图 4-1-9　快捷菜单

（4）选中一个字段，其四周会出现一个棕色矩形框，表示其已被选中。将鼠标指针移到矩形框右边框中间处，当鼠标指针变为双箭头状时，水平拖曳，可以调整所有字段的宽度，如图 4-1-10 所示。

（5）选中"照片"字段，将鼠标指针移到矩形框的下边框上，当鼠标指针变为双箭头状时，垂直向下拖曳，可以调整"照片"字段的高度和照片的大小，如图 4-1-11 所示。

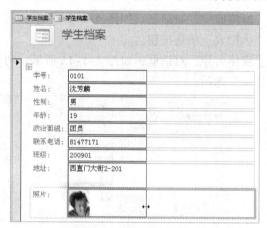

图 4-1-10　调整字段的宽度

图 4-1-11　调整照片的大小

（6）将鼠标指针移到选中的字段上或者字段标题左上角的标识田上，当鼠标指针呈状时，拖曳鼠标，可以拖曳字段内容与字段标题一起移动。

调整后的效果如图 4-1-2 所示。

（7）右击窗体的标签，弹出快捷菜单，单击该菜单内的"保存"菜单命令，弹出"另存为"对话框，在该对话框内的"窗体名称"文本框内输入新窗体的名称"学生档案窗体 1"，单击"确定"按钮，完成"学生档案窗体 1"的创建。

使用自动方法可以创建一个显示选定表或查询中所有字段及记录的窗体，窗体上的字段（控件）和表上的字段是一一对应的。每一个字段都显示在一个独立的行上。使用自动方法很简便，但窗体只有一种格式。

3. 使用窗体向导创建窗体

（1）切换到"创建"选项卡，单击"窗体"组内的"其他窗体"按钮，弹出其菜单，单击该菜单内的"窗体向导"菜单命令，弹出"窗体向导"对话框，如图 4-1-12 所示。

（2）在"窗体向导"对话框中的"表/查询"下拉列表框中可以选择当前数据库内的一个表或查询，单击"可用字段"列表框内的字段名称选项，再单击 按钮，可以将选中的字段名称移到"选定字段"列表框内。单击 按钮，可以将"可用字段"列表框内的全部字段名称移到"选定字段"列表框内，如图 4-1-13 所示。选中"选定字段"列表框内的字段名称，再单击 按钮，可以将选中的字段名称移到"可用字段"列表框内。单击 按钮，可以将"选定字段"列表框内的全部字段名称移到"可用字段"列表框内。

图 4-1-12　"窗体向导"对话框之一

图 4-1-13　"窗体向导"对话框之二

（3）单击"下一步"按钮，弹出下一个"窗体向导"对话框，如图 4-1-14 所示。利用该对话框可以选择窗体的布局类型，此处选中"纵栏表"单选按钮。

（4）单击"下一步"按钮，弹出下一个"窗体向导"对话框，如图 4-1-15 所示。利用该对话框可以选择窗体的样式，此处选中"办公室"选项。

图 4-1-14　"窗体向导"对话框之三

图 4-1-15　"窗体向导"对话框之四

（5）单击"下一步"按钮，弹出下一个"窗体向导"对话框，如图 4-1-16 所示。在"请为窗体指定标题"文本框内输入窗体的标题"学生档案"。选中下方的第一个单选按钮，可以在单击"完成"按钮后进入窗体视图；选中第二个单选按钮，可以在单击"完成"按钮后进入设计视图。此处选中"修改窗体设计"单选按钮。

（6）单击"完成"按钮，关闭"窗体向导"对话框，创建一个窗体，并进入设计视图，如图 4-1-17 所示。

（7）选中一个字段，其四周会出现一个棕色矩形框，将鼠标指针移到矩形框的右边框上，当鼠标指针变为双箭头状时，水平拖曳，可以调整所有字段的宽度。

图 4-1-16　"窗体向导"对话框之五

（8）切换到"窗体设计工具"｜"设计"选项卡，利用其中的"字体"和"网格线"组（见图 4-1-18）可以调整窗体内文字的属性，还可以给字段添加各种网格线。将鼠标指针移到顶部字段的边框上，当鼠标指针呈向下的箭头状时，单击可以选中一列字段。选中字段后，即可利用"字体"组更改文字字体、大小、颜色、加粗等属性。

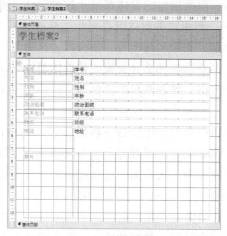

图 4-1-17　新建窗体的设计视图

图 4-1-18　"字体"和"网格线"组

（9）选中"照片"字段，右击棕色边框或者"照片"文字，弹出快捷菜单，单击该菜单内的"布局"→"堆积"菜单命令，可以移动字段。拖曳"照片"字段到其他字段的右侧，然后调整照片文字宽度和照片图像的宽度。最终效果如图 4-1-19 所示。

（10）右击窗体"学生档案 2"的标签，弹出快捷菜单，单击该菜单内的"窗体视图"菜单命令，即可切换到窗体视图，如图 4-1-3 所示。

图 4-1-19　在设计视图下调整后的效果

（11）关闭"学生档案 2"窗体，在导航窗格内将"学生档案 2"名称改为"学生档案窗体2-1"。其他窗体如"学生档案窗体 2-2"和"学生档案窗体 2-3"是在图 4-1-14 所示的"窗体向导"对话框内选中其他单选按钮后获得的窗体，读者可以自行创建。

4．创建多个项目窗体

（1）切换到"创建"选项卡，单击"窗体"组内的"多个项目"按钮，即可依据"学生档案"表创建窗体。

（2）右击窗体"学生档案 2"的标签，弹出快捷菜单，单击该菜单内的"设计视图"菜单命令，即可切换到设计视图。

（3）按照上述方法，调整窗体内文字的字体和大小等属性，调整字段行的高度。

（4）右击窗体"学生档案 2"的标签，弹出快捷菜单，单击该菜单内的"窗体视图"菜单命令，即可切换到窗体视图。

（5）关闭"学生档案 2"窗体，在导航窗格内将"学生档案 2"窗体名称改为"学生档案窗体 3"。

相关知识

1. 窗体的作用

窗体的形式多种多样，最常用的是数据编辑窗体，前面创建的窗体都属于这种窗体。窗体最基本的功能是显示与编辑来自多个数据表中的数据。利用这种窗体可以显示、修改、添加、删除和查找记录，可以对数据库中的相关数据进行添加、删除和修改等，还可以进行筛选、排序及其他操作。这种窗体一般被设计为结合型窗体，主要由各种结合类型的控件组成，可以使用的控件有文本框、标签、单选按钮、复选框、命令按钮、列表框和图像框等，这种些控件的数据来源是与这个窗体相关的表或查询的字段。

窗体的长处是以一种有组织的方式来表示数据，可以在窗体上安排字段的位置，以便在编辑单个记录或者进行数据输入时能够按照从左到右、从上到下的顺序进行。在窗体中，可以设计美观的背景图案，设计文本框、列表框、组合框来向表中输入数据，创建按钮来打开其他窗体或报表，创建自定义对话框以接收用户输入，并根据用户输入的信息执行相应的操作。

作为 Access 数据库中的主要接口，窗体为新建、编辑和删除数据提供了最灵活的方法。窗体和报表都是用于数据库中数据的维护，但是，窗体主要用于数据的输入，报表则用来在屏幕上打印输出的窗体。

2. 窗体的 3 种视图

图 4-1-20 "视图"菜单

打开一个窗体，当窗体处于窗体视图时，"开始"选项卡的"视图"组中有一个"视图"下拉按钮；当窗体处于布局或设计视图时，"设计"选项卡的"视图"组中也有一个"视图"下拉按钮。单击"视图"下拉按钮，会弹出"视图"菜单，如图 4-1-20 所示。可以看到，Access 2007 中的窗体具有 3 种视图，分别是窗体视图、布局视图和设计视图。另外，右击窗体标签，弹出快捷菜单，其内也有上述 3 项菜单命令。单击其中的一个菜单命令，可以切换到相应的视图。

在窗体视图下，可以更改字段内容，但是不能够更改字段名称和属性；在布局视图下，可以更改字段名称和属性，更改字段位置、颜色和大小等属性，可以添加和删除字段；在设计视图下，可以更改字段名称和属性，更改字段的内容和属性等，可以添加和删除字段，还可以添加控件对象。

3. 在布局视图下修饰窗体

使窗体处于布局视图，切换到"窗体布局工具"|"格式"选项卡，如图 4-1-21 所示。利用"格式"选项卡可以添加现有字段，可以修饰窗体。

图 4-1-21 "窗体布局工具"|"格式"选项卡

如果要修改字段文字属性，应先选中这些字段。单击字段可以选中该字段；按住【Shift】键，同时单击各字段，可以选中多个字段；在选中一个字段后，将鼠标指针移到字段边框上，当鼠标指针呈指向下方的箭头状时，单击可以选中一列字段。"格式"选项卡内工具的使用方法如下：

（1）文字字体：利用"字体"组内的工具可以修改选中文字的字体、大小等属性，使用"格式刷"工具 可以复制文字属性，使用方法与 Word 中"格式刷"工具的使用方法相同。

单击"字体颜色"按钮，弹出"颜色"面板，如图 4-1-22 所示。利用该面板可以调整选中文字的颜色。单击"填充/背景色"按钮，弹出"颜色"面板，如图 4-1-23 所示，利用该面板可以调整选中单元格的填充颜色和文字的背景颜色。

 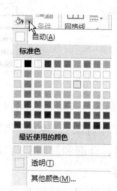

图 4-1-22　字体"颜色"面板　　　　图 4-1-23　填充/背景色"颜色"面板

（2）根据条件更换属性：选中一个字段（如"年龄"字段），单击"条件"按钮，弹出"设置条件格式"对话框，如图 4-1-24 所示。在"默认格式"选项组内可以设置任何条件均不满足时文字的属性，在"条件 1"选项组内可以设置符合某种条件时的文字属性。在"条件 1"选项组内，在第一个下拉列表框中可以选择"字段值"、"表达式为"和"字段有焦点"选项中的任意一项，此处选择"字段值"选项；在第二个下拉列表框中可以选择"等于"、"介于"等选项，此处选择"等于"选项，在右边的文本框内输入 19，再在下方设置满足年龄字段值等于 19 时的文字属性。

图 4-1-24　"设置条件格式"对话框

单击"设置条件格式"对话框内的"确定"按钮，然后切换到窗体视图，浏览各条记录，当"年龄"字段值等于 19 时文字的颜色、背景色等会自动发生变化。

（3）设置网格线："网格线"组内的工具可以用来设置网格的样式、线条宽度、线样式、线条颜色等。选中一个或多个字段，再单击"网格线"按钮，弹出"网格线"面板（见图 4-1-25），单击一种网格样式，即可给选中的字段添加此种网格；单击"线条宽度"按钮，弹出"宽度"

面板，如图4-1-26（a）所示，单击其中一种线样式，即可改变选中的网格线的粗细；单击"线条样式"按钮，弹出"样式"面板，如图4-1-26（b）所示，单击其中一种线样式，即可改变选中网格线的样式；单击"线条颜色"按钮，弹出"颜色"面板，如图4-1-27所示，利用该面板可以设置选中网格线的颜色。

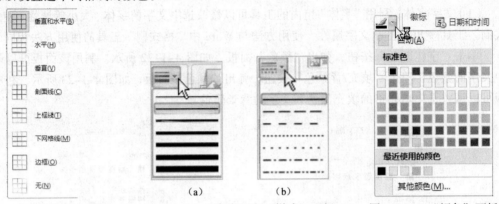

图4-1-25　"网格线"面板　　图4-1-26　"宽度"和"样式"面板　　图4-1-27　"颜色"面板

（4）添加控件对象："控件"组提供了一些工具，利用它们可以给窗体内的标题栏添加徽标、标题、页码、日期和时间，可以给选中的对象添加边框，还可以添加当前数据库中表和查询内的字段内容。

单击"徽标"按钮，可以弹出"插入图片"对话框，利用该对话框选择要插入窗体内作为徽标的图像，单击"确定"按钮，即可在标题栏的左边插入选中的图像；利用"线条宽度"、"线条类型"和"线条颜色"工具可以给选中的对象添加边框，可以调整边框线的粗细、线型和颜色；单击"标题"按钮，可以在标题栏中添加标题。

单击"日期和时间"按钮，弹出"日期和时间"对话框，如图4-1-28所示。利用该对话框设置日期和时间格式，再单击"确定"按钮，即可在标题栏右侧添加日期和时间。

对图4-1-3所示的窗体进行修饰后，效果如图4-1-29所示。

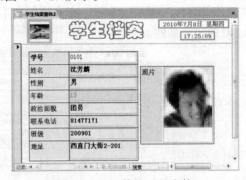

图4-1-28　"日期和时间"对话框　　　　图4-1-29　修饰后的窗体

另外，单击"页码"按钮，弹出"页码"对话框，如图4-1-30所示。利用该对话框设置页码属性，再单击"确定"按钮，即可在页脚添加页码。

（5）添加字段：单击"添加现有字段"按钮，弹出"字段列表"窗格，如图4-1-31所示。它给出当表的字段列表，拖曳"字段列表"窗格内的字段名称到窗体内，即可在窗体内添加字段。单击"字段列表"窗格底部的"显示所有表"链接，"字段列表"窗格内会增加当前数据库内其他表的字段名称，如图 4-1-32 所示。也可以将其他表中的字段名称拖曳到窗体内，此时窗体内会添加该字段的名称和字段的内容。

  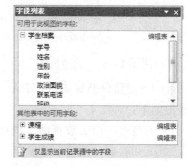

图 4-1-30 "页码"对话框　　图 4-1-31 "字段列表"窗格　　图 4-1-32 显示其他表中的字段

（6）自动套用格式：单击"自动套用格式"组内列表框中的图样，可以为窗体添加相应的窗体样式。单击列表框右下角的 按钮，可以弹出"窗体样式"列表框，如图 4-1-33 所示。单击其内的图样，即可为窗体添加相应的窗体样式。单击该列表框内的"自动套用格式向导"按钮，可以弹出"自动套用格式"对话框，如图 4-1-34 所示，利用该对话框可以选择不同的窗体样式。

 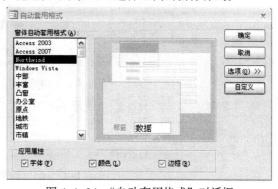

图 4-1-33 "窗体样式"列表框　　图 4-1-34 "自动套用格式"对话框

4．创建其他窗体

（1）创建数据表窗体：数据表窗体的结构与表的结构基本相同，创建步骤如下：

① 打开一个表或查询，例如，打开"教学管理 4.accdb"数据库内的"课程"表。

② 切换到"创建"选项卡，单击"窗体"组内的"其他窗体"按钮，弹出其菜单，如图 4-1-35 所示。单击该菜单内的"数据表"菜单命令，即可创建相应的窗体。

③ 右击窗体标签，弹出快捷菜单，单击该菜单内的"保存"按钮，弹出"另存为"对话框，在其文本框内输入窗体的名称"课程数据表窗体"，单击"确定"按钮，保存窗体。此时的"课程数据表窗体"如图 4-1-36 所示。

（2）创建数据透视表窗体：数据透视表窗体的结构与 2.2 节介绍的数据透视表的结构基本相同，创建方法如下：

打开一个表或查询，再单击"其他窗体"菜单中的"数据透视表"菜单命令，以后的操作与 2.2 节介绍的在"数据透视表"视图下制作数据透视表的方法基本相同。

图 4-1-35 "其他窗体"菜单

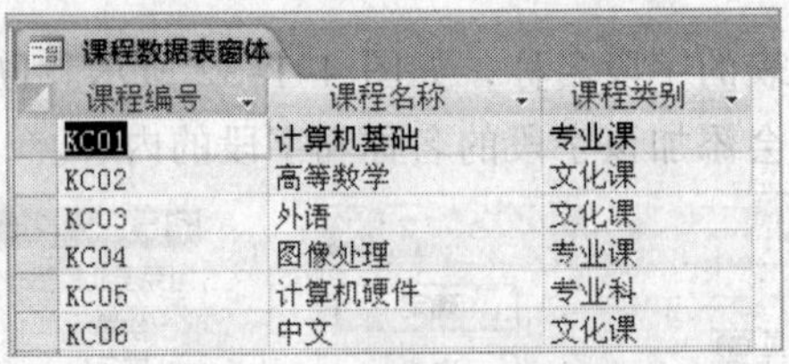

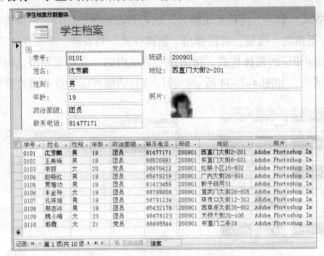

图 4-1-36 课程数据表窗体

（3）创建分割窗体：分割窗体是由类似于表单的布局结构和表结构分割组成的窗体。创建步骤如下：

① 打开一个表或查询，例如，打开"教学管理 4.accdb"数据库内的"学生档案"表。

② 切换到"创建"选项卡，单击"窗体"组内的"分割窗体"按钮，即可创建分割窗体。

③ 将该窗体以名称"学生档案分割窗体"保存。"学生档案分割窗体"如图 4-1-37 所示。

图 4-1-37 学生档案分割窗体

思考练习 4-1

1. 采用两种不同的方法为"学生档案"表添加两条记录，为"照片"字段添加图像。

2. 使用自动方法快速创建"学生成绩"表的一个窗体。

3. 使用窗体向导创建"学生成绩"表的"学生成绩"窗体，再创建一个"课程"窗体。

4. 使用创建多个项目的方法，创建"学生成绩"表的一种窗体。

5. 创建具有"教学管理 4.accdb"数据库内"学生档案"表、"学生成绩"表和"课程"表内"学号"、"姓名"、"性别"、"年龄"、"课程名称"、"课程编号"、"课程类别"、"成绩"和"照片"等主要字段内容的一个名称为"学生档案窗体 4"的窗体，如图 4-1-38 所示。而且，在显示

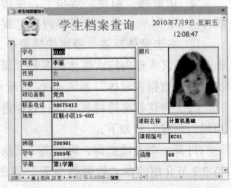

图 4-1-38 "学生档案窗体 4"窗体

男生和女生记录时，文字的颜色和背景色不一样。

4.2 【案例11】创建学生信息窗体

案例描述

本案例是利用"窗体设计"工具，在"教学管理 4.accdb"数据库内创建一个"学生信息窗体"，如图 4-2-1 所示。可以看到，窗体内有 3 个按钮，单击"学生成绩"按钮，可以弹出"学生成绩"窗体，如图 4-2-2 所示；单击"课程"按钮，可以弹出"课程"窗体，如图 4-2-3 所示；单击"学生档案"按钮，可以弹出"学生档案窗体 2"窗体，如图 4-1-29 所示。

通过本案例的学习，可以掌握使用设计视图创建窗体的方法，以及利用"属性表"窗格设置窗体内对象属性的方法，初步了解按钮控件事件过程的设计方法等。

图 4-2-1 "学生信息窗体"的两幅画面

 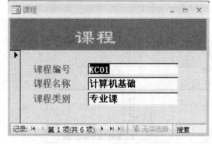

图 4-2-2 "学生成绩"窗体　　　　图 4-2-3 "课程"窗体

设计过程

1. 创建"学生成绩"和"课程"窗体

（1）在 Access 2007 中打开"教学管理 4.accdb"数据库。单击左上角的 Office 按钮，弹出其菜单，单击该菜单内的"Access 选项"按钮，弹出"Access 选项"对话框，切换到"当前数据库"选项卡，选中"文档窗口选项"选项组内的"重叠窗口"单选按钮，如图 4-2-4 所示。

（2）单击"Access 选项"对话框内的"确定"按钮，则以后打开的表、查询和窗体等 Access 对象不再呈选项卡状，而是可以互相重叠的窗口状。

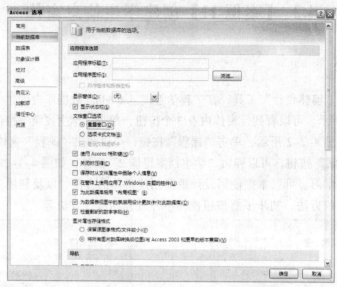

图 4-2-4 "Access 选项"对话框设置

（3）在导航窗格内选中"学生成绩"表，切换到"创建"选项卡，单击"窗体"组内的"其他窗体"按钮，弹出其菜单，单击该菜单内的"窗体向导"菜单命令，弹出"窗体向导"对话框。

（4）在"窗体向导"对话框内的"表/查询"下拉列表框中选中"表：学生成绩"选项（默认选中），将"可用字段"列表框内的全部字段名称移到"选定字段"列表框内，如图 4-2-5 所示。

（5）单击"下一步"按钮，切换到下一个"窗体向导"对话框。再单击"下一步"按钮，切换到下一个"窗体向导"对话框，在列表框内选中"原点"选项作为窗体样式，如图 4-2-6 所示。

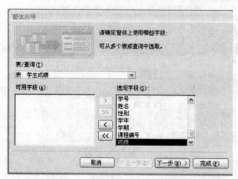

图 4-2-5 "窗体向导"对话框之一

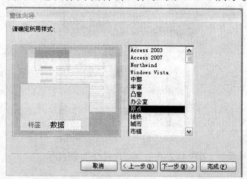

图 4-2-6 "窗体向导"对话框之二

（6）单击"下一步"按钮，切换到下一个"窗体向导"对话框，在"请为窗体指定标题"文本框内输入窗体的标题文字"学生成绩"。选中下方的第二个单选按钮，单击"完成"按钮，关闭"窗体向导"对话框，创建一个窗体，并处于设计视图。

（7）切换到布局视图，并切换到"窗体布局工具"｜"设计"选项卡，单击"自动套用格式"组内列表框中的一种窗体样式图案，更改窗体样式。按住【Shift】键，选中所有字段名称和字段内容，统一设置其文字属性。再按照上一节介绍的方法调整字段宽度和位置，调整标题文字的字体、大小、颜色和位置。

（8）右击窗体，弹出快捷菜单，单击该菜单内的"属性"
菜单命令，弹出"属性表"窗格。按住【Shift】键，选中所有
字段内容文本框。单击"格式"标签，切换到"格式"选项卡，
单击"特殊效果"属性行，使其右边出现 ✓按钮，单击该按钮，
弹出下拉列表，选择"凹陷"选项（见图 4-2-7），则选中的字
段内容文本框呈凹陷状，如图 4-2-2 所示。

图 4-2-7　"属性表"窗格设置

（9）按照上述方法创建"课程"窗体，如图 4-2-3 所示；
再创建"学生档案窗体 2"窗体，只是字段内容文本框呈凹陷
状，图像呈凸起状。

2. 使用设计视图创建"学生成绩"窗体

（1）切换到"创建"选项卡，单击"窗体"组内的"窗体设计"按钮，即可创建一个空的
窗体，并进入设计视图。将鼠标指针移到窗体网格区的下边缘，当鼠标指针呈 ✥状时，垂直拖
曳，可以调整窗体的高度；将鼠标移到窗体网格区的右边缘，当鼠标指针呈 ↔状时，水平拖曳，
可以调整窗体的宽度；将鼠标移到窗体网格区的右下角，当鼠标指针呈 ✥状时，拖曳鼠标，可
以调整窗体的大小。调整好的窗体如图 4-2-8（左）所示。

（2）切换到布局视图，并切换到"窗体布局工具"|"设计"选项卡，单击"工具"组内
的"添加现有字段"按钮，弹出"字段列表"窗格，如图 4-2-8（右）所示。

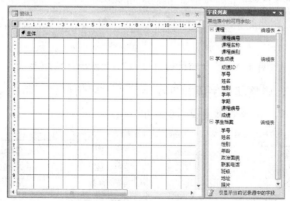

图 4-2-8　一个空的窗体设计视图和"字段列表"窗格

（3）切换到"数据库工具"选项卡，单击"显示/隐藏"组内的"关系"按钮，进入关系
视图，将导航窗格内的 3 个表拖曳到关系视图内，再创建它们之间的关系，如图 4-2-9 所示。

图 4-2-9　创建 3 个表之间的关系

（4）将"字段列表"窗格内"学生成绩"表中的"学号"字段拖曳到窗体内，如图 4-2-10
所示。按住【Ctrl】键，同时选中"字段列表"窗格内的字段名称，可以同时选中多个字段。

添加的每个字段的左侧是标签控件对象，用于显示字段的提示；右侧是文本框控件对象，用于显示字段内容或由用户输入字段数据。拖曳标签控件对象和文本框控件对象左上角的灰色正方形控制柄，可以单独调整它们的位置。

（5）继续将 3 个表中不重复的字段名称依次拖曳到窗体的设计视图内，如图 4-2-11 所示。

图 4-2-10　添加"学号"字段

图 4-2-11　在窗体内添加字段

（6）按住【Shift】键，选中左边一列的字段标签，切换到"窗体设计工具"|"排列"选项卡，如图 4-2-12 所示。单击"控件对齐方式"组内的"靠左"按钮，使选中的字段标签左对齐；单击"位置"组内的"垂直相等"按钮 垂直相等，使选中的字段标签垂直间隔相等，如图 4-2-13 所示。

图 4-2-12　"窗体设计工具"|"排列"选项卡

（7）参考上述方法，调整其他字段标签和字段文本框的位置。再选中"照片"字段标签，按【Delete】键将其删除，效果如图 4-2-14 所示。

图 4-2-13　调整字段标签位置

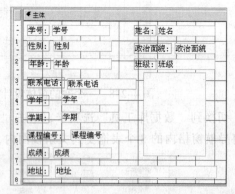

图 4-2-14　调整所有字段标签和文本框位置

（8）按住【Shift】键，选中所有字段文本框并右击，弹出快捷菜单，单击该菜单内的"属性"菜单命令，弹出"属性表"窗格。单击"格式"标签，切换到"格式"选项卡，单击"特殊效果"属性行，使其右边出现 按钮，单击该按钮，弹出下拉列表，选择其内的"凹陷"选项，则选中的字段文本框均呈凹陷状。

（9）选中照片字段内容，在"属性表"窗格内的"特殊效果"下拉列表中选择"凸起"选项，使图像呈凸起状。

（10）单击"设计"选项卡内"控件"组中的"标题"按钮，在窗体内添加"学生信息"标题；再单击"日期和时间"按钮，在窗体内添加日期和时间。调整这些控件对象的大小、颜色和位置等属性。然后将窗体以名称"学生信息窗体"保存。

3．创建按钮事件

（1）切换到"窗体设计工具"|"设计"选项卡，如图 4-2-15 所示。单击"控件"组内的"按钮（窗体控件）"按钮 ，在窗体左下方拖曳出一个矩形或者单击窗体，即可创建一个按钮控件对象。重复该操作，再创建 3 个按钮控件对象。

图 4-2-15 "窗体设计工具"|"设计"选项卡

（2）切换到"窗体设计工具"|"排列"选项卡。按住【Shift】键，选中 3 个按钮。单击"控件对齐方式"组内的"靠上"按钮，使选中的按钮对象顶部对齐；单击"位置"组内的"水平相等"按钮 ，使选中的按钮对象水平间隔相等。

（3）弹出"属性表"窗格。选中第一个按钮对象，在"属性表"窗格内的"标题"文本框中输入"学生成绩"，使第一个按钮对象的标题文字为"学生成绩"。分别设置第二、三个按钮的标题文字为"学生档案"和"课程"，如图 4-2-16 所示。

图 4-2-16 添加 3 个按钮并调整它们的位置

（4）选中第一个按钮对象，单击"属性表"窗格内的"事件"标签，切换到"事件"选项卡，如图 4-2-17 所示，其中顶部的下拉列表框中显示出窗体内各对象的名称，"Command19"是第一个按钮的默认名称。

（5）单击"单击"属性行右边的 按钮，弹出下拉列表，选中该列表内的"[事件过程]"选项；单击"单击"属性行右边的 按钮，弹出程序设计窗口，然后输入"DoCmd.OpenForm "学生成绩""语句，表示打开"学生成绩"窗体，如图 4-2-18 所示。Private Sub Command19_Click()和 End Sub 语句构成单击 Command19 按钮事件的程序。这段程序的作用是，单击"学生成绩"按钮后，弹出"学生成绩"窗体。

图 4-2-17 "属性表"窗格

图 4-2-18 程序设计窗口

（6）按照上述方法分别设置"学生档案"和"课程"按钮，添加的语句分别是"DoCmd.OpenForm "学生档案""和"DoCmd.OpenForm "课程""。此时的程序设计窗口如图 4-2-19 所示。

（7）单击"设计"选项卡内"视图"组中的"视图"按钮，弹出其菜单，单击该菜单内的"窗体视图"菜单命令，切换到窗体视图，效果如图 4-2-1 所示。

图 4-2-19　程序设计窗口

相关知识

1. 控件对象的调整

在 Access 的窗体中，用来显示字段名称的标签和显示字段内容的文本框等都是窗体内的控件对象。可以调整控件对象的大小、位置，以及对齐、分布和前后位置排列等。控件对象排列的调整需要用到"排列"选项卡。在设计视图下，"窗体设计工具"|"排列"选项卡如图 4-2-12 所示；在"布局"视图状态下，"窗体布局工具"|"排列"选项卡如图 4-2-20 所示。对比这两个选项卡可以看到，"窗体布局工具"|"排列"选项卡减少了"自动套用格式"组（用来设置窗体样式）、"大小"组和"显示/隐藏"组，其他组也稍有不同。下面简要介绍控件对象的调整方法。

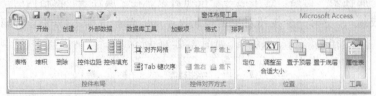

图 4-2-20　"窗体布局工具"|"排列"选项卡

（1）选中对象：要调整对象，首先应选中对象。被选中对象的周围会出现一个矩形棕色框架和 8 个控制柄。选中对象的方法如下：

◎ 选中单个对象：单击要选中的单个对象。

◎ 选中多个对象：按住【Shift】键，单击要选中的相邻或不相邻的对象。

◎ 选中相邻的对象：在设计视图下拖曳出一个矩形，框选要选中的对象即可。

（2）移动对象：将鼠标指针移到要移动的对象上或对象四周矩形框架左上角的控制柄上，鼠标指针会变为ᛣ状，拖曳鼠标，就可以移动选中的对象。

（3）改变对象的大小：选中要改变高度的对象，将鼠标指针移到矩形框下边框的控制柄上时，鼠标指针会变成一个垂直方向的双箭头符号↕，垂直拖动，即可调整对象高度。

选中要改变宽度的对象，将鼠标指针移到矩形框右边框中间的控制柄上时，鼠标指针会变成一个水平方向的双箭头符号↔，水平拖曳，即可调整对象宽度。

选中要改变大小的对象，将鼠标指针移到矩形框右下角的控制柄上时，鼠标指针会变成一个斜向的双箭头符号↖，拖曳鼠标，即可调整对象大小。

（4）删除对象：选中要删除的一个或多个对象，按【Delete】键即可。

2."排列"选项卡工具的使用

（1）对齐对象：选中要对齐的多个对象，单击"控件对齐方式"组内的按钮，即可将选中的对象按照选中的方式对齐，对齐方式有"靠左"、"靠右"、"靠上"和"靠下"。

（2）改变对象的上下位置：选中上下重叠的下方的对象，单击"位置"组内的"置于顶层"按钮，即可将选中的对象移到其上方对象的上方；选中上下重叠的上方的对象，单击"位置"组内的"置于底层"按钮，即可将选中的对象移到其下方对象的下方。

（3）改变对象的相对位置：选中两个或多个对象，如果选中的对象符合要求，则"位置"组内的相应工具按钮会变为有效，单击这些按钮，会使选中的对象上的文字做相应的调整。

（4）"显示/隐藏"组内工具的作用：单击"网格"按钮，使该按钮突出显示，窗体内会显示网格；再次单击"网格"按钮，则窗体内的网格会隐藏。单击"标尺"按钮，使该按钮突出显示，窗体内左侧和上方会显示标尺；再次单击"标尺"按钮，则窗体内的标尺会隐藏。单击"窗体页眉/页脚"按钮，可以使窗体内的页眉和页脚在显示与隐藏之间切换。单击"页面页眉/页脚"按钮，可以使页面内的页眉和页脚在显示与隐藏之间切换。

（5）"控件布局"组内工具的作用：单击"控件边距"按钮，弹出其面板，如图 4-2-21 所示，利用该面板可以调整选中对象内文字与四周边框的间距。单击"控件填充"按钮，弹出其面板，如图 4-2-22 所示，利用该面板可以调整控件对象间距的大小和布局网格线。

单击"表格"按钮，可以创建一个类似于电子表格的布局，字段名称的标签对象在上方，字段内容的文本框对象在其下方。单击"堆积"按钮，可以创建一个类似于表单的布局，字段名称的标签对象在左侧，字段内容的文本框对象在其右侧。单击"删除"按钮，可以删除应用于控件对象的布局。

（6）调整 Tab 键次序：是指在按【Tab】键后，当前对象的变化次序。单击"Tab 键次序"按钮，弹出"Tab 键次序"对话框，如图 4-2-23 所示。默认的 Tab 键次序就是字段在表中的次序。如果要改变这个次序，可以移动字段文本框的位置，再打开"Tab 键次序"对话框，单击"自动排序"按钮，即可重新从上到下、从左到右调整 Tab 键次序。

图 4-2-21　"控件边距"面板　图 4-2-22　"控件填充"面板　　图 4-2-23　"Tab 键次序"对话框

另外，利用控件对象的"属性表"窗格，可以精确调整对象的大小和位置。

3．利用向导添加按钮

下面介绍如何在"学生档案窗体"内创建"查找记录"按钮和"关闭窗体"按钮，如图 4-2-24 所示。

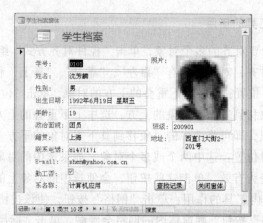

图 4-2-24　在"学生档案窗体"内创建两个按钮

　　单击窗体内的"学号"字段，单击"查找记录"按钮，可以弹出"查找和替换"对话框，如图 4-2-25 所示。单击"替换"标签，切换到"替换"选项卡，如图 4-2-26 所示。利用该对话框可以查找或替换"学号"字段的内容。选中其他字段内容后，单击"查找记录"按钮，也可以弹出"查找和替换"对话框，查找的内容由单击的字段来决定。单击"关闭窗体"按钮，可以保存修改后的数据，并关闭窗体。

图 4-2-25　"查找和替换"（查找）对话框　　图 4-2-26　"查找和替换"（替换）对话框

　　制作该窗体中的两个按钮的步骤如下：

　　（1）打开"教学管理 4.accdb"数据库。双击导航窗格内的"学生档案窗体"名称，打开"学生档案窗体"。右击窗体的标题栏，弹出快捷菜单，单击该菜单内的"设计视图"菜单命令，进入窗体的设计视图。

　　（2）切换到"窗体设计工具" | "设计"选项卡，单击"控件"组内的"使用控件向导"按钮，使其突出显示，再单击"控件"组内的"按钮"按钮 ，在窗体内拖曳出一个按钮，同时弹出"命令按钮向导"对话框。

　　（3）在"命令按钮向导"对话框的"类别"列表框内选择"窗体操作"选项，在"操作"列表框中选择"关闭窗口"选项，如图 4-2-27 所示。

　　（4）单击"下一步"按钮，弹出下一个"命令按钮向导"对话框，选中"文本"单选按钮，在文本框内输入按钮上的标题文字"关闭窗体"，如图 4-2-28 所示。

　　如果要在按钮上显示图片，可选中"图片"单选按钮，在右侧的列表框中选择一种图片。如果不满意系统提供的两个图片，可以单击"浏览"按钮，弹出"选择图片"对话框，选择满意的图片。

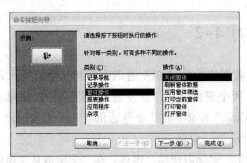
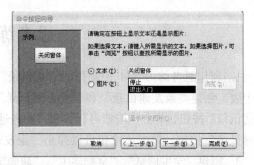

图 4-2-27 "命令按钮向导"对话框之一　　　图 4-2-28 "命令按钮向导"对话框之二

（5）单击"下一步"按钮，弹出下一个"命令按钮向导"对话框，在文本框内输入按钮的名称，如图 4-2-29 所示。单击"完成"按钮，即可创建一个"关闭窗体"按钮。

（6）再次单击"控件"组内的"按钮"按钮 ▭，在窗体内拖曳出一个按钮，同时弹出"命令按钮向导"对话框。在"类别"列表框中选择"记录导航"选项，在"操作"列表框中选择"查找记录"选项，如图 4-2-30 所示。单击"下一步"按钮，弹出下一个"命令按钮向导"对话框。以后的操作与前面的步骤基本相同。

（7）如果要对按钮进行修改，则可以在窗体的设计视图中选中该按钮，切换到"窗体设计工具" |"设计"选项卡，单击"工具"组内的"属性表"按钮，弹出"属性表"窗格，切换到"全部"选项卡，然后对要修改的项目进行修改。例如，可以在按钮的"属性表"窗格内设置"标题"属性，改变按钮上显示的文本。

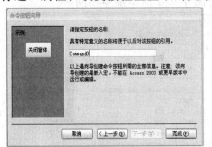

图 4-2-29 "命令按钮向导"对话框之三　　　图 4-2-30 "命令按钮向导"对话框之四

再如，要更换按钮上的图片，可单击"图片"属性行，其右侧会出现一个 ▭ 按钮，单击此按钮，弹出"图片生成器"对话框，如图 4-2-31 所示。利用该对话框可以选择合适的图片，然后单击"确定"按钮，就可以完成对按钮图片的更换。

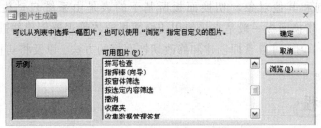

图 4-2-31 "图片生成器"对话框

使用"命令按钮向导"可以创建 30 多种不同类型的命令按钮。在使用"命令按钮向导"时，Access 2007 将自动为用户创建按钮及事件程序。

思考练习 4-2

1. 利用思考练习 1-1 中制作的"通讯录"数据库中的"亲友通讯录"和"业务通讯录"两个表，创建"亲友通讯录"和"业务通讯录"两个窗体，在"亲友通讯录"窗体内创建"业务通讯录"按钮，单击该按钮可以弹出"业务通讯录"窗体；在"业务通讯录"窗体内创建"亲友通讯录"按钮，单击该按钮可以弹出"亲友通讯录"窗体。

2. 创建"学生信息"、"全勤学生"、"缺勤学生"、"学习成绩"窗体，在"学生信息"窗体内创建"全勤学生"、"缺勤学生"、"学习成绩"3 个按钮，单击这 3 个按钮，可以弹出相应的窗体。

4.3 【案例 12】创建"学生信息查询"切换面板窗体

案例描述

本案例在"教学管理 4.accdb"数据库内创建一个名称为"学生信息查询"的切换面板窗体，双击"教学管理 4.accdb"数据库文件图标或者在 Access 2007 工作环境下打开"教学管理 4.accdb"数据库文件，均可以自动弹出"学生信息查询"切换面板窗体，如图 4-3-1 所示。单击该面板内的"打开学生档案"按钮，即可打开"学生档案窗体"，如图 4-3-2 所示；单击该面板内的"打开学生成绩"按钮，即可打开"学生成绩窗体"，它与图 4-2-2 所示基本相同。

图 4-3-1　"学生信息查询"切换面板窗体　　　　图 4-3-2　学生档案窗体

切换面板窗体是一种其内有按钮的特殊窗体，通过单击其内的按钮，可以弹出数据库内的窗体、报表、查询和其他对象。切换面板所基于的表是由系统自动生成的，表的名字为 Switchborad Items。切换面板一般是直接使用切换面板窗体管理器创建并进行管理。

通过本案例的学习，可以掌握创建和修改切换面板的方法，以及将切换面板设置为数据库启动窗体的方式等。

设计过程

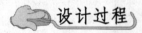

1. 创建切换面板窗体

（1）在 Access 2007 工作环境下打开"教学管理 4.accdb"数据库文件，创建"学生档案窗体"和"学生成绩窗体"两个窗体。

（2）切换到"数据库工具"选项卡，单击"数据库工具"组内的"切换面板管理器"按钮，如果还没有创建过切换面板窗体，则会弹出"切换面板管理器"提示对话框，询问是否新建切换面板，如图 4-3-3 所示。

图 4-3-3　"切换面板管理器"提示对话框

（3）单击"切换面板管理器"对话框内的"是"按钮，弹出"切换面板管理器"对话框，如图 4-3-4 所示。单击"新建"按钮，弹出"新建"对话框，在"切换面板页名"文本框中输入切换面板的名称"学生信息查询"，如图 4-3-5 所示。然后单击"确定"按钮，就可以在导航窗格内添加一个名称为"切换面板"的窗体（即名称为"学生信息查询"的空切换面板）和一个名称为 Switchborad Items 的表。

图 4-3-4　"切换面板管理器"对话框

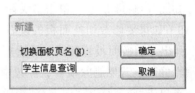

图 4-3-5　"新建"对话框

（4）选中"切换面板管理器"对话框内的"学生信息查询"切换面板名称，再单击"创建默认"按钮，将该切换面板设置为默认切换面板。

（5）单击"编辑"按钮，弹出"编辑切换面板页"对话框，如图 4-3-6 所示。再单击"新建"按钮，弹出"编辑切换面板项目"对话框，如图 4-3-7 所示。

图 4-3-6　"编辑切换面板页"对话框之一

图 4-3-7　"编辑切换面板项目"对话框之一

（6）在"文本"文本框中输入第一个切换面板项目的标题，即切换面板窗体内第一个按钮的标题文字，此处输入"打开学生档案"；在"命令"下拉列表框中选择"在'编辑'模式下打开窗体"选项，在"窗体"下拉列表框中选择"学生档案窗体"，如图 4-3-8 所示。

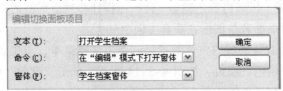

图 4-3-8　"编辑切换面板项目"对话框之二

（7）单击"确定"按钮，则在"编辑切换面板页"对话框内的"切换面板上的项目"列表框中添加了一个名为"打开学生档案"的新项目。

（8）再单击"新建"按钮，弹出"编辑切换面板项目"对话框，按照图4-3-9所示进行设置。单击"确定"按钮，关闭"编辑切换面板项目"对话框，返回到"编辑切换面板页"对话框，如图4-3-10所示。可以看到已经添加了两个项目。

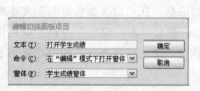

图4-3-9　"编辑切换面板项目"对话框之三　　　图4-3-10　"编辑切换面板页"对话框之二

（9）单击"关闭"按钮，关闭"编辑切换面板页"对话框，返回到"切换面板管理器"对话框，如图4-3-11所示。单击"关闭"按钮，关闭"切换面板管理器"对话框。

（10）如果要修改切换面板的设置，可以单击"数据库工具"组内的"切换面板管理器"按钮，弹出"切换面板管理器"对话框，单击"编辑"按钮，打开"编辑切换面板页"对话框，进行编辑修改。若要删除项目，可选中该项目，再单击"删除"按钮；若要移动项目，可选中该项目，再单击"向上移"或"向下移"按钮。

2．编辑切换面板窗体

（1）双击导航窗格内的"切换面板"窗体，弹出"学生信息查询"窗体，如图4-3-12所示。

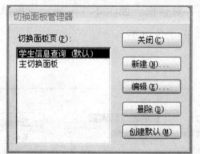
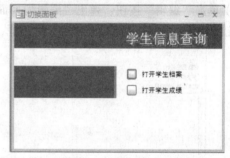

图4-3-11　"切换面板管理器"对话框　　　图4-3-12　"学生信息查询"窗体

（2）切换到"开始"选项卡，单击"视图"组内的"视图"下拉按钮，弹出其菜单，单击该菜单内的"设计视图"菜单命令，将视图切换到设计视图，如图4-3-13所示。将鼠标指针移到"主体"栏的上边线处，垂直向下拖曳，使窗体页眉区域变大。

（3）选中"窗体页眉"区域内蓝色矩形，将鼠标指针移到矩形框的下边线中间的控制柄处，垂直向下拖曳，使蓝色矩形背景图形在垂直方向上变大。

（4）右击"窗体页眉"区域的白色背景处，弹出快捷菜单，单击该菜单内的"填充/背景色"菜单命令，弹出"颜色"面板，如图4-3-14所示。单击"颜色"面板内的灰色色块，设置"窗体页眉"区域的背景色为灰色。

（5）按照上述方法，继续将"主体"区域和"窗体页脚"区域的背景色设置为相同的灰色。

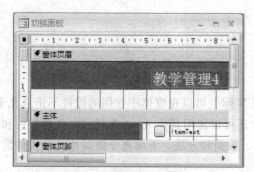

图 4-3-13 切换面板窗体的设计视图

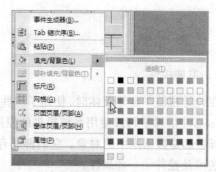

图 4-3-14 窗体的快捷菜单和"颜色"面板

（6）切换到"窗体设计工具"｜"设计"选项卡，单击"控件"组内的"图像"按钮，再在"窗体页眉"区域的左侧拖曳出一个矩形，同时弹出"插入图片"对话框，如图 4-3-15 所示。选中"风景图像.bmp"图像文件，单击"确定"按钮，即可插入选中的图像。

（7）调整插入图像的大小和位置，再调整"主体"区域内蓝色矩形的大小和位置，删除其内的黑色正方形，最后的效果如图 4-3-16 所示。

（8）单击 Office 按钮，弹出其菜单，单击该菜单内的"Access 选项"按钮，弹出"Access 选项"对话框，切换到"当前数据库"选项卡，选中"文档窗口选项"选项组内的"重叠窗口"单选按钮，在"显示窗体"下拉列表框内选择"切换面板"选项，如图 4-3-17 所示。这样即可保证在双击"教学管理 4.accdb"数据库文件图标或者在打开"教学管理 4.accdb"数据库文件时，均可以自动弹出"学生信息查询"切换面板窗体，如图 4-3-1 所示。

图 4-3-15 "插入图片"对话框

图 4-3-16 在切换面板内插入图像

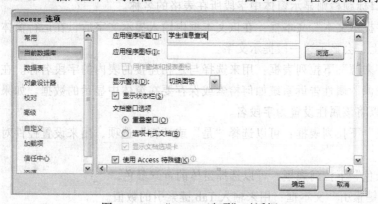

图 4-3-17 "Access 选项"对话框

相关知识

1. 窗体控件

在设计视图中创建窗体时，使用了一些控件，实际上可以在窗体中使用的控件不止这几个。在 Access 中，除了可以使用系统提供的控件外，还可以使用其他 ActiveX 控件。各种控件和窗体一样，都是数据库中的对象，它们都具有属性、数据和方法。下面将介绍其他几种控件的使用方法以及控件的一些属性。

在窗体内可以添加绑定控件、未绑定控件和计算型控件 3 种控件，具体如下：

（1）绑定控件：在窗体内提供表中字段内容的文本框控件就是绑定控件，这种控件和表中的字段相连接，也称绑定，可以为文本框控件对象提供相应的字段内容。当通过窗体内的控制器改变记录指针时，该控件的内容会随之改变。前面创建的大量窗体，例如图 4-3-2 所示的"学生档案窗体"，其内的字段控件对象都属于此类控件。

（2）未绑定控件：这种控件对象与表和查询无关。未绑定控件包括线、矩形、按钮、标签等。移动窗体上的记录指针时，非绑定控件的内容并不会随之改变，例如，前面介绍的大量窗体内的字段标题标签就属于这种类型的控件。

（3）计算型控件：这种控件根据窗体上的一个或多个字段中的数据，使用表达式计算其值。表达式总是以等号开始，并使用最基本的运算符。

"控件来源"属性会有一个计算表达式的控件。单击"属性表"窗格内的"控件来源"下拉列表框右边的 按钮，会弹出"表达式生成器"对话框，利用该对话框可以创建一个表达式。计算控件中显示的值不能被直接改变。

还可以单击"控件向导"按钮，再向窗体设计视图添加控件，这样，可以利用 Access 2007 提供的控件设计向导，一步一步根据提示完成操作。

2. 控件属性

每个控件都有自己的属性，下面介绍控件的几种通用属性。

（1）"标题"文本框：所有的窗体和控件都有一个"标题"属性，它定义了标识控件的文字内容。当作为一个窗体的属性时，"标题"属性定义了窗口标题栏中的内容。如果"标题"属性为空，窗口标题栏则显示窗体中字段所在表格的名称。

（2）"控件提示文本"文本框：在该文本框内输入提示文字后，在运行窗体时，将鼠标指针移到该对象上，会显示这一段提示文字。

（3）"控件来源"下拉列表框：用来选择与之相连接的表内的字段名称。在一个独立的控件中，"控件来源"属性告诉系统如何检索或保存要在窗体中显示的数据。如果一个控件要更新数据，则可以将该属性设置为字段名。

（4）"可见"下拉列表框：可以选择"是"或"否"选项，用来设置控件对象的显示或隐藏状态。

（5）"背景色"下拉列表框：可以选择窗体的背景颜色。

（6）"Tab 键索引"文本框：用来输入 Tab 键索引的数值。

（7）"是否锁定"下拉列表框：可以选择"是"或"否"选项，用来设置控件中的数据是否能够被改变。如果设置为"是",则该控件中的数据被锁定且不能被改变。如果一个控件处于锁定状态,则在窗体中呈灰色显示。

(8)"默认值"文本框:该属性可以指定在添加新记录时自动输入的值。例如,如果大部分学生的籍贯都是北京,则可以为"学生档案"表的"籍贯"字段设置一个默认值"北京"。添加新记录时可以接受该默认值,也可以输入新值。单击"默认值"文本框右侧的 ⋯ 按钮,会弹出"表达式生成器"对话框。

大多数情况下,可能希望在表的设计视图中添加字段的默认值,因为默认值将应用于基于该字段的控件。但是,如果控件是未绑定的,或者控件基于的是链接(外部)表中的数据,则需要在窗体或数据访问页中设置控件的默认值。

3．窗体中数据的操作

创建窗体后,可以对窗体内的数据进行进一步的操作。例如,修改、添加、删除数据,以及进行数据的查找、替换、排序和筛选等。进行窗体中数据的部分操作需要使用"开始"选项卡中的工具,"开始"选项卡如图 4-3-18 所示。

图 4-3-18　"开始"选项卡

窗体中数据的操作简介如下:

(1)查看数据:窗体底部有一个记录控制器,如图 4-3-19 所示。单击控制器内的 ▶ 按钮,可以浏览下一条记录的内容;单击 ◀ 按钮,可以浏览上一条记录内容;单击 ◀ 按钮,可以浏览第一条记录的内容;单击 ▶ 按钮,可以浏览最后一条记录的内容;单击"新建"按钮 ▶,可以新增一条空记录。记录控制器中还显示当前记录的编号和总记录数,在"搜索"文本框内输入要查询的数据,按【Enter】键后即可切换到相应的记录。

记录: ◀ ◀ 第 3 项(共 10 项 ▶ ▶ ▶ ◀ 无筛选器 搜索

图 4-3-19　记录控制器

在一些子窗体内没有记录控制器,拖曳子窗体右边的滚动条滑块,可以浏览记录;按【Page Down】键和【Page Up】键,也可以上下浏览记录。

(2)查找和替换数据:选中窗体内要查找的字段,再单击"开始"选项卡"窗口"组中的"查找"按钮,会弹出图 4-2-25 所示的"查找和替换"(查找)对话框,单击"查找"和"替换"标签,可以在"查找"和"替换"选项卡之间切换。利用"查找和替换"对话框可以方便地查找和替换选中字段内的数据。

(3)排序:选中要排序的字段,单击"开始"选项卡"排序和筛选"组中的"升序"按钮 或"降序"按钮 ,即可将记录按照选定字段进行升序或降序排序。

(4)添加新记录:单击"开始"选项卡"记录"组中的"新建"按钮,或者单击记录控制器内的"新建"按钮 ,都可以新建一个空白记录,其序号是原最大序号加 1。如果窗体设置为不可添加记录,则不能够添加新记录。

（5）删除记录：在记录控制器内选中要删除的记录，在"开始"选项卡"记录"组中单击"删除"按钮或按【Delete】键，即可删除选中的记录。

（6）修改记录：单击需要修改的字段文本框，即可修改该字段内容。如果某字段在设计时被设置为不可以获得焦点，则不能够修改该字段的内容。计算型控件也不能修改。

修改窗体内的数据后，与窗体相关联的表或查询内的数据也会随之改变。排序不会改变表或查询内记录的顺序。

（7）选择筛选记录：选中窗体内用于筛选的字段，单击"开始"选项卡"排序和筛选"组中的"选择"按钮，弹出其菜单，利用该菜单中的菜单命令可以按照指定的条件进行筛选。右击用于筛选的字段，弹出快捷菜单，利用该菜单中的菜单命令也可以按照指定的条件进行筛选。

（8）用筛选器筛选记录：选中窗体内用于筛选的字段，单击"开始"选项卡"排序和筛选"组中的"筛选器"按钮，弹出筛选器，如图 4-3-20 所示。利用筛选器也可以筛选记录。

图 4-3-20　筛选器

（9）高级筛选记录：像利用设计视图创建查询一样，利用设计视图进行筛选，称高级筛选。单击"开始"选项卡"排序和筛选"组中的"高级"按钮，弹出其菜单，单击该菜单内的"高级筛选/排序"菜单命令，即可进入筛选和排序的设计视图，以后的操作与利用设计视图创建查询的方法基本相同。

（10）按窗体筛选记录：通过在空白字段文本列表框内输入或选择数据的筛选叫做按窗体筛选。单击"开始"选项卡"排序和筛选"组中的"高级"按钮，弹出其菜单，单击该菜单内的"按窗体筛选"菜单命令，即可进入按窗体筛选状态。

此时窗体内各字段文本框变为文本列表框，单击字段文本框，其右侧会显示一个下拉按钮，单击该按钮会弹出下拉列表，其内含有该字段已有的数据，可选择其中一个选项，还可以进行其他字段数据的选择，如图 4-3-21 所示。然后，单击"开始"选项卡"排序和筛选"组中的"高级"按钮，弹出其菜单，单击该菜单内的"应用筛选/排序"菜单命令，即可按照设置的条件筛选出符合要求的记录，如图 4-3-22 所示。

图 4-3-21　按窗体筛选状态

图 4-3-22　筛选结果

思考练习 4-3

1. 打开思考练习 1-1 中创建的"通讯录"数据库，其内有"亲友通讯录"和"业务通讯录"两个表。针对"亲友通讯录"表创建一个"亲友通讯录"窗体，针对"业务通讯录"表创建一个"业务通讯录"窗体。然后，创建一个"通讯录"切换面板窗体，其内有"亲友通讯录"和"业务通讯录"两个按钮，单击"亲友通讯录"按钮，可以弹出"亲友通讯录"窗体；单击"业务通讯录"按钮，可以弹出"业务通讯录"窗体。

2. 打开"通讯录"切换面板窗体，修改该窗体的属性，添加一个"关闭窗体"按钮，单击该按钮可以关闭窗体。另外，还可以在双击"通讯录.accdb"数据库文件图标或者打开"通讯录.accdb"数据库文件时，自动弹出"通讯录"切换面板窗体。

4.4 【案例 13】创建"学生信息维护"窗体

案例描述

本案例在"教学管理 4.accdb"数据库内创建一个名称为"学生信息维护"的窗体，该窗体是在上一个案例的基础上，删除一些控件对象，添加一些新控件，添加一个子窗体，使得整个窗体更完善，效果如图 4-4-1 所示。

单击主窗体内的记录控制器按钮时，不但主窗体内的记录改变，其内子窗体显示的记录也随之变化。单击第一排的"查找记录"、"保存记录"、"删除记录"、"添加新记录"和"关闭窗体"按钮，可以进行相应的操作。单击第二排的按钮，可以打开不同的窗体。

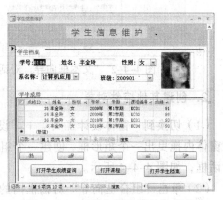

图 4-4-1 "学生信息维护"窗体

通过本案例的学习，可以进一步掌握添加选项组、组合框、线、矩形等窗体控件的方法，掌握添加子窗体的方法等。

设计过程

1. 在窗体内创建文本框

（1）在 Access 2007 工作环境下打开"教学管理 4.accdb"数据库文件，切换到"创建"选项卡，单击"窗体"组内的"窗体设计"按钮，进入窗体设计状态。

（2）将"字段列表"窗格内"学生档案"表中的"学号"、"姓名"、"性别"、"系名称"、"班级"和"照片"字段都拖曳到窗体内，然后删除添加到窗体内的控件对象，只保留"照片"字段对象。

（3）切换到"窗体设计工具"|"设计"选项卡，单击"使用控件向导"按钮，使其突出显示，单击"控件"组内的"文本框"按钮，在窗体内拖曳出一个矩形框，创建一个文本框，同时自动创建一个标签，并弹出"文本框向导"对话框，如图 4-4-2 所示。

（4）在"字体"下拉列表框内选择"宋体"选项，在"字号"下拉列表框内选择 12，单击"加粗"按钮[B]。单击"下一步"按钮，弹出下一个"文本框向导"对话框，保持默认设置。单击"下一步"按钮，弹出下一个"文本框向导"对话框，在"请输入文本框的名称"文本框内输入"Text1"。单击"完成"按钮，关闭"文本框向导"对话框，完成文本框的设置。

（5）将自动生成的标签标题文字改为"学号"，调整文本框和标签的大小及位置。

（6）选中文本框，在"属性表"窗格内单击"数据"标签，切换到"数据"选项卡，单击"控件来源"属性行，再单击 ∨ 按钮，弹出下拉列表，选择其内的"学号"选项，如图 4-4-3 所示。

（7）按照上述方法，创建"姓名"文本框和标签。选中"姓名"文本框，在"属性表"窗格的"数据"选项卡中，设置"控件来源"属性为"姓名"。

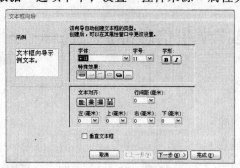

图 4-4-2 "文本框向导"对话框

图 4-4-3 "属性表"窗格

2．创建其他控件对象

（1）切换到"窗体设计工具" | "设计"选项卡，单击"控件"组内的"组合框"按钮，在窗体内拖曳出一个矩形框，创建一个组合框，同时自动创建一个标签，并弹出"组合框向导"对话框，如图 4-4-4 所示。

（2）单击"组合框向导"对话框内的"取消"按钮，关闭"组合框向导"对话框。将自动创建的标签的标题文字改为"性别"。调整组合框和标签的大小和位置。

（3）选中组合框，在"属性表"窗格内单击"数据"标签，切换到"数据"选项卡，单击"控件来源"属性行，再单击右边的按钮，弹出下拉列表，选择其中的"性别"选项；在"行来源"文本框内输入"SELECT 学生档案.性别 FROM 学生档案;"语句，在"行来源类型"下拉列表框内选择"表/查询"选项，如图 4-4-5 所示。

"控件来源"属性决定了文本框是绑定文本框、未绑定文本框还是计算文本框。如果"控件来源"属性值是表中字段的名称，则说明文本框绑定到该字段；如果"控件来源"属性值为空白，则文本框是未绑定文本框；如果"控件来源"属性值是表达式，则文本框是计算文本框。

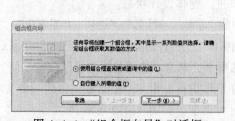

图 4-4-4 "组合框向导"对话框

图 4-4-5 "属性表"窗格

（4）按照上述方法，添加分别与"系名称"和"班级"字段绑定的两个组合框。

（5）按住【Shift】键，选中所有控件对象，切换到"窗体设计工具"｜"排列"选项卡，单击"控件对齐方式"组内的"靠上"按钮，使选中的控件对象上对齐。然后设置文字大小为12 磅，颜色为黑色，加粗。

（6）切换到"窗体设计工具"｜"设计"选项卡，单击"控件"组内的"选项组"按钮，在窗体内拖曳出一个矩形框，将所有控件对象框起来，同时自动创建一个标签，将标签对象的标题改为绿色、12 磅、加粗的文字"学生档案"，如图 4-4-6 所示。

图 4-4-6　添加的控件对象

（7）选中选项组的矩形框，在其"属性表"窗格"格式"选项卡的"特殊效果"下拉列表框内选择"凹陷"选项，在"边框宽度"下拉列表框内选择"2 磅"选项。

（8）单击"控件"组内的"矩形"按钮□，在选项组矩形框下边依次拖曳出两个矩形框，再在"属性表"窗格内设置"特殊效果"为"凹陷"。

（9）单击"控件"组内的"标题"按钮，使窗体内显示页眉，在页眉区域内添加标题标签。更改标题文字为"学生信息维护"，设置文字颜色为红色，背景色为黄色。右击页眉区域，弹出快捷菜单，单击该菜单内的"填充/背景色"菜单命令，弹出"颜色"面板，利用该面板设置页眉的背景色为浅蓝色。

3.　创建子窗体

（1）单击"控件"组内的"子窗体/子报表"按钮，在窗体的第一个矩形内拖曳出一个矩形框，同时弹出"子窗体向导"对话框，选中第二个单选按钮，如图 4-4-7 所示。

（2）单击"下一步"按钮，弹出下一个"子窗体向导"对话框，如图 4-4-8 所示。单击"取消"按钮，关闭该对话框，创建一个子窗体。

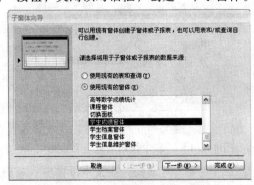

图 4-4-7　"子窗体向导"对话框

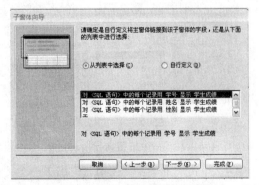

图 4-4-8　"子窗体向导"对话框

（3）在"属性表"窗格内，单击"源对象"属性行右侧的按钮，弹出下拉列表，选择其中的"表.学生成绩"选项，使创建的子窗体内显示"学生成绩"表。再单击"链接主字段"属性行右侧的按钮，弹出"子窗体字段链接器"对话框，设置"主字段"和"子字段"的链接字段为"学号"，如图 4-4-9 所示。

（4）单击"子窗体字段连接器"对话框内的"确定"按钮，关闭该对话框，建立主窗体与子窗体的链接。同时，"链接主字段"和"链接子字段"文本框内均填入"学号"，如图 4-4-10 所示。

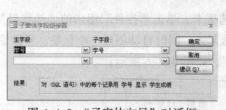

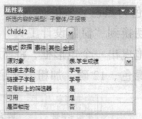

图 4-4-9　"子窗体向导"对话框　　　　　　图 4-4-10　"属性表"窗格

（5）更改子窗体标签文字为绿色、12 磅、加粗和宋体"学生成绩"，如图 4-4-11 所示。

图 4-4-11　添加的子窗体

4．创建按钮和按钮事件

（1）切换到"窗体设计工具" | "设计"选项卡，单击"控件"组内的"使用控件向导"按钮，使其突出显示，再单击"控件"组内的"按钮"按钮 ▨▨▨▨ ，在窗体内拖曳出一个按钮，同时弹出"命令按钮向导"对话框。

（2）在"命令按钮向导"对话框的"类别"列表框内，选择"记录导航"选项，在"操作"列表框中选择"查找记录"选项，如图 4-4-12 所示。

（3）单击"下一步"按钮，弹出下一个"命令按钮向导"对话框，保持选中"图片"单选按钮，如图 4-4-13 所示，使用系统提供的图片作为按钮上的图片。

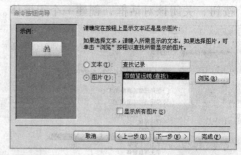

图 4-4-12　"命令按钮向导"对话框之一　　　　图 4-4-13　"命令按钮向导"对话框之二

（4）单击"下一步"按钮，弹出下一个"命令按钮向导"对话框，在文本框内输入按钮的名称"Command1"。单击"完成"按钮，即可创建一个"查找记录"按钮。

（5）单击"控件"组内的"按钮"按钮 ▨▨▨▨ ，在窗体内拖曳出一个按钮，同时弹出"命令按钮向导"对话框。在"类别"列表框中选择"记录操作"选项，在"操作"列表框中选择"保存记录"选项，如图 4-4-14 所示。单击"下一步"按钮，弹出下一个"命令按钮向导"对话框。以后的操作与前面的操作基本相同。

（6）创建"删除记录"和"添加新记录"按钮，对于不同的按钮，在弹出"命令按钮向导"对话框时选择不同选项。

（7）创建"关闭窗体"按钮，在弹出"命令按钮向导"对话框后，在"类别"列表框内选择"窗体操作"选项，在"操作"列表框内选择"关闭窗体"选项，如图 4-4-15 所示。

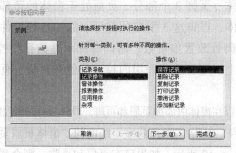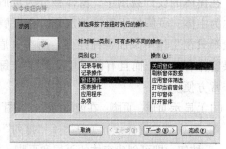

图 4-4-14　"命令按钮向导"对话框之三　　　图 4-4-15　"命令按钮向导"对话框之四

（8）单击"控件"组内的"按钮"按钮 xxxx ，在窗体内拖曳出一个按钮，同时弹出"命令按钮向导"对话框。在"类别"列表框内选择"窗体操作"选项，在"操作"列表框内选择"打开窗体"选项。

（9）单击"下一步"按钮，弹出下一个"命令按钮向导"对话框，在其列表框内选择"学生成绩查询 2"选项，单击两次"下一步"按钮，弹出"命令按钮向导"对话框，在该对话框内的文本框中输入"打开学生成绩查询"，单击"完成"按钮，完成"打开学生成绩查询"按钮的制作。

（10）按照上述方法，制作"打开课程"和"打开学生档案"按钮。

5. 为窗体添加背景色

可以给窗体背景添加一种颜色。首先右击窗体的标题栏，弹出快捷菜单，单击该菜单内的"设计视图"菜单命令，将窗体切换到设计视图。然后，可以采用如下操作之一：

◎ 右击窗体空白处，弹出快捷菜单，单击该菜单内的"填充/背景色"菜单命令，弹出"颜色"面板，如图 4-3-14 所示。单击"颜色"面板内的灰色色块，设置页眉区域的背景色为灰色。

◎ 切换到"窗体设计工具"｜"设计"选项卡，单击"工具"组中的"属性表"按钮，弹出"属性表"窗格，切换到"全部"选项卡，如图 4-4-16 所示。单击"背景色"属性行右侧的 ✓ 按钮，弹出下拉列表，如图 4-4-17 所示，选择其中的一个选项，即可设置一种背景颜色；或者单击"背景色"属性行右侧的 … 按钮，弹出"颜色"面板，如图 4-4-18 所示，单击其中的一个色块，即可设置一种背景颜色。

图 4-4-16　"属性表"窗格　　　图 4-4-17　下拉列表　　　图 4-4-18　"颜色"面板

相关知识

1. 创建和调整页眉与页脚

在窗体的设计视图中，窗体被分为页眉、主体、页脚 3 个部分。页眉处于窗体的顶部，中间称为主体，页脚处于窗体的底部。在页眉、主体、页脚这 3 个部分都可以添加各种控件，但一般都只在主体中添加各种控件，而在页眉和页脚处放置如页数、时间等提示性的标签控件。如果窗体有几页，而且有的功能必须加在每一页上，则将这些公用的控件放置在页眉、页脚中会非常方便。

（1）显示页眉、页脚：在窗体的设计视图下，可以在窗体内添加页眉和页脚。具体操作方法如下：

◎ 切换到"窗体设计工具" | "排列"选项卡，单击"显示/隐藏"组内的"窗体页眉页脚"按钮，即可创建窗体的页眉和页脚，如图 4-4-19 所示。如果已有页眉和页脚，则会弹出一个提示对话框，提示如果添加页眉和页脚，会将原页眉和页脚内的对象删除，如图 4-4-20 所示。单击"是"按钮，即可删除原页眉和页脚内的对象，新建空页眉和页脚。

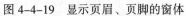

图 4-4-19　显示页眉、页脚的窗体　　　　　图 4-4-20　提示对话框

◎ 切换到"窗体设计工具" | "排列"选项卡，单击"显示/隐藏"组内的"页面页眉页脚"按钮，即可创建页面的页眉和页脚。

◎ 切换到"窗体设计工具" | "设计"选项卡，单击"控件"组内的"标题"或"徽标"按钮，即可添加窗体的页眉和页脚，同时在页眉内添加"标题"或"徽标"。

◎ 切换到"窗体设计工具" | "设计"选项卡，单击"控件"组内的"日期和时间"按钮，会弹出"日期和时间"对话框，进行设置后，单击"确定"按钮，即可添加窗体的页眉和页脚，同时在页眉内添加日期和时间。

◎ 切换到"窗体设计工具" | "设计"选项卡，单击"控件"组内的"页码"按钮，会弹出"页码"对话框，进行设置后，单击"确定"按钮，即可添加页面的页眉和页脚，同时在页眉内添加页码。

（2）改变页眉的高度：将鼠标指针移动到页眉和主体分界处，当鼠标指针变成垂直的双箭头符号╪时，垂直拖动鼠标，当达到满意高度时释放鼠标。

2. 添加选项卡控件对象

在窗体内添加选项卡的操作步骤如下：

（1）创建选项卡控件对象：切换到"窗体设计工具" | "设计"选项卡。单击"控件"组的"选项卡控件"按钮，在窗体内拖曳，即可创建选项卡，创建两个选项卡，标签名称分别为"页 1"和"页 2"，如图 4-4-21 所示。

（2）修改选项卡标签标题：单击"页 1"选项卡的标签，弹出"属性表"窗格，切换到"全部"选项卡，在"标题"文本框内输入选项卡标签标题文字（如"学生成绩"）。再将"页 2"标签标题改为"学生档案"，如图 4-4-22 所示。

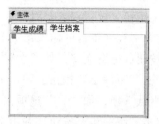

图 4-4-21　创建选项卡　　　　　　　图 4-4-22　更改标签标题

（3）增加选项卡：单击"控件"组中的"选项卡控件"按钮，即可添加一个选项卡。

另外，右击选项卡的标签，弹出快捷菜单，单击该菜单内的"复制"菜单命令，将选项卡复制到剪贴板内，再右击窗体，弹出快捷菜单，单击该菜单内的"粘贴"菜单命令，即可将剪贴板内的选项卡粘贴到窗体内。

（4）删除选项卡：右击选项卡的标签，弹出快捷菜单，单击该菜单内的"删除"菜单命令，即可删除该选项卡。

（5）单击不同的标签，可以切换到相应的选项卡。弹出"字段列表"窗格，像在窗体内创建控件对象那样，可以在选项卡内创建各种控件对象。图 4-4-23 所示就是设计好的一个"选项卡窗体"的两个选项卡内容。

图 4-4-23　"选项卡窗体"的两个选项卡内容

3．添加其他控件对象

（1）创建"列表框"控件对象：切换到"窗体设计工具"｜"设计"选项卡，单击"控件"组中的"列表框控件"按钮 ，在窗体内拖曳，即可创建一个列表框和一个标签控件对象，同时弹出"列表框向导"对话框。它与图 4-4-4 所示的"组合框向导"对话框基本相同，以后的操作方法与创建组合框的方法基本相同。

（2）创建"直线"控件对象：单击"控件"组中的"直线"按钮 ，在窗体内单击，即可创建一条直线。拖曳直线两端的控制柄，可以调整直线的长度；拖曳直线中间的控制柄，可以调整直线成为矩形。利用"属性表"窗格内的"边框颜色"属性行，可以调整直线的颜色；可以在"边框宽度"下拉列表框内选择直线的粗细。

（3）创建"选项组"和"单选按钮"控件对象。具体操作步骤如下：

① 单击"控件"组中的"选项组"按钮，在窗体内拖曳，即可创建一个选项组矩形框，同时弹出"选项组向导"对话框，如图 4-4-24 所示。一个选项组可以包含一组单选按钮、复选框或切换按钮，设置包含一组复选框的方法与包含一组单选按钮的方法基本相同。

② 在第一行文本框内输入第一个单选按钮的标题文字，如"男"；按【↓】键，再输入第二个单选按钮的标题文字，如"女"。此时，"下一步"按钮变为有效。

③ 单击"下一步"按钮，弹出下一个"选项组向导"对话框，在该对话框内的下拉列表框内选择默认选项，如"男"选项，如图 4-4-25 所示。

④ 单击"下一步"按钮，弹出下一个"选项组向导"对话框，在该对话框内可以设置选中不同单选按钮所获得的数值，如图 4-4-26 所示。

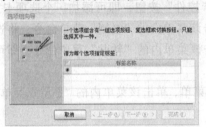
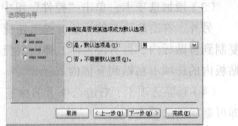

图 4-4-24 "选项组向导"对话框之一　　　图 4-4-25 "选项组向导"对话框之二

⑤ 单击"下一步"按钮，弹出下一个"选项组向导"对话框，在该对话框内的下拉列表框中选择绑定的字段（如"性别"字段），如图 4-4-27 所示。

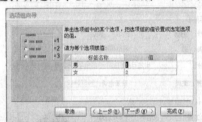
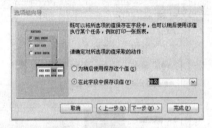

图 4-4-26 "选项组向导"对话框之三　　　图 4-4-27 "选项组向导"对话框之四

⑥ 单击"下一步"按钮，弹出下一个"选项组向导"对话框，在该对话框内选择控件类型和样式，如图 4-4-28 所示。

⑦ 单击"下一步"按钮，弹出下一个"选项组向导"对话框，在该对话框内的文本框中输入该控件对象的名称，如图 4-4-29 所示。单击"完成"按钮，即可完成一个选项组控件对象和两个单选按钮控件对象的添加和设置。

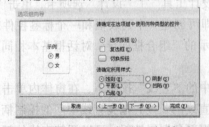

图 4-4-28 "选项组向导"对话框之五　　　图 4-4-29 "选项组向导"对话框之六

⑧ 如果还要添加单选按钮，可以单击"控件"组中的"单选按钮"按钮，在窗体内的

选项组中拖曳，即可创建第三个单选按钮。

（4）创建"插入图表"控件对象。具体操作步骤如下：

① 单击"控件"组中的"插入图表"按钮 ，在窗体内的选项组中拖曳，即可创建一个"插入图表"控件对象，同时弹出"图表向导"对话框，在列表框内选中要绑定的表，如"表：学生成绩"选项，如图 4-4-30 所示。

② 单击"下一步"按钮，弹出下一个"图表向导"对话框，在该对话框内选择建立图表需要的字段，此处选择"姓名"和"成绩"字段，如图 4-4-31 所示。

图 4-4-30 "图表向导"对话框之一

图 4-4-31 "图表向导"对话框之二

③ 单击"下一步"按钮，弹出下一个"图表向导"对话框，在该对话框内选择图表样式，此处选中第一行第一列的图表样式，如图 4-4-32 所示。

④ 单击"下一步"按钮。弹出下一个"图表向导"对话框，其中给出了预览图表，如图 4-4-33 所示。

图 4-4-32 "图表向导"对话框之三

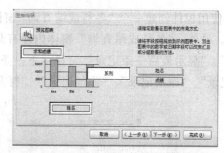

图 4-4-33 "图表向导"对话框之四

⑤ 单击"下一步"按钮，弹出下一个"图表向导"对话框，在该对话框内选择绑定字段，如图 4-4-34 所示。

⑥ 单击"下一步"按钮，弹出下一个"图表向导"对话框，在该对话框内的文本框中输入图表的标题文字，以及确定是否显示图例，如图 4-4-35 所示。

图 4-4-34 "图表向导"对话框之五

图 4-4-35 "图表向导"对话框之六

⑦ 单击"完成"按钮，即可完成创建图表控件对象的任务。

（5）创建"ActiveX 控件"对象：Activex 控件属于外部控件，它是由系统或第三方提供的，这些控件通常都是针对某一具体问题提供的，例如，可提供 Windows 通用对话框的 CommnoDialog 控件等。创建 Activex 控件对象的具体操作步骤如下：

① 单击"控件"组中的"Activex 控件"按钮 ⚙，弹出"输入 Activex 控件"对话框，在列表框内选择一个外部控件，如"日历控件 12.0"，如图 4-4-36 所示。

② 单击"确定"按钮，即可在窗体内创建一个"日历"控件对象，如图 4-4-37 所示。

图 4-4-36 "插入 Activex 控件"对话框

图 4-4-37 "日历"控件对象

思考练习 4-4

1. 使用控件创建一个"各科成绩查询"窗体，用来显示"学生各科成绩"表（见图 4-4-38）的内容。另外，"各科成绩查询"窗体内还有几个按钮，单击这些按钮，可以完成"显示第一条记录"、"显示最后一条记录"、"显示下一条条记录"、"显示上一条条记录"、"保存记录"、"删除记录"、"撤销记录"、"添加记录"、"打开学生档案"等操作。

成绩ID	学号	姓名	性别	高等数学	外语	计算机基础	图像处理	计算机硬件	中文	网站设计
1	0101	沈芳麟	男	100	80	95	96	77	61	78
2	0102	王英琦	男	89	70	86	78	88	72	90
3	0103	李丽	女	78	60	78	68	68	83	89
4	0104	赵晓红	男	66	65	69	58	97	94	87
5	0105	贾增功	男	82	75	56	90	98	98	86
6	0106	丰金玲	女	100	85	87	80	89	87	85
7	0107	孔祥旭	男	58	95	86	92	68	76	84
8	0108	邢志冰	男	72	99	90	98	98	65	73
9	0109	魏小梅	女	95	88	80	86	67	54	92
10	0110	郝霞	女	100	77	70	78	89	59	90
*	(新建)									

图 4-4-38 "学生各科成绩"表

2. 复制【案例 11】中创建的"学生信息窗体"，将复制的窗体名称改为"学生信息窗体 1"。在"学生信息窗体 1"窗体内添加了一个"姓名"下拉列表框，在该下拉列表框中选择一个名字，即可显示该学生的记录内容。

3. 创建一个"选项卡窗体"，它有"学生成绩"、"学生档案"和"日历"3 个选项卡，分别显示"学生成绩"表、"学生档案"表和"日历"内容。"学生成绩"选项卡如图 4-4-23（左）所示，"学生档案"选项卡如图 4-4-23（右）所示，"日历"选项卡内有一个"日历"控件，如图 4-4-37 所示。

4.5　综合实训 4　创建"电器产品库存管理"数据库系统

实训效果

本实训在"电器产品库存管理 4.accdb"数据库内创建一个名称为"电器产品进出库信息"的切换面板，以及名称为"电器产品入库"、"电器产品出库"、"电器产品清单"、"电器产品库存"、"电器产品全信息查询"和"产品库存管理系统"的窗体。在 Access 中打开"电器产品库存管理 4.accdb"数据库文件，可以弹出"电器产品进出库信息"窗体，如图 4-5-1 所示。单击该面板内的"电器产品入库"按钮，即可打开"电器产品入库"窗体，如图 4-5-2 所示。

图 4-5-1　"电器产品进出库信息"切换面板窗体　　　图 4-5-2　"电器产品入库"窗体

单击"电器产品出库"按钮，即可打开"电器产品出库"窗体，如图 4-5-3 所示；单击"电器产品清单"按钮，即可打开"电器产品清单"窗体，如图 4-5-4 所示；单击"电器产品库存"按钮，即可打开"电器产品库存"窗体，如图 4-5-5 所示。

图 4-5-3　"电器产品出库"窗体　　图 4-5-4　"电器产品清单"窗体　　图 4-5-5　"电器产品库存"窗体

单击该窗体内的"电器产品全信息查询"按钮，即可打开"电器产品全信息查询"窗体，如图 4-5-6 所示。该窗体内有 4 个子窗体，子窗体与主窗体同步切换。

单击该面板内的"主窗体"按钮，即可打开"产品库存管理系统"窗体，如图 4-5-7 所示。单击其内的按钮，可以分别弹出"电器产品入库"、"电器产品库存"、"电器产品清单"和"电器产品出库"表。这 4 个表在综合实训 1 中已经创建了。

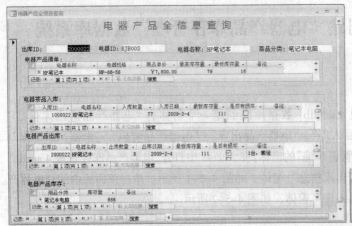

图 4-5-6　"电器产品全信息查询"窗体

图 4-5-7　"产品库存管理系统"窗体

实训提示

（1）将"电器产品库存管理.accdb"数据库复制一份，名称改为"电器产品库存管理 4.accdb"。

（2）创建"产品库存管理系统"窗体，其内有 4 个按钮，按钮的创建和按钮事件程序输入可参看本章 4.2 节的内容。

（3）依据"电器产品入库"、"电器产品库存"、"电器产品清单"和"电器产品出库"表，创建"电器产品入库"、"电器产品出库"、"电器产品清单"、"电器产品库存"、"电器产品全信息查询"和"产品库存管理系统"窗体。创建窗体可以采用多种方法，也可以混合使用。

（4）参考本章 4.3 节的内容，创建"电器产品进出库信息"切换面板。

实训测评

能 力 分 类	能　　　　　力	评　分
职业能力	窗体的作用，使用自动方法快速创建窗体，使用窗体向导方法创建窗体，创建多个项目窗体和其他几种窗体	
	窗体的 3 种视图，在布局视图状态下修饰窗体	
	使用设计视图创建窗体，控件对象的调整	
	"排列"和"设计"选项卡工具的使用	
	创建按钮和按钮事件，利用向导添加按钮和创建按钮事件	
	添加窗体控件对象，控件对象的属性设置	
	窗体中数据的操作	
	创建子窗体，创建其他控件对象	
通 用 能 力	自学能力、总结能力、合作能力、创造能力等	
能力综合评价		

第 5 章 报 表

报表是 Access 中专门用来统计、汇总并整理打印数据的一种工具。数据库中的表、查询和窗体都可以直接打印，只是打印的内容比较简单。如果要打印大量数据或者对打印格式的要求比较高，则必须使用报表。另外，还可以利用报表检索有用的信息。创建报表与创建窗体的操作有很多类似的地方，可以采取多种方法来创建报表。本章重点介绍报表基础知识、报表功能和报表设计，以及报表的分组、排序、预览和打印等。

5.1 【案例 14】创建"学生成绩"报表

案例描述

本案例将在"教学管理 5.accdb"数据库中创建两个不同格式的学生成绩报表。其中，"学生成绩"报表如图 5-1-1 所示，"学生分组成绩"报表如图 5-1-2 所示。这两个报表清楚地显示出学生的基本信息和成绩。"学生分组成绩"报表中的记录按照学年和学期分组显示出来，按学期汇总统计，并按"成绩"字段进行升序排列。

通过本案例的学习，可以了解报表的作用和分类，掌握快速自动创建报表和使用报表向导创建分组报表的方法，以及相关的知识和操作方法。

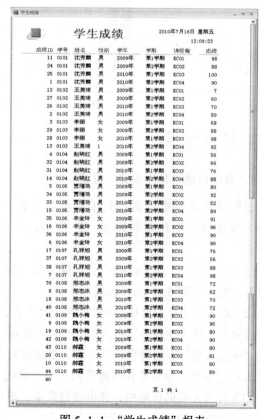

图 5-1-1 "学生成绩"报表

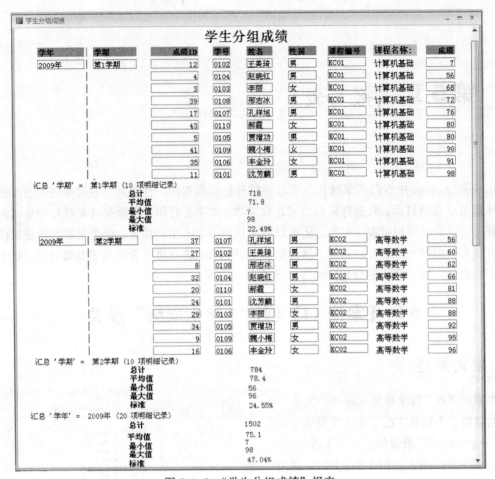

学年	学期	成绩ID	学号	姓名	性别	课程编号	课程名称：	成绩
2009年	第1学期	12	0102	王美琦	男	KC01	计算机基础	7
		4	0104	赵晓红	男	KC01	计算机基础	56
		3	0103	李丽	女	KC01	计算机基础	68
		39	0108	邢志冰	男	KC01	计算机基础	72
		17	0107	孔祥旭	男	KC01	计算机基础	76
		43	0110	郝霞	女	KC01	计算机基础	80
		5	0105	贾增功	男	KC01	计算机基础	80
		41	0109	魏小梅	女	KC01	计算机基础	90
		35	0106	丰金玲	女	KC01	计算机基础	91
		11	0101	沈芳麟	男	KC01	计算机基础	98

汇总 '学期' = 第1学期（10 项明细记录）
　　　总计　　　　　　718
　　　平均值　　　　　71.8
　　　最小值　　　　　7
　　　最大值　　　　　98
　　　标准　　　　　　22.49%

2009年	第2学期	37	0107	孔祥旭	男	KC02	高等数学	56
		27	0102	王美琦	男	KC02	高等数学	60
		8	0108	邢志冰	男	KC02	高等数学	62
		32	0104	赵晓红	男	KC02	高等数学	66
		20	0110	郝霞	女	KC02	高等数学	81
		24	0101	沈芳麟	男	KC02	高等数学	88
		29	0103	李丽	女	KC02	高等数学	88
		34	0105	贾增功	男	KC02	高等数学	92
		9	0109	魏小梅	女	KC02	高等数学	95
		16	0106	丰金玲	女	KC02	高等数学	96

汇总 '学期' = 第2学期（10 项明细记录）
　　　总计　　　　　　784
　　　平均值　　　　　78.4
　　　最小值　　　　　56
　　　最大值　　　　　96
　　　标准　　　　　　24.55%

汇总 '学年' = 2009年（20 项明细记录）
　　　总计　　　　　　1502
　　　平均值　　　　　75.1
　　　最小值　　　　　7
　　　最大值　　　　　98
　　　标准　　　　　　47.04%

图 5-1-2 "学生分组成绩"报表

设计过程

1. 自动创建"学生成绩"报表

如果对格式要求不高，只需要看到报表中的数据时，则可以采用快速自动创建报表的方法来创建一个简单的报表。使用 Access 自动创建方法创建"学生成绩"报表的步骤如下：

（1）将"教学管理 4.accdb"数据库复制一份，更名为"教学管理 5.accdb"。在 Access 2007 中打开"教学管理 5.accdb"数据库。

（2）双击左边导航窗格内的"学生成绩"表，在视图区域打开"学生成绩"表。切换到"创建"选项卡，单击"报表"组内的"报表"按钮，即可在视图区域内显示一个报表，其中是打开的"学生成绩"表的内容，还添加了当前日期和时间，如图 5-1-3 所示。报表页面的底部还显示出总记录数、总页数和当前页的页码，如图 5-1-4 所示。

（3）右击报表的标题栏，弹出快捷菜单，单击该菜单内的"设计视图"菜单命令，进入报表的设计视图，如图 5-1-5 所示。

（4）按住【Shift】键，选中报表内的文字（不包括报表页眉内的"学生成绩"文字），切换到"报表设计工具"丨"设计"选项卡，利用"字体"组内的工具可以调整文字的属性。在"字体"下拉列表框中选择"宋体"选项，在"字号"下拉列表框中选择12。

图 5-1-3 "学生成绩"报表

图 5-1-4 "学生成绩"报表尾部

图 5-1-5 "学生成绩"报表的设计视图

（5）选中"成绩 ID"字段，再将鼠标指针移到"成绩 ID"字段右边框处，当鼠标指针呈水平双箭头状时，水平拖曳，可以调整字段的宽度，如图 5-1-6 所示。再将鼠标指针移到"成绩 ID"字段下边框处，当鼠标指针呈垂直双箭头状时，垂直拖曳，可以调整字段的高度，如图 5-1-7 所示。

（6）选中"成绩"字段并右击，弹出快捷菜单，单击该菜单内的"布局"→"表格"菜单命令，目的是使"成绩"字段可以移动。将鼠标指针移到"成绩"字段边框或左上角处，水平向右拖曳"成绩"字段到合适的位置，如图 5-1-8 所示。

图 5-1-6 调整字段宽度　　　图 5-1-7 调整字段高度　　　图 5-1-8 移动字段位置

（7）按照上述方法，调整各字段的大小和位置，调整"=Date()"（显示当前日期）、"=Time()"（显示当前时间）、"=Count(*)"（显示总记录数）和"="页 " & [Page] & " 共 " & [Pages]"（显示总页数和当前页码）的大小和位置。最终效果如图 5-1-9 所示。

（8）右击报表的标题栏，弹出快捷菜单，单击该菜单内的"报表视图"菜单命令，进入报表的视图，如图 5-1-1 所示。

图 5-1-9　在"学生成绩"报表的设计视图下调整各字段

2. 用向导创建"学生分组成绩"报表

利用报表向导创建报表可以使创建报表操作变得更容易，效果更好，而且可以创建分组报表等。用报表向导创建"学生分组成绩"报表的操作步骤如下：

（1）在视图区域打开"学生成绩"表，切换到"创建"选项卡。单击"报表"组内的"报表向导"按钮，弹出"报表向导"对话框，在"表/查询"下拉列表框中选择创建报表所需使用的表或查询，此处选择"表：学生成绩"选项，单击 >> 按钮，将"可用字段"列表框内的所有字段移到右侧的"选定字段"列表框内，如图 5-1-10 所示。

（2）在"表/查询"下拉列表框中选择"表：课程"选项，在"选定字段"列表框内选中"课程编号"选项，在"可用字段"列表框内选中"课程名称"选项，单击 > 按钮，将"可用字段"列表框内的"课程名称"字段移到"选定字段"列表框内"课程编号"选项的下方，如图 5-1-11 所示。

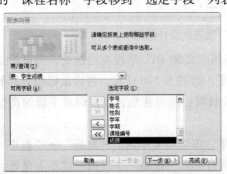

图 5-1-10　"报表向导"对话框之一　　　　图 5-1-11　"报表向导"对话框之二

（3）单击"下一步"按钮，弹出下一个"报表向导"对话框，如图 5-1-12 所示，采用默认设置。单击"下一步"按钮，弹出下一个"报表向导"对话框，选中左侧列表框内的"学年"选项，单击 > 按钮，将"学年"选项移到右侧的显示区域内；选中左侧列表框内的"学期"选项，单击 > 按钮，将"学期"选项移到右侧的显示区域内，如图 5-1-13 所示。

该对话框是用来设置分组级别和分组的依据，分组是为了使报表的层次更加清晰。此处"学年"字段为最高层，"学期"字段为第二层。

（4）单击"分组选项"按钮，弹出"分组间隔"对话框，如图 5-1-14 所示。在这里可以为组级字段指定分组间隔大小，此处采用默认的"普通"选项。单击"确定"按钮，关闭"分组间隔"对话框，返回到图 5-1-13 所示的"报表向导"对话框。

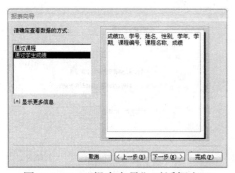

图 5-1-12 "报表向导"对话框之三

图 5-1-13 "报表向导"对话框之四

（5）单击"下一步"按钮，弹出"报表向导"对话框，在该对话框内可以选择一个或几个字段作为排序和汇总的依据，排序可以是升序或降序。此处在第一个下拉列表框中选择"成绩"选项，如图 5-1-15 所示。

如果要改为降序排序，可以单击"升序"按钮，使该按钮上的文字改为"降序"；如果要改为升序排序，可以单击"降序"按钮，使该按钮上的文字改为"升序"。

图 5-1-14 "分组间隔"对话框

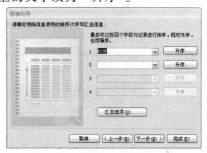

图 5-1-15 "报表向导"对话框之五

（6）单击"汇总选项"按钮，弹出"汇总选项"对话框，利用该对话框可以选择需要计算的汇总值，此处选择全部汇总值，并选中"计算汇总百分比"复选框，如图 5-1-16 所示。单击"确定"按钮，关闭"汇总选项"对话框，返回到图 5-1-15 所示的"报表向导"对话框。

（7）单击"下一步"按钮，弹出下一个"报表向导"对话框，在该对话框内可以设置报表的布局方式，此处选中"块"单选按钮，如图 5-1-17 所示。

图 5-1-16 "汇总选项"对话框

图 5-1-17 "报表向导"对话框之六

（8）单击"下一步"按钮，弹出下一个"报表向导"对话框，在该对话框中可以设置报表的样式，此处选中"办公室"样式，如图 5-1-18 所示。

（9）单击"下一步"按钮，弹出下一个"报表向导"对话框，在其文本框内输入报表的名称"学生分组成绩"，选中"修改报表设计"单选按钮，如图 5-1-19 所示。

图 5-1-18　"报表向导"对话框之七　　　　图 5-1-19　"报表向导"对话框之八

（10）单击"完成"按钮，即可进入报表的设计视图，如图 5-1-20 所示。

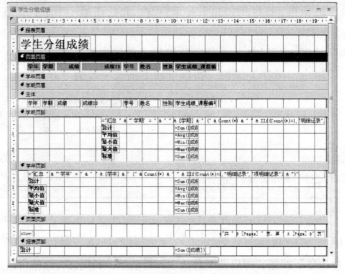

图 5-1-20　"学生分组成绩"报表的设计视图之一

（11）按照前面介绍的方法，调整文字大小和位置，将"成绩"字段移到最右边。如果要添加其他字段，可以打开"字段列表"窗格，将其内的字段拖曳到报表的"主体"栏中，并调整其大小和位置，最终效果如图 5-1-21 所示。

图 5-1-21　"学生分组成绩"报表的设计视图之二

（12）右击报表的标题栏，弹出快捷菜单，单击该菜单内的"报表视图"菜单命令，进入报表视图，如图 5-1-2 所示。

相关知识

1．报表的组成和功能

报表中的大部分内容是从表、查询或 SQL 语句中获得的，它们都是报表的数据来源，创建和设计报表对象与创建和设计窗体对象有许多共同之处，两者之间的所有控件几乎都可以共用，都有绑定控件、未绑定控件和计算型控件 3 种。报表与窗体还有一些不同之处。例如，报表不能用来输入数据，而在窗体中可以输入数据；报表只有报表视图、布局视图、设计视图和打印预览视图 4 种。

（1）报表的组成：由图 5-1-21 可以看到，在设计视图中，报表由 5 个部分组成，它们是：报表页眉、页面页眉、主体、页面页脚和报表页脚。它们的作用如下：

◎ 报表页眉：它只出现在报表的开头，并且只能在报表开头出现一次，用来记录关于此报表的一些主题性信息。

◎ 页面页眉：它只出现在报表中每一页的顶部，用来显示字段列的标题等信息。

◎ 主体：用来显示报表的基础表或查询的每条记录的字段内容。

◎ 页面页脚：出现在报表中的每一页的底部，可以用来显示页码等信息。

◎ 报表页脚：只在报表的结尾处出现，用来显示报表总计等信息。

（2）报表的功能：报表具有查阅和打印双重特性，具有以下功能。

◎ 可以对大量数据进行比较、汇总和计算等统计运算。

◎ 可以生成各种格式的报表，如清单、标签、表格、订单等。

◎ 可以添加剪贴画、图片、图标和扫描图像，以及窗体内使用的大量控件对象。

◎ 可以在每页的顶部和尾部添加页眉和页脚，其内可添加打印的标识。

2．创建空报表和添加控件对象

（1）切换到"创建"选项卡，单击"报表"组内的"空报表"按钮，即可创建一个空报表，同时弹出"字段列表"窗格，如图 5-1-22 所示。此时处于报表的布局视图。

图 5-1-22 空报表的布局视图和"字段列表"窗格

（2）将"字段列表"窗格内的字段依次拖曳到报表内，如图 5-1-23 所示。按住【Ctrl】键，同时单击"字段列表"窗格内的字段名称，可以同时选中多个字段。右击报表的标题栏，弹出快捷菜单，单击该菜单内的"设计视图"菜单命令，即可进入报表的设计视图，如图 5-1-24 所示。

图 5-1-23　在空报表内添加字段

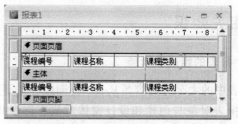

图 5-1-24　报表的设计视图

（3）编辑修改报表，可以采用在窗休内添加窗体页眉和页脚以及各种控件的操作方法，在报表内添加报表页眉和页脚，添加标题、徽标、页码和日期与时间，以及添加各种控件对象。

在报表中字段较少的情况下，常使用创建空报表和添加子字段的方法来创建报表。

思考练习 5-1

1. 分别采用自动创建报表和报表向导的方法，创建"教学管理 5.accdb"数据库内的"学生各科成绩"报表，如图 5-1-25 所示。

2. 采用报表向导的方法，创建一个"学生各科成绩分组"报表。该报表按照性别分组显示，并按"成绩"字段进行降序排列。

3. 采用报表向导的方法，针对"学生成绩"表，创建一个"学生成绩按姓名分组"报表。该报表按照姓名分组显示，并按"成绩"字段进行降序排列。

4. 采用报表向导的方法，针对"学生成绩"表，创建一个"学生成绩分组 1"报表。该报表按照课程和性别分组显示，并对其中的"成绩"字段进行降序排列。

5. 采用创建空报表和添加控件对象的方法，针对"学生成绩"表，创建一个与图 5-1-25 所示基本相同的"学生各科成绩"报表。

绩ID	学号	姓名	性别	高等数学	外语	计算机基础	图像处理	计算机硬件	中文	网站设计
1	0101	沈芳麟	男	100	80	95	96	77	61	78
2	0102	王美琦	男	89	70	86	78	88	72	90
3	0103	李丽	女	78	60	78	68	68	83	89
4	0104	赵晓红	男	66	65	69	58	97	94	87
5	0105	贾增功	男	82	75	56	90	76	98	86
6	0106	丰金玲	女	100	85	87	80	89	87	85
7	0107	孔祥旭	男	58	95	86	92	68	76	84
8	0108	邢志冰	男	72	60	98	92	98	65	73
9	0109	魏小梅	女	95	80	80	86	67	54	92
10	0110	郝霞	女	100	77	70	78	89	59	90

学生各科成绩　2010年7月16日 星期五　12:07:44

页 1 共 1

图 5-1-25　学生各科成绩报表

5.2 【案例 15】创建"学生档案"报表

案例描述

本案例是针对"教学管理 5.accdb"数据库中的"学生档案"和"学生各科成绩"表,创建一个"标签学生档案"报表和一个"学生档案和成绩"报表。"标签学生档案"报表以标签的形式显示"学生档案"表内的各条记录,如图 5-2-1 所示;"学生档案和成绩"报表以分块的形式显示"学生档案"表和"学生各科成绩"表内的各条记录,如图 5-2-2 所示。两个报表的格式相似,但制作方法不同。

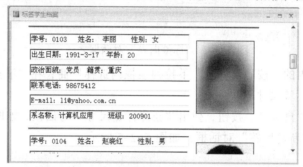

图 5-2-1 "标签学生档案"报表

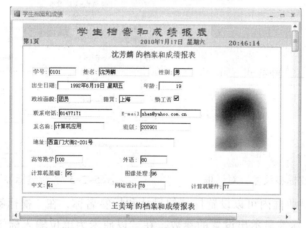

图 5-2-2 "学生档案和成绩"报表

通过本案例的学习,可以掌握利用标签工具创建具有标签特性报表的方法,掌握编辑报表的方法,掌握使用设计视图创建报表的方法,掌握对报表进行汇总、分组和排序的方法等。

设计过程

1. 创建"标签学生档案"报表

标签实际上是一种多列报表,常常把一条记录的各个字段分行排列,因此制作标签一般都是使用多列的方法。创建"标签学生档案"报表的操作步骤如下:

(1)在 Access 2007 中打开"教学管理 5.accdb"数据库。双击左边导航窗格内的"学生档案"表,在视图区域打开"学生档案"表。

（2）切换到"创建"选项卡，单击"报表"组内的"标签"按钮，弹出"标签向导"对话框，如图5-2-3所示。利用该对话框可以设置标签尺寸。

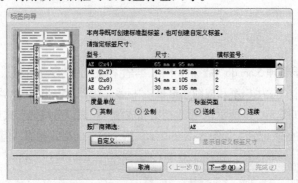

图5-2-3　"标签向导"对话框之一

（3）在该对话框内的"按厂商筛选"下拉列表框内选择厂商，在"请指定标签尺寸"列表框中选择一种型号的标签尺寸。

（4）也可以单击"自定义"按钮，弹出"新建标签尺寸"对话框，如图5-2-4所示。单击"新建"按钮，弹出"新建标签"对话框，如图5-2-5所示。

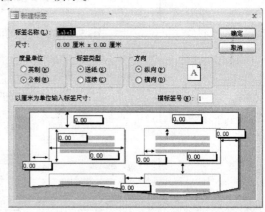

图5-2-4　"新建标签尺寸"对话框　　　　图5-2-5　"新建标签"对话框

在"新建标签"对话框内可以设置标签的尺寸和标签名称，在"横标签号"文本框内输入横标签个数，"尺寸"标签显示出设置的参数，在"以厘米为单位输入标签尺寸"区域可以输入标签各部分的尺寸（直接在文本框 0.00 内输入数据）。设置完成后，单击"确定"按钮，关闭"新建标签"对话框，返回到"新建标签尺寸"对话框，其列表框中会添加自定义的标签名称及其参数。单击"新建标签尺寸"对话框内的"关闭"按钮，关闭该对话框，返回到"标签向导"对话框。

此处，采用选择AE厂商和"AE（2×4）"型号的标签。

（5）单击"下一步"按钮，弹出下一个"标签向导"对话框。利用该对话框可以设置标签内文字的属性，此处设置为宋体、11磅，字体粗细为"正常"，颜色为黑色，如图5-2-6所示。

（6）单击"下一步"按钮，弹出下一个"标签向导"对话框，如图5-2-7所示。利用该对话框可以设置标签的显示内容。

图 5-2-6 "标签向导"对话框之二

图 5-2-7 "标签向导"对话框之三

（7）选中"可用字段"列表框中的"学号"字段，单击 > 按钮，将"学号"字段添加到"原型标签"列表框内，接着将"姓名"和"性别"字段添加到"原型标签"列表框内。然后单击"原型标签"列表框内第一行文字的左端，将光标定位在此位置，输入"学号："；在文字"{姓名}"的左侧输入 3 个空格和"姓名："，在"{性别}"文字的左侧输入 3 个空格和"性别："，如图 5-2-8 所示。

（8）单击"原型标签"列表框内第一行文字的右端，将光标定位在此位置，按【Enter】键，使光标移到下一行的起始位置，再将"可用字段"列表框内的"出生日期"、"年龄"和"政治面貌"字段添加到"原型标签"列表框内。再在"原型标签"列表框内输入"出生日期："、"年龄："和"政治面貌："和空格。

再按照上述方法，进行"籍贯"、"联系电话"、"E-mail"、"系名称"和"班级"字段的设置，效果如图 5-2-9 所示。

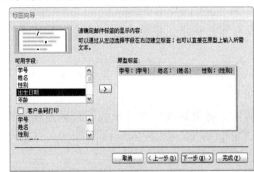
图 5-2-8 "标签向导"对话框之四

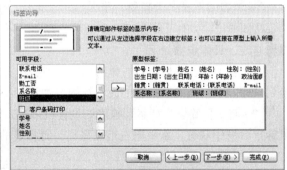
图 5-2-9 "标签向导"对话框之五

（9）单击"下一步"按钮，弹出下一个"标签向导"对话框，选中"可用字段"列表框内的"学号"字段，单击 > 按钮，将选中的"学号"字段添加到"排序依据"列表框中，如图 5-2-10 所示。在该对话框中，可以选择一个或多个字段对标签进行排序。

（10）单击"下一步"按钮，弹出下一个"标签向导"对话框，在"请指定报表的名称"文本框内输入报表的名称"标签学生档案"，再选中"修改标签设计"单选按钮，如图 5-2-11 所示。

选中"修改标签设计"单选按钮的目的是，在单击"完成"按钮后可以进入"标签学生档案"报表的设计视图。如果选中"查看标签的打印预览"单选按钮，则单击"完成"按钮后可以进入"标签学生档案"报表的打印预览视图。

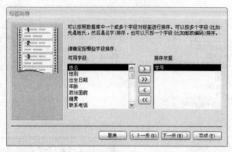
图 5-2-10　"标签向导"对话框之六

图 5-2-11　"标签向导"对话框之七

（11）单击"完成"按钮，即可进入"标签学生档案"报表的设计视图，如图 5-2-12 所示。右击报表的标题栏，弹出快捷菜单，单击该菜单内的"报表视图"菜单命令，即可切换到"标签学生档案"报表的打印预览视图，如图 5-2-13 所示。

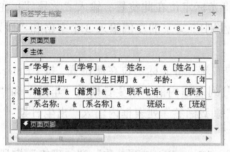
图 5-2-12　报表的设计视图

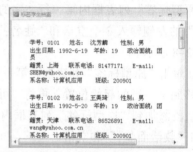
图 5-2-13　报表的打印预览视图

2. 编辑"标签学生档案"报表

从图 5-2-13 中可以看到标签显示欠规整，还没有照片和学生成绩内容，需要对标签进行编辑修改，具体步骤如下：

（1）右击报表的标题栏，弹出快捷菜单，单击该菜单内的"设计视图"菜单命令，即可切换到"标签学生档案"报表的设计视图，如图 5-2-12 所示。

（2）将"标签学生档案"报表的设计视图窗口调大，将鼠标指针移到报表工作区左端，当鼠标指针呈♦状时，水平向右拖曳鼠标，将报表的工作区调宽，如图 5-2-14 所示。

图 5-2-14　在报表设计视图下将页面调宽

（3）选中第三行的标签文本框并右击，弹出快捷菜单，单击该菜单内的"复制"菜单命令，将选中的标签文本框复制到剪贴板内。右击窗体空白处，弹出快捷菜单，单击该菜单内的"粘贴"菜单命令，将剪贴板内的文本框粘贴到窗体内。

（4）调整所有标签文本框的位置，效果如图 5-2-15 所示。选中第四行标签文本框内的""籍贯："& [籍贯] &"文字，按【Delete】键，将其删除；再删除""联系电话："文字内的空格；删除第三行标签文字框内的"& "　联系电话："& [联系电话] & " E-mail："& [E-mail]"文字，只剩下"="籍贯："& [籍贯]"文字。

（5）切换到"开始"选项卡，选中第二行标签文本框内的"& " 政治面貌："& [政治面貌]"文字，单击"剪贴板"组内的"剪切"按钮，将选中的文字剪切到剪贴板内。再将光标定位在第三行标签文字框内"="字符的右侧，单击"剪贴板"组内的"粘贴"按钮，将剪贴板内的内容粘贴到"="字符的右侧。

（6）删除第三行标签文本框内"=" 字符的右边的"&"连接符号，删除第三行标签文本框内"政治面貌"文字左侧的空格，在第三行标签文本框内"籍贯："文字左侧添加 3 个空格，在"[政治面貌]"文字右侧添加"&"连接符号。

（7）按照上述方法，将第四行标签文字框复制一份，将此第四行标签文本框内的"&" E-mail："& [E-mail]"文字删除，将第五行标签文本框（即复制的文本框）内的"" E-mail："& [E-mail]"文字左边的空格，将"" 联系电话："& [联系电话]&"文字删除。加工后的设计视图如图 5-2-16 所示。

图 5-2-15 调整 5 行标签文字的位置

图 5-2-16 编辑标签文字

设计视图内 6 行修改后的文字内容如下：

```
="学号: " & [学号] & "   姓名: " & [姓名] & "   性别: " & [性别]
="出生日期: " & [出生日期] & "年龄: " & [年龄]
="政治面貌: " & [政治面貌] & " 籍贯: " & [籍贯]
="联系电话: " & [联系电话]
="E-mail: " & [E-mail]
="系名称: " & [系名称] & " 班级: " & [班级]
```

（8）切换到"报表设计工具"｜"排列"选项卡。按住【Shift】键，选中各标签文本框，再单击"控件对齐方式"组内的"靠左"按钮，单击"位置"组内的"垂直相等"按钮，使 6 行标签文字框左对齐和垂直均匀分布。

再显示出"属性表"窗格，在"特殊效果"属性行内的下拉列表框中选择"凹陷"选项。另外，还可以设置所有文字的字体、大小和颜色等属性。

（9）切换到"报表设计工具"｜"设计"选项卡。单击"工具"组内的"添加现有字段"按钮，弹出"字段列表"窗格，将其内的"学生档案"表中的"照片"字段名称拖曳到报表右侧，调整"照片"控件对象的大小和位置。

（10）单击"控件"组内的"直线"按钮，在主体下方水平拖曳出一条水平直线。选中该直线，弹出"属性表"窗格，设置直线线宽为 2 磅，颜色为蓝色。此时，"标签学生档案"报表的设计视图如图 5-2-17 所示。

（11）右击报表的标题栏，弹出快捷菜单，单击该菜单内的"保存"菜单命令，弹出"另存为"

图 5-2-17 "标签学生档案"报表的设计视图

对话框，在该对话框内的"窗体名称"文本框内输入新窗体的名称"标签学生档案"，单击"确定"按钮，将报表以名称"标签学生档案"保存。

（12）右击报表的标题栏，弹出快捷菜单，单击该菜单内的"报表视图"菜单命令，即可切换到"标签学生档案"报表的打印预览视图，如图 5-2-1 所示。

3．使用设计视图创建"学生档案和成绩"报表

使用报表向导可以简单、快速地创建报表，但创建的报表格式比较单一，有一定的局限性，为了创建具有独特风格、美观实用的报表，需要使用设计视图来设计报表。使用设计视图创建"学生档案和成绩"报表的具体操作步骤如下：

（1）切换到"数据库工具"选项卡，单击"显示/隐藏"组内的"关系"按钮，进入关系视图，将导航窗格内的两个表拖曳到关系视图内，再创建它们之间的关系，如图 5-2-18 所示。

（2）切换到"创建"选项卡。单击"报表"组内的"报表设计"按钮，进入报表的设计视图。可

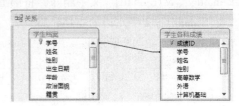

图 5-2-18　创建两个表的之间关系

以看出，设计视图没有页眉和页脚，只有页面页眉、主体、页面页脚。

（3）右击报表空白处，弹出快捷菜单，单击该菜单内的"报表页眉/页脚"菜单命令，即可在报表设计视图内添加报表的页眉和页脚。

（4）切换到"报表设计工具" | "设计"选项卡，单击"工具"组内的"添加现有字段"按钮，弹出"字段列表"窗格，将"学生档案"表中所有字段名称依次拖曳到报表的主体区域内；将"学生各科成绩"表中的所有字段名称依次拖曳到报表的主体区域下方。

（5）调整这些字段控件对象的大小和位置。调整字段控件对象常用的方法如下：

◎　选中一个字段选项，其四周会出现一个棕色矩形框，将鼠标指针移到矩形框右侧（或下方）的边框中间处，当鼠标指针变为双箭头状时，水平（或垂直）拖曳，可以调整选中字段的宽度（或高度）。

◎　将鼠标指针移到选中的字段上或者字段标题左上角的标识⊞上，当鼠标指针呈✥状时，拖曳鼠标，可以将字段内容和字段标题一起移动。

◎　选中字段标签控件对象或字段文本框控件对象，拖曳其左上角的灰色正方形控制柄，可以单独调整它们的位置。

◎　利用"属性表"窗格可以精确设置控件对象的大小和位置。

（6）按住【Shift】键，选中各字段文本框控件对象，显示出"属性表"窗格，在"特殊效果"属性行内的下拉列表框中选择"凹陷"选项。另外，还可以设置所有文字的字体、大小和颜色等属性。

（7）单击"控件"组内的"直线"按钮，在"地址"字段下方水平拖曳出一条水平直线。单击"控件"组内的"矩形"按钮，拖曳出一个包围主体内所有字段内容的矩形。选中该矩形，切换到"报表设计工具" | "排列"选项卡，单击"位置"组内的"置于底层"按钮，即可将绘制的矩形移到字段数据的下方。显示出"属性表"窗格，设置直线线宽为 2 磅，颜色为棕色。

（8）在报表页眉区域添加标题"学 生 档 案 和 成 绩 报 表"，设置页眉区域背景色为浅绿色，设置文字块背景色为黄色，设置文字颜色为红色。在页面页眉区域添加页码及日期和

时间。设置页面页眉区域的背景色为灰色。

（9）将报表以名称"学生档案和成绩"保存。此时，报表的设计视图如图 5-2-19 所示。右击报表的标题栏，弹出快捷菜单，单击该菜单内的"报表视图"菜单命令，切换到"学生档案和成绩"报表的打印预览视图，如图 5-2-2 所示。

图 5-2-19 "学生档案和成绩"报表的设计视图

相关知识

1. 报表汇总

报表的汇总（或合计）就是对主体区域内的一列字段数据进行求和、求平均值、记录计数、值计数、求最大值、求最小值、标准偏差和方差计算，并在页脚区域显示汇总数据。下面以"学生各科成绩"报表为例介绍报表内数据的汇总方法。

（1）在 Access 2007 中打开"教学管理 5.accdb"数据库，创建"学生各科成绩"表，"学生各科成绩"表中的字段有"成绩 ID"、"学号"、"姓名"、"性别"、"高等数学"、"外语"、"计算机基础"、"图像处理"、"计算机硬件"、"中文"和"网站设计"字段，共有 10 条记录，如图 5-2-20 所示。

成绩ID	学号	姓名	性别	高等数学	外语	计算机基础	图像处理	计算机硬件	中文	网站设计
1	0101	沈芳麟	男	100	80	95	96	77	61	78
2	0102	王美琦	男	89	70	86	78	88	72	90
3	0103	李丽	女	78	60	78	68	68	83	89
4	0104	赵晓红	男	66	65	69	58	97	94	87
5	0105	贾增功	男	82	75	56	90	76	98	86
6	0106	丰金玲	女	100	85	87	80	89	87	85
7	0107	孔祥旭	男	58	95	86	92	88	76	84
8	0108	邢志冰	男	72	49	90	98	98	65	73
9	0109	魏小梅	女	95	88	80	56	67	54	92
10	0110	郝霞	女	100	77	70	78	88	59	90

图 5-2-20 "学生各科成绩"表

（2）采用自动创建报表的方法创建"学生各科成绩"报表，如图5-2-21所示。打开"学生各科成绩"报表。

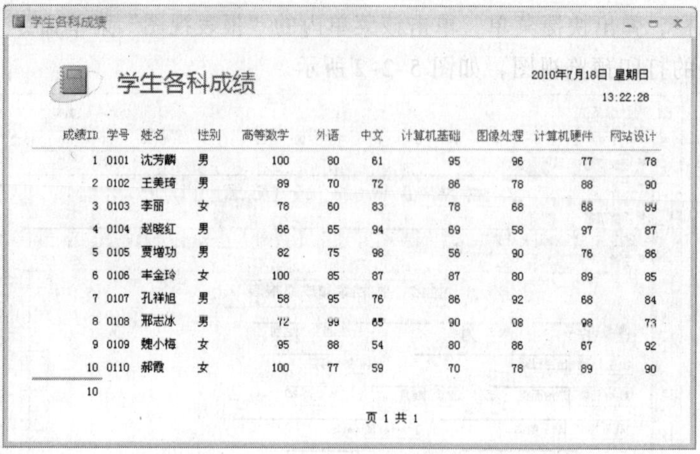

图 5-2-21 "学生各科成绩"报表

（3）右击报表的标题栏，弹出快捷菜单，单击该菜单内的"布局视图"菜单命令，切换到"学生各科成绩"报表的布局视图。切换到"报表布局工具" | "格式"选项卡，如图 5-2-22 所示。

图 5-2-22 "报表布局工具" | "格式"选项卡

另外，也可以进入"学生各科成绩"报表的设计视图，切换到"报表设计工具" | "设计"选项卡，其内也有"分组和汇总"组。

（4）单击任意一条记录的"高等数学"字段数据，选中"高等数学"字段列，再单击"分组和汇总"组内的"合计"按钮，弹出其菜单，单击该菜单内的"求和"菜单命令，即可在"高等数学"字段列下方的页脚区域显示 10 条记录的所有"高等数学"字段数据的和，如图 5-2-23 所示。

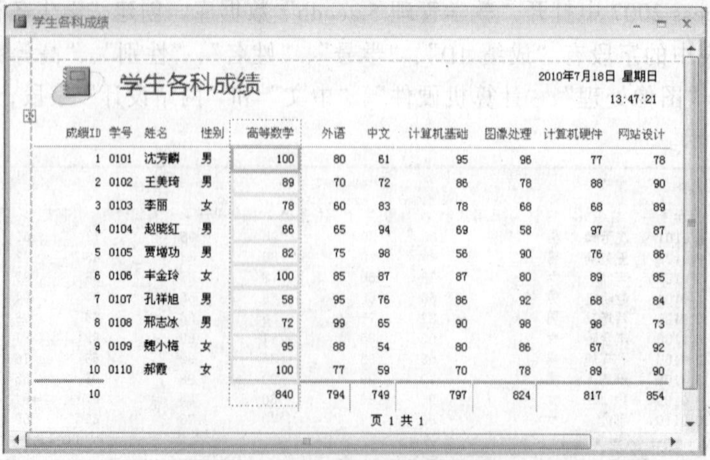

图 5-2-23 成绩字段数值的求和

（5）右击报表的标题栏，弹出快捷菜单，单击该菜单内的"设计视图"菜单命令，切换到"学生各科成绩"报表的设计视图，如图 5-2-24 所示。

图 5-2-24　"学生各科成绩"报表的设计视图

（6）按住【Shift】键，选中报表页脚内所有计算型控件对象，右击选中的对象，弹出快捷菜单，单击该菜单内的"复制"菜单命令，将选中的对象复制到剪贴板内。再右击报表页脚区域空白处，弹出快捷菜单，单击该菜单内的"粘贴"菜单命令，将剪贴板内的计算型控件对象粘贴一份，然后将其移到原对象的下方。

（7）在报表页脚区域第一行，将第一个计算型控件对象内的"=Count(*)"改为"记录总数："，将第二行内其他计算型控件对象内的 Sum（求和函数）改为 Avg（求平均值函数）。例如，将"Sum([高等数学])"改为"Avg([高等数学])"。

（8）在报表页脚区域第一行"记录总数："文字右侧创建一个标签控件对象，输入"求和："，在第二行"=Count(*)"计算型控件对象右侧创建一个标签控件对象，输入"求平均值："。

（9）选中"求和："标签文字，在"属性表"窗格内设置文字大小为 11 磅，再将"记录总数："和"求平均值："文字的大小设置为 11 磅。此时的设计报表页脚区域如图 5-2-25 所示。

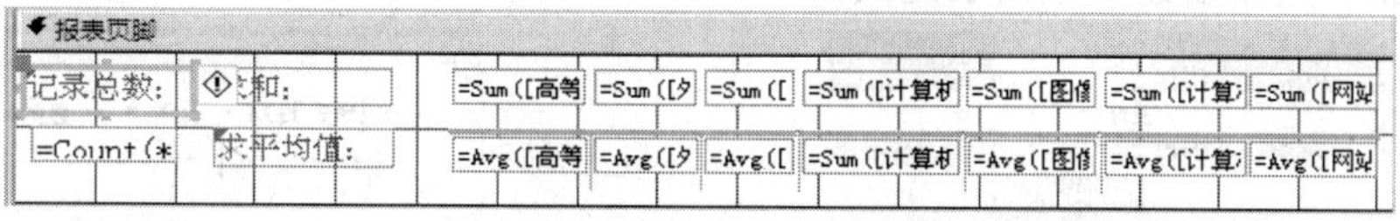

图 5-2-25　"学生各种成绩"报表的页脚区域

（10）将报表以名称"学生各科成绩"保存。右击报表的标题栏，弹出快捷菜单，单击该菜单内的"报表视图"菜单命令，切换到报表的打印预览视图，如图 5-2-26 所示。

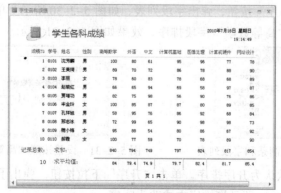

图 5-2-26　"学生各科成绩"报表

2. 报表排序和分组

排序就是按照一个或多个字段数据的大小来升序或降序排列记录。分组就是依据一个或多个字段来分类排列报表中的记录。例如，图 5-1-1 所示"学生成绩"报表就是先按照"学年"字段数据，再按照"学期"字段数据来分类排列报表中的记录。下面以"学生各科成绩"报表为例介绍报表内数据的排序和分组方法。

（1）在视图区域内打开"学生各科成绩"报表。右击报表的标题栏，弹出快捷菜单，单击该菜单内的"布局视图"菜单命令，切换到"学生各科成绩"报表的布局视图。

（2）切换到"报表布局工具"｜"格式"选项卡，如图 5-2-22 所示。另外，也可以弹出"学生各科成绩"报表的设计视图，切换到"报表设计工具"｜"设计"选项卡，其内也有"分组和汇总"组。

（3）单击"分组和汇总"组内的"分组和排序"按钮，在报表下方添加一个"分组、排序和汇总"栏，在该栏内有"添加组"和"添加排序"按钮，如图 5-2-27 所示。单击每个按钮都会弹出字段列表，用来选择分组和排序所依据的字段。

图 5-2-27 "分组、排序和汇总"栏

（4）单击"添加组"按钮，会弹出分组或排序的控制条，单击"选择字段"按钮，会弹出字段列表，如图 5-2-28 所示。

（5）单击字段列表内的"性别"字段，"分组形式"文字右侧会添加"性别"文字，表示按照"性别"字段分组，如图 5-2-29 所示。如果单击"表达式"选项，则会弹出"表达式生成器"对话框，用来创建分组的表达式。

图 5-2-28 "分组"控制条和字段列表   图 5-2-29 按照"性别"字段分组

（6）单击"添加排序"按钮，弹出字段列表，如图 5-2-30 所示。单击其内的"高等数学"字段名称，设置按照"高等数学"字段排序，效果如图 5-2-31 所示。

 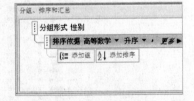

图 5-2-30 控制条和字段列表   图 5-2-31 设置按照"高等数学"字段排序

（7）可以看到，默认为升序排序。单击"升序"下拉按钮，弹出下拉列表，选择"降序"选项，如图 5-2-32 所示，即可将排序方式改为降序。

（8）按照上述方法，设置下一级按照"计算机基础"字段降序排序，如图 5-2-33 所示。

还可以再设置分组和排序，最多可以对 10 个字段和表达式进行分组与排序。

图 5-2-32 按"高等数学"字段降序排序   图 5-2-33 按"计算机基础"字段降序排序

（9）单击控制条内的"更多"按钮，可以展开控制条，如图 5-2-34 所示。利用展开的选项可以设置分组的属性。

图 5-2-34 展开的"分组、排序和汇总"栏

◎ 分组形式：用来选择分组的字段或创建表达式。

◎ 升序/降序：用来选择排序类型是"升序"还是"降序"。

◎ 分组依据：用来选择分组依据的字段数据的内容。分组字段的数据类型不相同时，在其下拉菜单内可以选择的命令也不同。

◎ 有/无汇总：用来设置汇总类型或者无汇总，以及设置汇总项的显示位置。

◎ 有标题：用来设置分组页眉的标题。

◎ 有/无页眉节：用来确定是否显示该组的页眉。

◎ 有/无页脚节：用来确定是否显示该组的页脚。

◎ 保持同页与否：用来指定是否将组放在同一页内。

可以选中不同的分组或排序行，再进行设置。单击 ▲ 按钮可以将选中的分组或排序行向上移一行，单击 ▽ 按钮可以将选中的分组或排序行向下移一行，单击"关闭"按钮 ✕ ，可以关闭选中的分组或排序行。

（10）将报表以名称"学生成绩分组排序"保存。右击报表的标题栏，弹出快捷菜单，单击该菜单内的"报表视图"菜单命令，切换到"学生成绩分组排序"报表的打印预览视图，如图 5-2-35 所示。

学生各科成绩										2010年7月18日 星期日 19:30:01	
成绩ID	学号	姓名	性别	高等数学	外语	中文	计算机基础	图像处理	计算机硬件	网站设计	
1	0101	沈芳麟	男	100	80	61	95	96	77	78	
2	0102	王美琦	男	89	70	72	86	78	88	90	
5	0105	贾增劝	男	82	75	98	56	90	76	86	
8	0108	邢志冰	男	72	99	65	90	98	98	73	
4	0104	赵晓红	男	66	65	94	69	58	97	87	
7	0107	孔祥明	男	58	95	76	86	92	68	84	
6	0106	丰金玲	女	100	85	87	87	80	89	85	
10	0110	郝霞	女	100	77	59	70	78	89	90	
9	0109	魏小梅	女	95	88	54	80	90	92	90	
3	0103	李丽	女	78	60	83	78	68	68	89	
10											

页 1 共 1

图 5-2-35 "学生成绩分组排序"报表打印预览效果

3. 不同类型字段的分组依据

（1）字段为"文本"类型时，"分组依据"下拉列表中的选项含义如下：

◎ 按整个值：按照字段或表达式的相同数值对记录进行分组。

◎ 按第一个字符：按照字段或表达式值的第一个字符对记录进行分组。

◎ 按前两个字符：按照字段或表达式值的前两个字符对记录进行分组。

◎ 自定义：按照字段或表达式值中自定义的前 n 个字符相同的值对记录进行分组。在"自定义"选项对应的文本框内可以输入一个数，它就是 n 的值。

（2）字段为"数字"、"自动编号"和"货币"类型时，"分组依据"下拉列表中的选项含义如下：

◎ 按整个值：按照字段或表达式的相同数值对记录进行分组。

◎ 特定间隔：按照指定的 5、10、100、1000 条间隔值对记录进行分组。

◎ 自定义：按照自定义间隔对记录进行分组。

（3）字段为"日期/时间"类型时，"分组依据"下拉列表中的选项含义如下：

◎ 按整个值：按照字段或表达式的相同数值对记录进行分组。

◎ 按年：按照日期中的年号对记录进行分组。

◎ 按季度：按照日期中的季度对记录进行分组。

◎ 按月：按照日期中的月份对记录进行分组。

◎ 按周：按照日期中的周号对记录进行分组。

◎ 按日：按照日期中的日子对记录进行分组。

◎ 自定义：按照自定义的天、小时、分钟间隔对记录进行分组。

思考练习 5-2

1. 在"教学管理 5.accdb"数据库内创建一个"教师档案"表，表中有"编号"、"姓名"、"性别"、"籍贯"、"学历"、"联系电话"、"专业"和"照片"等字段；再创建一个"教师工资"表，表中有"编号"、"姓名"、"性别"、"基本工资"、"讲课工资"、"医疗退费"、"会费"和"奖金"等字段。然后，使用标签工具创建一个"标签教师档案"报表，以标签的表格形式显示"教师档案"表内的各条记录。

2. 采用设计视图，创建一个"教师档案和工资"，它以分块的形式显示"教师档案"和"教师工资"表内不重复字段的各条记录。

3. 针对"教师工资"表，创建一个"教师工资"报表，其对"基本工资"、"讲课工资"、"医疗退费"、"会费"和"奖金"等字段进行求和、求最大值和最小值计算。

5.3 【案例 16】创建"学生档案和成绩子报表"

案例描述

本案例是针对"教学管理 5.accdb"数据库下的"学生档案"和"学生各科成绩"表，创建一个"学生档案和成绩子报表"。该报表以分块的形式显示"学生档案"表的字段内容，而且按照先女生再男生的次序显示，"学生各科成绩"表内的部分字段内容以子报表形式显示，如图 5-3-1 所示。

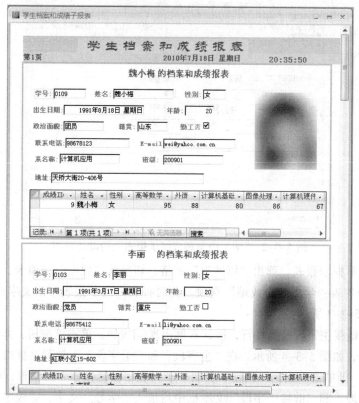

图 5-3-1　学生档案和成绩子报表

在打印报表前，一般还要对某个字段按指定的规则进行统计报表设计，要进行报表的页边距、打印方向和报表行列等进行设置，还需要进行报表预览，满意之后，再进行打印。通过本案例的学习，可以掌握创建子报表的方法，以及掌握打印报表前进行各种设置的方法。

设计过程

1．创建子报表

（1）在导航窗格内将【案例 15】中制作的"学生档案和成绩"报表复制一份，更名为"学生档案和成绩子报表"。在视图区域打开"学生档案和成绩子报表"。

（2）右击报表的标题栏，弹出快捷菜单，单击该菜单内的"设计视图"菜单命令，切换到"学生档案和成绩子报表"的设计视图，效果如图 5-2-19 所示。

（3）按住【Shift】键，选中"高等数学"、"外语"、"计算机基础"、"中文"、"图像处理"、"网站设计"和"计算机硬件"字段标题和文本框对象，按【Delete】键，删除这些字段对象，效果如图 5-3-2 所示。

（4）切换到"报表设计工具"｜"设计"选项卡，单击"控件"组内的"子窗体/子报表"按钮 ，在报表内的"地址"字段下方拖曳出一个矩形框，即创建一个子报表。选中矩形框左上角的标签对象，按【Delete】键，删除该对象。

图 5-3-2 "学生档案和成绩子报表"的设计视图

（5）选中矩形框子报表，弹出"属性表"窗格，切换到"数据"选项卡，在"源对象"下拉列表框中选择"表：学生各科成绩"选项。此时报表内的子报表中的文字改为"表.学生各科成绩"，如图 5-3-3 所示。

（6）单击"链接主字段"属性行，使其右侧出现 ⋯ 按钮，单击该按钮，弹出"子报表字段链接器"对话框，如图 5-3-4 所示。在"主字段"和"子字段"下拉列表框内均选中链接的字段名称"学号"，再单击"确定"按钮，关闭"子报表字段链接器"对话框，使"属性表"窗格内"链接主字段"和"链接子字段"文本框中均填入"学号"文字，完成主报表和子报表的链接。

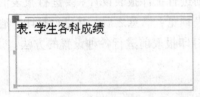

图 5-3-3 子报表内的文字

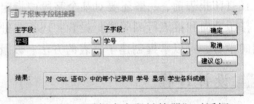

图 5-3-4 "子报表字段链接器"对话框

（7）按照上一节介绍的方法，设置报表按照"性别"分组，降序排序。

（8）右击报表的标题栏，弹出快捷菜单，单击该菜单内的"报表视图"菜单命令，切换到"学生档案和成绩子报表"的打印预览视图，如图 5-3-1 所示。

2．页面设置

在打印之前要进行页面设置。具体设置步骤如下：

（1）切换到"页面设置"选项卡，单击"页面设置"组（见图 5-3-5）内的"纸张大小"按钮，弹出下拉列表，选择"A4"选项，即选用 A4 纸张。

（2）单击"页面设置"组内的"页边距"按钮，弹出"页边距"下拉列表，如图 5-3-6 所示。其中有"普通"、"宽"和"窄"3 个选项，同时还给出 3 个选项的具体尺寸设置。这里选择"窄"选项。

图 5-3-5 "页面布局"选项卡 　　　　　图 5-3-6 "页边距"下拉列表

（3）单击"页面设置"组内的"页面设置"按钮，弹出"页面设置"对话框，切换到"打印选项"选项卡，如图 5-3-7 所示。利用该选项卡可以设置页边距。

（4）切换到"页"选项卡，如图 5-3-8 所示。利用该选项卡可以设置"纵向"或"横向"打印，在"纸张"选项组内可以选择用纸的大小和来源。在下方的选项组内可以选择打印机的来源。如果选中"使用指定打印机"单选按钮，则"打印机"按钮会变为有效，单击"打印机"按钮，可以弹出另一个"页面设置"对话框，在该对话框内的"名称"下拉列表框中可以选择其他打印机。

图 5-3-7 "页面设置"（打印选项）对话框 　　图 5-3-8 "页面设置"（页）对话框

（5）切换到"列"选项卡，如图 5-3-9 所示。利用该选项卡可以设置列数、行间距、列尺寸和列布局等。设置完成后，单击"确定"按钮。

图 5-3-9 "页面设置"（列）对话框

☕ **相关知识**

1. 打印预览

在导航窗格内选中要预览的报表，如"学生档案"报表，然后单击左上角的 Office 按钮，弹出其菜单，单击该菜单内的"打印"→"打印预览"菜单命令，即可在视图区域内显示打印预览，如图 5-3-10 所示。单击底部记录控制器内的 ▶ 按钮，可以浏览下一页内容。此处观察到的报表情况与打印效果完全相同。

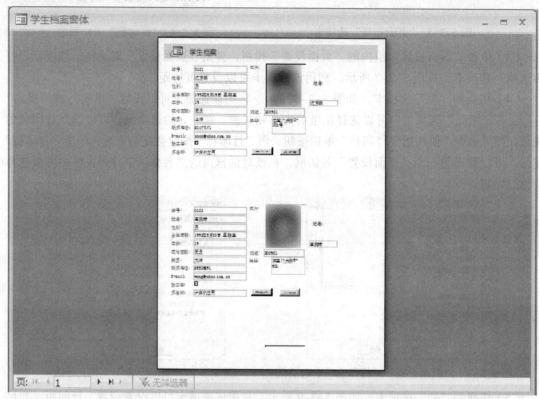

图 5-3-10　打印预览

此时，"打印预览"选项卡如图 5-3-11 所示。它提供了打印预览所需的一些功能按钮，下面介绍其中一些按钮的作用。

（1）"打印"按钮：单击该按钮，采用默认页面设置，直接打印报表。

（2）"纸张大小"按钮：单击该按钮，可选择纸张大小。

（3）"纵向"和"横向"按钮：用来设置打印方向是"纵向"或"横向"。

图 5-3-11　"打印预览"选项卡

（4）"页边距"按钮：单击该按钮，可选择一种页边距。

（5）"显示比例"按钮：单击该按钮，可选择显示比例。

（6）"单页"、"双页"和"其他页面"按钮：单击"单页"按钮，可显示单页报表；单击"双页"按钮，可显示双页报表；单击"其他页面"按钮，可显示一个菜单，单击该菜单内的"四页"、"八页"或"十二页"菜单命令，可设置相应的显示页数。

（7）Excel 按钮：单击该按钮，弹出"导出-Excel 电子表格"对话框，利用该对话框可以将报表保存为 Excel 电子表格文件。

（8）Word 按钮：单击该按钮，弹出"导出-RTF"对话框，利用该对话框可以将报表保存为 RTF 格式的文件。

（9）"文本文件"按钮：单击该按钮，弹出"导出-文本文件"对话框，利用该对话框可以将报表保存为 TXT 格式的文本文件。

（10）"其他"按钮：单击该按钮，弹出其菜单，用来选择以 HTML、XML 和 Access 数据库格式保存文件。

（11）"关闭打印预览"按钮：单击该按钮，关闭打印预览窗口。

2．打印报表

打印报表有以下几种方法：

（1）单击 Office 按钮 ，弹出其菜单，单击该菜单内的"打印"→"快速打印"菜单命令，不进行任何设置，立即打印报表。

（2）单击 Office 按钮 ，弹出其菜单，单击该菜单内的"打印"→"打印"菜单命令，或者单击"打印预览"选项卡内的"打印"按钮，都可以弹出"打印"对话框，如图 5-3-12 所示。

图 5-3-12 "打印"对话框

该对话框内一些选项的作用如下：

◎ "名称"下拉列表框：用来选择打印机类型。

◎ "打印范围"选项组：用来设置打印报表的范围。如果选中"全部内容"单选按钮，则打印全部页面；如果选中"页"单选按钮，则"到"文本框变为有效，在"从"和"到"文本框内输入起始页码和终止页码，即可设置打印范围。

◎ "打印份数"数值框：用来指定要打印的份数。

◎ "属性"按钮：单击该按钮，弹出相应打印机的属性对话框，用来设置该打印机的一些属性。

◎ "打印到文件"按钮：选中该复选框后，单击"确定"按钮，会弹出"打印到文件"对话框，如图 5-3-13 所示。在该对话框内的"输出文件名"文本框中输入文件名称，单击"确定"按钮，即可将报表保存为相应格式的文件。

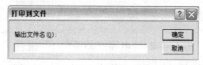

图 5-3-13 "打印到文件"对话框

思考练习 5-3

1. 在"教学管理 5.accdb"数据库内创建一个"教师档案和工资"报表，其主报表用来显示"教师档案"表内各字段的内容，子报表用来显示"教师工资"表中相应记录各字段的内容。

2. 打印预览"教师档案和工资"报表，然后进行页面设置等，再将该报表打印为 RTF 格式的文件。

5.4　综合实训 5　创建电器产品信息报表

实训效果

本实训创建 4 个报表。第一个报表是"电器产品出库报表"，它是一个简单的报表，如图 5-4-1 所示。

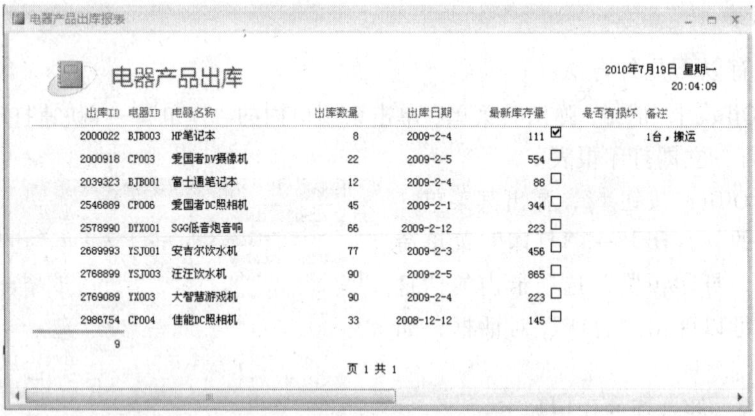

图 5-4-1　电器产品出库报表

第二个报表是含有分类汇总数据的报表，即"电器产品清单 1"报表，如图 5-4-2 所示。

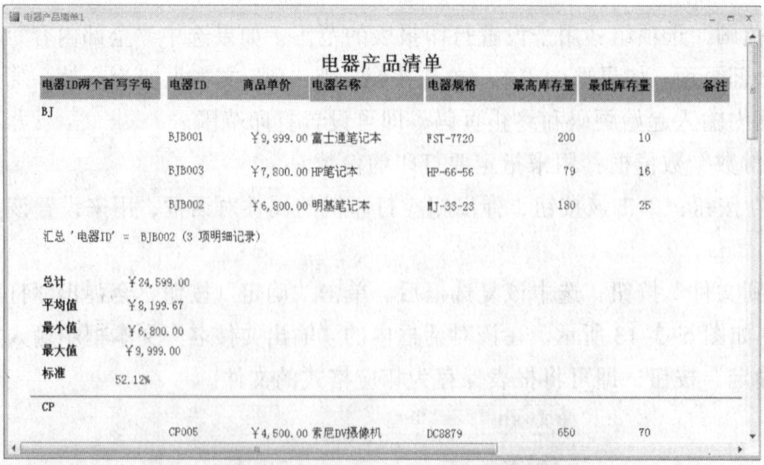

图 5-4-2　"电器产品清单 1"报表

第三个报表是有标签形式的报表，即"标签电器产品清单"报表，如图 5-4-3 所示。

第四个是含有子报表的报表，即"电器产品清单 2"报表，如图 5-4-4 所示。

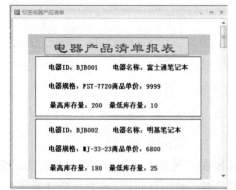

图 5-4-3 "标签电器产品清单"报表

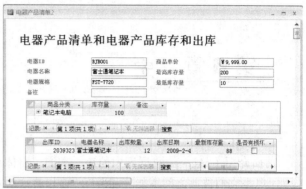

图 5-4-4 "电器产品清单 2"报表

实训提示

（1）"电器产品出库报表"是使用自动创建报表的方法制作的。打开"电器产品出库"表后，单击"报表"组内的"报表"按钮即可。

（2）"电器产品清单 1"报表是利用"报表向导"创建的。在弹出图 5-1-13 所示的"报表向导"对话框时，需要单击"分组选项"按钮，弹出"分组间隔"对话框，在"分组间隔"下拉列表框中选择"两个首写字母"选项（见图 5-4-5），再单击"确定"按钮，即可实现按照"电器 ID"字段的前两个字母来分组。

图 5-4-5 "分组间隔"对话框

（3）"标签电器产品清单"报表是使用"标签"工具创建的标签形式的报表。

（4）"电器产品清单 2"报表内的主报表是以"电器产品清单"表为依据，两个子报表分别以"电器产品库存"表和"电器产品出库"表为依据。

实训测评

能 力 分 类	能　　　　　力	评　分
职业能力	自动创建报表，使用"报表向导"创建报表	
	报表的组成和功能，创建空报表和添加控件对象	
	利用"标签"工具创建标签形式的报表，编辑报表	
	使用设计视图创建报表	
	报表汇总、分组和和排序，不同类型字段的分组依据	
	创建子报表，页面设置	
	打印预览，打印报表	
通 用 能 力	自学能力、总结能力、合作能力、创造能力等	
能力综合评价		

第6章 宏

前面介绍了 Access 数据库中的表、查询、窗体和报表 4 种基本对象。这些对象的功能很强大，但是它们彼此之间不能互相驱动。要想将这些对象有机地组合起来，成为一个性能完善、操作简便的数据库系统，可以通过宏这种对象来实现。宏是由一个或多个操作和命令组成的集合，其中每个操作或命令都完成一个特定的功能。使用宏非常方便，不需要记住各种语法，也不需要编程，只需要利用几个简单的宏操作就可以完成数据库内的一系列操作。

6.1 【案例17】给"学生信息窗体"添加宏

案例描述

本案例将在"教学管理 6.accdb"数据库内原"学生信息窗体"的基础上，增加显示消息提示对话框和快捷键控制的功能。当打开"学生信息窗体"时，首先显示图 6-1-1 所示的"消息"提示对话框，提示要打开的窗体的功能，单击"确定"按钮后，即可弹出"学生信息窗体"，如图 6-1-2 所示。按【Ctrl+O】组合键，可以打开"学生信息窗体"；按【Ctrl+I】组合键，可以最小化"学生信息窗体"；按【Ctrl+A】组合键，可以最大化"学生信息窗体"；按【Ctrl+C】组合键，可以关闭"学生信息窗体"。

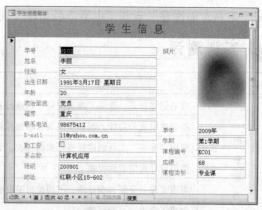

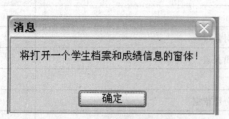

图 6-1-1 "消息"提示对话框　　　　　图 6-1-2 学生信息窗体

通过本案例的学习，可以了解宏的基本概念和功能，掌握创建和保存宏的方法，了解常用宏的功能，掌握创建 AutoKeys 宏和事件宏的方法。

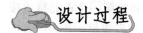

设计过程

1. 创建快捷键宏

（1）复制一份"教学管理 4.accdb"数据库文件，将复制的数据库文件命名为"教学管理 6.accdb"。在 Access 2007 中打开"教学管理 6.accdb"数据库。在视图区域内显示"学生信息窗体"，如图 6-1-2 所示。

（2）切换到"创建"选项卡，单击"其他"组内的"宏"按钮，弹出其菜单，单击该菜单内的"宏"菜单命令，进入宏的设计视图，如图 6-1-3 所示。它用于宏的创建和设计，类似于窗体的设计视图。

宏的设计视图上半部分有多列，其中"操作"列为每个步骤添加操作（即动作），"注释"列为每个操作提供说明信息。在宏的设计视图中，还隐藏了"宏名"和"条件"两列。

（3）切换到"宏工具" | "设计"选项卡，单击"显示/隐藏"组内的"宏名"按钮，在宏的设计视图内添加"宏名"列，如图 6-1-4 所示。"宏名"列用来输入宏的名称，在创建含有多个操作的宏组时，只能在第一项操作的"宏名"列中输入宏名，其余项的"宏名"列不输入宏名。

图 6-1-3　宏的设计视图　　　图 6-1-4　添加"宏名"列后的宏设计视图

"宏工具" | "设计"选项卡如图 6-1-5 所示。单击"显示/隐藏"组内的"条件"和"参数"按钮，宏的设计视图内会添加"条件"和"参数"列。再次单击"宏名"、"条件"和"参数"按钮，宏的设计视图内的"宏名"、"条件"和"参数"列会隐藏。

图 6-1-5　"宏工具" | "设计"选项卡

（4）在"操作"列的第一个下拉列表框内选择 OpenForm 选项，"参数"列的第一个单元格内会显示 OpenForm 动作的参数，可以在下方的"操作参数"栏内进行 OpenForm 动作的参数设置，可以设置"窗体名称"为"学生信息窗体"。另外，将导航窗格内的"学生信息窗体"拖曳到设计视图"操作"列的第一个单元格处，会自动在"操作"列和"参数"列添加前面设置的参数。

在"显示/隐藏"组内的"显示所有操作"按钮呈弹起状时，"操作"列各单元格下拉列表框内的操作名称只有 45 种，当按下"显示/隐藏"组内的"显示所有操作"按钮时，"操作"列各单元格下拉列表框内的操作名称会增加到 70 种。

（5）单击"宏名"列的第一个单元格，输入"^O"；单击"操作"列的第一个单元格或按【Tab】键，该单元格内会出现一个下拉按钮，该单元格实质上是一个下拉列表框，其内的各选项均是宏的动作名称。

（6）按照上述方法，在"宏名"列的第二个单元格输入"^A"，在"操作"列的第二个单元格内选择 Maximize 动作；在"宏名"列的第三个单元格输入"^I"，在"操作"列的第三个单元格内选择 Minimize 动作。

（7）在"宏名"列的第四个单元格输入"^C"，在"操作"列的第四个单元格内选择 Close 动作，在下方的"操作参数"栏内设置"视图"为"窗体"，设置"窗体名称"为"学生信息窗体"。

（8）在各行的"注释"列单元格内输入相应的注释内容，如图 6-1-6 所示。

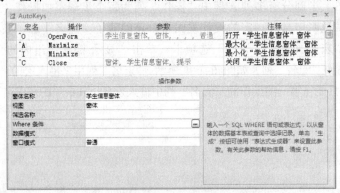

图 6-1-6　宏的设计视图的设置

在定义一个或多个宏操作后，可能需要对其中的某些操作顺序进行更改。单击操作所在行，该行会反色显示，此时可以将它拖曳到想要目标位置。

（9）单击宏的设计视图右上角的"关闭"按钮，弹出"学生信息查询"对话框，如图 6-1-7 所示。

单击该对话框内的"是"按钮，可以弹出"另存为"对话框，在其"宏名称"文本框内输入 AutoKeys，如图 6-1-8 所示。单击该对话框内的"确定"按钮，即可将创建的宏以名称 AutoKeys 保存在当前数据库内，在导航窗格内的"宏"栏内可以看到该宏。AutoKeys 宏可以通过按指定的组合键触发。

图 6-1-7　"学生信息查询"对话框

图 6-1-8　"另存为"对话框

2．创建弹出消息对话框的宏

（1）打开"学生信息窗体"，切换到"创建"选项卡，单击"其他"组内的"宏"按钮，弹出其菜单，单击该菜单内的"宏"菜单命令，进入宏的设计视图。

（2）利用前面介绍的方法，制作名称为 AutoWindows 的宏。宏的设计视图设计如图 6-1-9 所示。

图 6-1-9 宏的设计视图

（3）单击宏的设计视图右上角的"关闭"按钮，弹出"学生信息查询"对话框，单击"是"按钮，可以弹出"另存为"对话框，在其文本框内输入 AutoWindows。单击"确定"按钮，即可将创建的宏保存。

（4）右击"学生信息窗体"的标题栏，弹出快捷菜单，单击"设计视图"菜单命令，切换到"学生信息窗体"的设计视图。切换到"窗体设计工具"｜"设计"选项卡，单击"工具"组内的"属性表"按钮，弹出"属性表"窗格。

（5）切换到"属性表"窗格的"事件"选项卡，单击"加载"属性行，在其内输入 AutoWindows，表示打开"学生信息窗体"时，执行 AutoWindows 宏。

（6）单击"宏工具"｜"设计"选项卡内"工具"组中的"运行"按钮，可以弹出图 6-1-1 所示的"消息"提示对话框。保存并关闭"学生信息窗体"，在双击导航窗格内的"学生信息窗体"名称时，会自动弹出图 6-1-1 所示的提示对话框。

相关知识

1. 宏的基本概念和功能

（1）宏的基本概念：宏是 Access 2007 中一个和多个操作的集合，其中每个操作实现一种特定的功能。有了宏，可以使多个任务同时完成，使单调的重复性操作由系统自动完成。宏可以通过窗体中控件的某个事件操作来实现，或在数据库的运行过程中自动实现。宏是一种特殊的代码，不具有编译特性，没有控制转换，也不能对变量直接进行操作。

Access 数据库中的表、查询、窗体、报表几种对象的功能很强大，但是它们彼此之间不能互相驱动。要想将这些对象有机地组合起来，成为一个性能完善、操作简便的数据库系统，只有通过宏和模块这两种对象来实现。相对于模块来说，宏是一种简化操作的工具。使用宏非常方便，不需要记住各种语法，也不需要编程，只需要利用几个简单的宏操作就可以对数据库完成一系列的操作，中间过程完全是自动的。

在 Access 中，一共有 70 种基本宏操作，这些基本的宏操作还可以组合成很多其他的"宏组"操作。实际上很少单独使用这些宏命令，常常是将这些宏命令排列成一组，按顺序执行，以完成一种特定任务。在 Access 中，经常要进行一些重复性的工作，如打开表或者窗体、运行和打印报表等。可以将大量相同的工作创建成为一个宏，在每次执行这些操作时运行宏，就可以大大提高工作效率。

在许多数据库系统中，可以运用 VBA 编程来完成一些操作。但对于一般用户来说，使用宏是一种更简便的方法。

（2）宏的功能：Access 定义了许多宏操作，这些宏操作可以完成以下功能。

◎ 可以显示警告信息窗口。

◎ 可以完成窗体和报表中的数据处理。

◎ 可以进行数据的导入、导出。

◎ 可以进行数据库中的各个对象的处理，使各个对象联系得更加紧密。

◎ 可以执行任意的应用处理模块。

◎ 可以为窗体制作菜单，为菜单指定某些操作。

◎ 可以把筛选程序加到记录中，提高记录的查找速度。

◎ 可以替代用户执行重复的任务。

◎ 可以实现数据在应用程序之间传送。

◎ 可以为控制的属性赋值。

2．创建 AutoKeys 宏与 AutoExec 宏和事件宏

宏的类型很多，它们的主要区别是触发和执行宏的方式不同。下面介绍 AutoKeys 宏、AutoExec 宏和事件宏。

（1）AutoKeys 宏：是一种通过按一个键（如【F5】键）或一个组合键（如【Ctrl+C】组合键）来触发执行的宏，通过本节的案例可以清楚地理解这一点。

命名宏时，使用"^"符号表示【Ctrl】键。表 6-1-1 给出了 AutoKeys 宏的一些组合键的命名方法和实例。

表 6-1-1　AutoKeys 宏的一些组合键的命名方法和实例

宏 命 名	说 明
^数字	Ctrl+任意一个数字，例如，"^1"表示【Ctrl+1】组合键
^字母	Ctrl+任意一个字母，例如，"^Z"表示【Ctrl+Z】组合键
F*	任意一个功能键，例如，"F5"表示【F5】组合键
^F*	Ctrl+任意一个功能键，例如，"^F5"表示【Ctrl+F5】组合键

（2）AutoExec 宏：可以在第一次打开数据库时运行的特殊的宏。可以创建一个可以打开输入数据的窗体或欢迎窗体的宏，再以名称 AutoExec 保存该宏，然后设置启动时运行 AutoExec 宏，即可实现在第一次打开数据库时运行该宏。一个数据库内只能有一个名为 AutoExec 的宏。

（3）事件宏：事件是在数据库内执行的一个操作，如打开窗体、打开报表、单击按钮等。事件宏就在某一个事件发生时就运行的宏。例如，在打开窗体时先弹出一个消息提示对话框；再如，单击"查找和打印"按钮后，完成在窗体内查找记录、打印记录、显示下一条记录等一系列操作。

Access 2007 可以识别的事件种类取决于所触发的对象类型，不同的对象类型可以识别的事件种类不同。在窗体的设计视图下，显示出"属性表"窗格，切换到"事件"选项卡，在顶部的下拉列表框中可以选择不同的对象，如窗体、主体、页眉、字段名、按钮名称等。选中不同的对象后，"事件"选项卡中列出的事件名称和事件数量也会有所不同。常用的事件如表 6-1-2 所示。

表 6-1-2 常用的事件

事 件 名 称	说　　　　　明
成为当前	当窗体成为当前窗体时，当对象的当前记录被选中时
加载	当窗体第一次打开，即加载时
单击	单击一个对象时，如窗体、按钮等
双击	双击一个对象时，如窗体、按钮等
打开	当一个对象（如窗体）被打开且第一条记录被显示之前
关闭	当一个对象（如窗体）被打开且第一条记录被显示之前
激活	当一个对象被激活时
停用	当一个对象不再活动时
更新前	当用新数据更新记录之前
更新后	当用新数据更新记录之后
获得焦点	当一个对象成为当前对象时（例如，鼠标指针移到一个文本框控件对象上时），即该对象获得了焦点
失去焦点	当一个对象由获得焦点变为失去焦点时

3. 常用宏操作

在宏中添加某个操作之后，可以在设计视图的下方设置这项操作的参数，通过参数向 Access 提供如何执行操作的附加信息。

Access 常用的宏操作及其功能如表 6-1-3 所示。

表 6-1-3 Access 常用的宏操作及其功能

宏 操 作	功　　　能
AddMenu	向窗体或报表的自定义菜单栏或快捷菜单添加一个下拉菜单，菜单栏中的每个菜单都需要一个独立的 AddMenu 操作
ApplyFilter	对表、窗体或报表应用筛选、查询或 SQL WHERE 子句，以便对表中的记录、窗体、报表的基础表或基础查询中的记录而操作。对于报表，只能在其"打开"事件属性所指定的宏中使用该操作
Beep	通过计算机的扬声器发出嘟嘟声
CancelEvent	取消引起宏运行的事件。不能在定义菜单命令的宏中或者窗体的 OnClose 事件中使用该操作
Close	关闭指定的 Access 窗口及其所包含的所有对象
CopyObject	把一个数据库中的对象复制到另一个数据库中
DeleteObject	删除任意表、查询、窗体、报表、宏或模块
Echo	控制在宏运行时中间操作的显示
FindRecord	查找符合参数指定条件的数据
GoToControl	把焦点移动到打开的窗体、窗体数据表、表数据表、查询数据表中当前记录的特定字段或空间上，此操作不能用于数据访问页
GoToPage	把光标移动到窗体中的指定页
GoToRecord	使指定的记录成为打开的表、窗体或查询结果集中的当前记录
Hourglass	在宏运行时将鼠标指针变为沙漏形式
Maximize	放大活动窗口，使其充满 Access 窗口

宏　操　作	功　　　能
Minimize	将活动窗口缩小到只保留标题栏
MoveSize	移动或更改活动窗口的大小
MsgBox	显示包含警告信息或其他信息的消息框
OpenForm	打开一个窗体，选择窗体的数据输入与窗口方式来限制窗体所显示的记录
OpenModule	在设计视图中打开一个模块，并显示命名的过程
OpenQuery	运行一个选择查询，并在数据表视图、设计视图或打印预览视图中显示记录集
OpenReport	在设计视图或打印预览视图中打开报表或立即打印报表
OpenTable	在数据表视图、设计视图或打印预览视图中打开报表，可以选择表的输入方式
OutputTo	输出表、查询、窗体、报表或模块为另一种文件格式，文件格式包括 HTML（*.html）、Excel（*.xls）、快照（*.snp）、多信息文本（*.rtf）或文本（*.txt）
PrintOut	打印打开的数据库中的很多对象，也可以打印数据表、报表、窗体、数据访问页和模块
Quit	退出 Access 系统，可以指定在退出 Access 之前是否保存数据库对象
Rename	为当前数据库中的指定对象重新命名
Restore	将处于最大化或最小化状态的窗口恢复为原来的大小
RunApp	启动另一个 MS-DOS 或 Windows 过程
RunCode	调用 Visual Basic 的 Function 过程
RunCommand	运行 Access 的内置命令
RunMacro	运行宏，该宏可以在宏组中
Save	保存任意的表、查询、窗体、报表、宏或模块
SelectObject	选择指定的数据库对象
SendObject	将指定的 Access 数据库对象包含在电子邮件信息中，以便查看和发送
SetValue	对 Access 中窗体、窗体数据表或报表上的字段、控件或属性的值进行设置
ShowAllRecords	清除以前应用于活动表、查询或窗体的所有筛选
StopAllMacros	停止所有的宏
StopMacro	停止当前正在运行的宏
TransferText	导出数据到文本文件或从文本文件导入数据

思考练习 6-1

1. 在原来"学生档案"窗体的基础上，增加显示消息对话框和快捷键控制的功能。当打开"学生档案"窗体时，首先显示一个"学生档案"消息提示对话框，显示相关的提示信息，单击"确定"按钮后，即可弹出"学生档案"窗体。

2. 按【Ctrl+1】组合键，可以打开"学生档案"窗体；按【Ctrl+2】组合键，可以最小化"学生档案"窗体；按【Ctrl+3】组合键，可以最大化"学生档案"窗体；按【Ctrl+4】组合键，可以关闭"学生档案"窗体。

6.2 【案例18】创建"打开窗体"

案例描述

本案例创建一个名为"打开窗体"的窗体，"打开窗体"窗体的运行效果如图 6-2-1 所示。单击前两行中的按钮，可以打开相应的窗体；在打开"学生档案"窗体的情况下，单击"学生档案窗体下一条记录"按钮，可以浏览"学生档案"窗体内的下一条记录；单击"学生档案窗体上一条记录"按钮，可以浏览"学生档案"窗体内的上一条记录。

图 6-2-1 打开窗体

另外，单击"打开学生信息窗体"按钮后，会弹出"消息"提示对话框，如图 6-1-1 所示。单击"确定"按钮后才弹出"学生信息窗体"，如图 6-1-2 所示。单击"成绩"字段时会弹出一个"学生信息查询"提示对话框。当成绩小于 60 分时，提示对话框内显示"学习评语：不及格！"；当成绩大于或等 60 分且小于 75 分时，提示对话框内显示"学习评语：及格！"；当成绩大于或等 75 分且小于 85 分时，提示对话框内显示"学习评语：良！"；当成绩大于或等 85 分时，提示对话框内显示"学习评语：优秀！"。几种"学生信息查询"提示对话框如图 6-2-2 所示。

图 6-2-2 "学生信息查询"提示对话框

制作一个"打开窗体"宏组，其内有 8 个宏，单击按钮后会执行"打开窗体"宏组内的一个宏，完成相应的操作。再制作一个"成绩检查"宏，用来检查"成绩"字段数据并根据数据情况弹出一个提示对话框，在提示对话框内给出相应的评语。

通过本案例的学习，可以了解宏组的基本概念，掌握创建和使用宏组的方法，了解为宏操作设置条件的方法，了解宏的嵌套方法等。

设计过程

1. 创建"打开窗体"

（1）在 Access 2007 中打开"教学管理 6.accdb"数据库。切换到"创建"选项卡，单击"窗体"组内的"空白窗体"按钮，创建一个空白窗体。

（2）右击空白窗体的标题栏，弹出快捷菜单，单击该菜单内的"设计视图"菜单命令，进入窗体的设计视图。

（3）切换到"窗体设计工具" | "设计"选项卡，单击"控件"组内的"标题"按钮，即

可在设计视图内添加页眉，并且已在页眉内添加了标题文字，修改标题文字为"打开窗体"，再将标题文字居中。

（4）单击"控件"组内的"使用控件向导"按钮，使该按钮呈弹起状。单击"控件"组内的"按钮"按钮，再在窗体的主体区域内拖曳鼠标，创建一个按钮。按照上述方法，再创建 7 按钮。

（5）选中第一个按钮，弹出"属性表"窗格，切换到"格式"选项卡，在"标题"属性对应的文本框内输入按钮的标题名称"打开学生成绩窗体"。采用相同的方法，更改其他按钮的标题名称，如图 6-2-1 所示。

（6）将窗体以名称"打开窗体"保存。

2. 创建和应用"打开窗体"宏组

（1）切换到"创建"选项卡，单击"其他"组内的"宏"按钮，弹出其菜单，单击该菜单内的"宏"菜单命令，弹出宏的设计视图。

（2）切换到"宏工具" | "设计"选项卡，单击"显示/隐藏"组内的"宏名"按钮，在宏的设计视图内添加"宏名"列。

（3）在"宏名"列的第一个单元格中单击，输入名称"打开学生成绩窗体"；单击"操作"列的第一个单元格，单击下拉按钮，在弹出的下拉列表中选择 OpenFrom 选项；单击"参数"列的第一个单元格，在"操作参数"栏中设置"窗体名称"为"学生成绩窗体"。

（4）按照上述方法，依次在宏设计视图内的第二行到第八行设置"宏名"、"操作"和"参数"列各单元格的内容，如图 6-2-3 所示。

（5）单击宏的设计视图右上角的"关闭"按钮，弹出一个提示对话框，单击"是"按钮，可以弹出"另存为"对话框，在"宏名称"文本框内输入"打开窗体"。单击该对话框内的"确定"按钮，即可将创建的宏组以名称"打开窗体"保存。

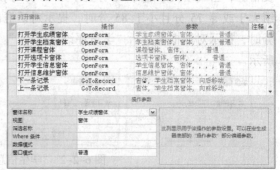

图 6-2-3　"打开窗体"宏组的设计视图设置

（6）显示出"属性表"窗格，选中窗体内的"打开学生成绩窗体"按钮，在"属性表"窗格内"单击"属性对应的下拉列表框中选择"打开窗体.打开学生成绩窗体"选项，表示单击"打开学生成绩窗体"按钮后执行"打开窗体"宏组内的"打开学生成绩窗体"宏，即打开"学生成绩窗体"。

（7）按照上述方法依次设置前两行的 6 个按钮。

（8）选中"学生档案窗体下一条记录"按钮，在"属性表"窗格内"单击"属性对应的下拉列表框中选择"打开窗体.下一条记录"选项，表示单击"学生档案窗体下一条记录"按钮后执行"打开窗体"宏组内的"下一条记录"宏，即显示"学生档案窗体"内的下一条记录。

（9）选中"学生档案窗体上一条记录"按钮，在"属性表"窗格内"单击"属性对应的下拉列表框中选择"打开窗体.上一条记录"选项，表示单击"学生档案窗体上一条记录"按钮后执行"打开窗体"宏组内的"上一条记录"宏，即显示"学生档案窗体"内的上一条记录。

3．创建和应用"成绩检查"宏

（1）切换到"创建"选项卡，单击"其他"组内的"宏"按钮，弹出其菜单，单击其菜单内的"宏"菜单命令，弹出宏的设计视图。

（2）切换到"宏工具"｜"设计"选项卡，单击"显示/隐藏"组内的"条件"按钮，在宏的设计视图内添加"条件"列。

（3）在"条件"列的第一个单元格中单击，输入条件"[成绩]>=85"；单击"操作"列的第一个单元格，单击下拉按钮，在弹出的下拉列表中选择 MsgBox 选项；单击"参数"列的第一个单元格，在"操作参数"栏的"消息"文本框内输入"学习评语：优秀！"。

（4）按照上述方法，依次在宏设计视图内的第二行到第四行设置"条件"、"操作"和"参数"列各单元格的内容，如图 6-2-4 所示。

（5）打开"学生信息窗体"，进入设计视图，选中"成绩"字段，在"属性表"窗格内"获得焦点"属性对应的下拉列表框中选择"成绩检查"选项，表示将光标定位在"学生信息窗体"的"成绩"字段中后，执行"成绩检查"宏的一系列操作，即显示"学生信息查询"提示对话框以及相应的评语信息。

图 6-2-4　"成绩检查"宏的设计视图设置

相关知识

1．宏组的基本概念

宏组就是同一个宏的设计视图中包含多个宏。如果要在一个位置上将几个相关的宏构成组，而又不希望单独运行，则可以将它们组织起来构成一个宏组。宏组中的每个宏单独运行，彼此之间没有关联。多数数据库中，用到的宏比较多，将相关的宏分组到不同的宏组有助于方便地对数据库进行管理。

在宏组中，为了方便调用宏，每个宏需要有一个名称。在宏的设计视图中，"宏名"列的默认状态是关闭的，在创建宏组时需要先将"宏名"列打开，然后将每个宏的名称加入到其第一项操作的"宏名"列单元格内，每一个宏名代表一个宏。

宏和宏组的区别在于：宏可以用来执行某个特定的操作，宏组则包含多个宏或多个操作，可以用来执行一系列操作。

一个宏组可以含有包括多个操作的宏，在宏组的设计视图中，同一宏组的同一个宏的所有操作的"宏名"列中，只能在第一项操作的"宏名"列中填入宏名，其他均为空白。

宏组是多个宏的集中管理方式，如果要使用宏组中的某个宏，不能直接使用宏的名称，而要使用语法"宏组名.宏名"。

2．创建条件宏

条件宏是满足一定条件后才执行的宏。要创建条件宏，需要在宏的设计视图中添加"条件"列，在"条件"列的单元格内输入条件，即逻辑表达式。在"条件"列的单元格内不能使用 SQL 表达式。在一些"条件"列单元格内的条件后可以添加省略号。当该逻辑表达式成立（即逻辑表达式的值为真）时，则运行相应的宏，以及标有省略号的所有操作；当该逻辑表达式不成立（即逻辑表达式的值为假）时，则忽略该操作以及标有省略号的所有操作。

例如本案例中的"成绩检查"宏，首先判断"成绩"字段的数值是否大于或等于 85，如果大于或等于 85（即"[成绩]>=85"成立，其值为真，即 TRUE），则弹出提示对话框，其中显示"学习评语：优秀！"；如果"成绩"小于 85（即"[成绩]>=85"不成立，其值为假，即 FALSE），则转到下一个操作，即判断"[成绩]>=75 And [成绩]<85"逻辑表达式是否成立。

宏条件最多可达 255 字符。如果条件比限定的长，可使用 VBA 程序。

3．宏的嵌套

在 Access 中，用户可以方便地实现对一个已有宏的引用，这可以节省大量时间。如果要从某个宏中运行另外一个宏，可以使用 RunMacro 操作，将 RunMacro 的操作参数"宏名"设置为希望运行的宏名称。

RunMacro 操作的效果与单击"宏工具"｜"设计"选项卡内"工具"组中的"运行"按钮效果基本相同。唯一不同之处在于单击"运行"按钮后只运行一次宏，而采用 RunMacro 操作可以多次运行宏。

注意：RunMacro 操作除了"宏名"参数外还有两个参数，一个是"重复次数"参数，用来指定重复运行宏的最大次数；另一个是"重复表达式"参数，这是一个表达式，计算结果为 TRUE（−1）或 FALSE（0）。RunMacro 操作每次运行时都会计算该表达式，当结果为 FALSE（0）时，则停止被调用的宏。下面介绍一个嵌套宏的"运行宏"宏的创建方法。

进入宏的设计视图，在"操作"列的第一个单元格的下拉列表中选择 OpenForm 选项，单击"参数"列的第一个单元格，设置"窗体名称"为"打开窗体"。在"操作"列的第二个单元格的下拉列表中选择 RunMacro 选项，单击"参数"列的第二个单元格，设置"宏名"为"打开窗体"，如图 6-2-5 所示。

图 6-2-5　"运行宏"宏中的宏嵌套

根据需要设置"重复次数"和"重复表达式"参数，"重复次数"参数表示宏执行的最大次数，如果"重复次数"文本框为空白，则表示只执行一次宏；"重复表达式"是一个逻辑表达式，每次运行宏时都要计算表达式的值，其值为 TRUE（−1）或 FALSE（0），如果为 FALSE，则宏停止运行。

利用宏的嵌套功能，在创建新宏时，便可以根据需要引用已创建宏中的操作了，而不必在新建的宏中逐一添加重复操作。用户还可以利用 VBA 程序完成相同的操作，只要将 RunMacro 操作添加到 VBA 程序中即可。

注意：每次调用的宏运行结束后，Access 都会返回到调用宏，继续进行该宏的下一个操作。用户可以调用同一宏组的宏，也可以调用另一宏组中的宏。如果在"宏名"文本框中输入某个宏组的名称，则 Access 将运行该组中的第一个宏。

4．运行宏

运行宏时，Access 会运行宏中的所有操作，直到宏结束。运行宏的方法很多，下面介绍几种主要方法。

（1）直接运行宏：可以采用下面几种方法。

◎ 在宏的设计视图下运行宏：切换到"宏工具" | "设计"选项卡，单击"工具"组内
的"运行"按钮。

◎ 在导航窗格内运行宏：双击导航窗格内的宏名称。

◎ 在 Access 任何状态：切换到"数据库工具"选项卡，单
击"宏"组内的"运行宏"按钮，弹出"执行宏"对话
框，如图 6-2-6 所示。在"宏名"下拉列表框内输入或
选择宏的名称，单击"确定"按钮，即可运行指定的宏。

图 6-2-6 "执行宏"对话框

（2）利用控件运行宏：可以在控件对象内添加宏。前面已经介绍过，在控件对象"属性表"
窗格的"事件"选项卡内设置某一个事件对应的宏。当该控件对象的事件触发时，即可执行相
应的宏。下面介绍如何使用控件向导为按钮控件对象添加宏（对应的事件是"单击按钮"）。
具体操作步骤如下：

① 在窗体的设计视图下，切换到"窗体设计工具" | "设计"选项卡，单击"控件"组
内的"使用控件向导"按钮，使其突出显示，然后单击"按钮"按钮。

② 在窗体内拖曳鼠标创建一个按钮，同时弹出"命令按钮向导"对话框，在"类别"列
表框中选择"杂项"选项，在"操作"列表框中选择"运行宏"选项，如图 6-2-7 所示。

③ 单击"下一步"按钮，弹出下一个"命令按钮向导"对话框，在列表框中选择一个宏，
此处选择 AutoExec 宏，如图 6-2-8 所示。

图 6-2-7 "命令按钮向导"对话框之一

图 6-2-8 "命令按钮向导"对话框之二

④ 单击"下一步"按钮，弹出下一个"命令按钮向导"对话框，选中"文本"单选按钮，
在其文本框内输入按钮的标题名称"运行宏"，如图 6-2-9 所示。

⑤ 单击"下一步"按钮，弹出下一个"命令按钮向导"对话框，在文本框内输入按钮的
名称，如图 6-2-10 所示。

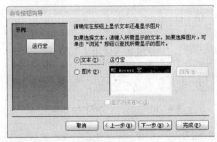

图 6-2-9 "命令按钮向导"对话框之一

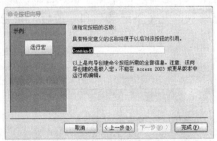

图 6-2-10 "命令按钮向导"对话框之二

⑥ 单击"完成"按钮，关闭"命令按钮向导"对话框，以后单击"运行宏"按钮后即可运行 AutoExec 宏。

思考练习 6-2

1. 针对"教学管理 6.accdb"数据库内已有的"高等数学成绩统计"、"计算机基础成绩统计"、"图像处理成绩统计"、"外语成绩统计"、"各科成绩查询"、"学生成绩查询"查询创建 6 个窗体。然后创建一个"打开窗体"，"打开窗体"中有 6 个按钮，单击按钮可以打开相应的窗体。

2. 在"各科成绩查询"窗体内添加"下一条记录"和"上一条记录"按钮，单击"下一条记录"按钮，可以浏览"各科成绩查询"窗体内的下一条记录；单击"上一条记录"按钮，可以浏览"各科成绩查询"窗体内的上一条记录。

3. 在"各科成绩查询"窗体内添加条件宏，当运行"各科成绩查询"窗体后，单击姓名字段，即可显示该学生 4 门课程的总分和平均分。

6.3 综合实训 6 创建"电器产品进出库信息"窗体和宏

实训效果

创建一个"电器产品库存管理 6.accdb"数据库，其内有综合实训 4 中创建的"电器产品入库"、"电器产品出库"、"电器产品清单"、"电器产品库存"和"电器产品全信息查询"5 个窗体。根据这 5 个窗体，创建一个"电器产品进出库信息"窗体，同时添加宏，具体要求如下：

（1）双击"电器产品库存管理 6.accdb"数据库图标或在 Access 工作环境下打开"电器产品库存管理 6.accdb"数据库文件，均可自动弹出"电器产品信息"提示对话框，如图 6-3-1 所示。单击该提示对话框内的"确定"按钮，即可关闭该提示对话框，同时打开"电器产品进出库信息"窗体，如图 6-3-2 所示。

（2）按【Ctrl+1】组合键，可以打开"电器产品进出库信息"窗体；按【Ctrl+2】组合键，可以最小化"电器产品进出库信息"窗体；按【Ctrl+3】组合键，可以最大化"电器产品进出库信息"窗体；按【Ctrl+4】组合键，可以关闭"电器产品进出库信息"窗体。

（3）"电器产品进出库信息"窗体内前两行有"电器产品入库"、"电器产品出库"、"电器产品清单"、"电器产品库存"和"电器产品全信息查询"5 个按钮，下方有"第 1 条记录"、"下一条记录"、"上一条记录"和"最后一条记录"4 个按钮。

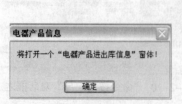

图 6-3-1 "电器产品信息"提示对话框

图 6-3-2 "电器产品进出库信息"窗体

（4）单击该窗体内上方两行中的 5 个按钮，可打开相应的窗体。例如，单击"电器产品入库"按钮，可以打开"电器产品入库"窗体。单击该窗体内下方一行中的 4 个按钮，可在电器产品全信息查询"窗体内调整当前记录。例如，单击"下一条记录"按钮，即可浏览"电器产品全信息查询"窗体内的下一条记录。

（5）单击"电器产品清单"按钮，可打开"电器产品清单"窗体。单击该窗体内的"商品单价"字段，使该字段成为当前字段时，会弹出一个"电器产品类别"提示对话框，提示相应产品属于哪类产品。当"商品单价"字段的值小于或等于 1 000 元时，提示对话框显示"该商品属于低价产品！"；当"商品单价"字段的值小于或等于 2 000 元且大于 1 000 元时，提示对话框显示"该商品属于中价产品！"；当"商品单价"字段的值大于 2000 元时，提示对话框显示"该商品属于高价产品！"。几种情况下的"电器产品类别"提示对话框如图 6-3-3 所示。

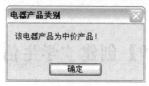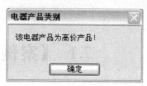

图 6-3-3　"电器产品类别"提示对话框

实训提示

（1）将"电器产品库存管理 4.accdb"数据库复制一份，名称改为"电器产品库存管理 6.accdb"。在 Access 2007 中打开"电器产品库存管理 6.accdb"数据库。在导航窗格内删除原来的"电器产品进出库信息"窗体和"主窗体"。

（2）参考【案例 18】，创建"电器产品进出库信息"窗体，如图 6-3-2 所示。

（3）参考【案例 17】和【案例 18】，创建 AutoKeys 或 AutoExec 宏，再创建 AutoWindows、"单价检查"和"打开窗体"宏。

（4）打开"电器产品清单"窗体的设计视图，弹出"属性表"窗格，选中"电器产品清单"窗体内的"商品单价"字段，设置"获得焦点"属性的值为"单价检查"。

（5）打开"电器产品进出库信息"窗体的设计视图，弹出"属性表"窗格，在顶部的下拉列表框中选择"窗体"选项，设置"加载"属性的值为 AutoWindows。

实训测评

能 力 分 类	能　　　力	评　分
职业能力	宏的基本概念和功能，创建宏的方法，运行宏的方法	
	创建 AutoKeys 与 AutoExec 宏的方法，创建事件宏的方法	
	了解常用宏操作的功能	
	宏组基本概念，创建条件宏的方法	
	了解宏的嵌套，以及创建宏嵌套的方法	
通 用 能 力	自学能力、总结能力、合作能力、创造能力等	
能力综合评价		

第7章 VBA 编程基础

Visual Basic for Application（简称 VBA）在语言级别上等价于 Microsoft Visual Basic。它可以用来编程解决具有用一定难度的任务，它的功能主要通过模块来实现的，是一种面向对象的编程方法。

7.1 【案例 19】创建"学生信息维护"窗体

案例描述

本案例创建一个"学生信息维护"窗体，该窗体的运行效果如图 7-1-1 所示。拖曳垂直滚动条的滑块，或者使用底部的记录控制器，可以浏览"学生成绩"表内的记录。"学生成绩"表是在【案例 2】中创建的"学生成绩"表的基础上，增加了"出生日期"字段和 20 条记录。

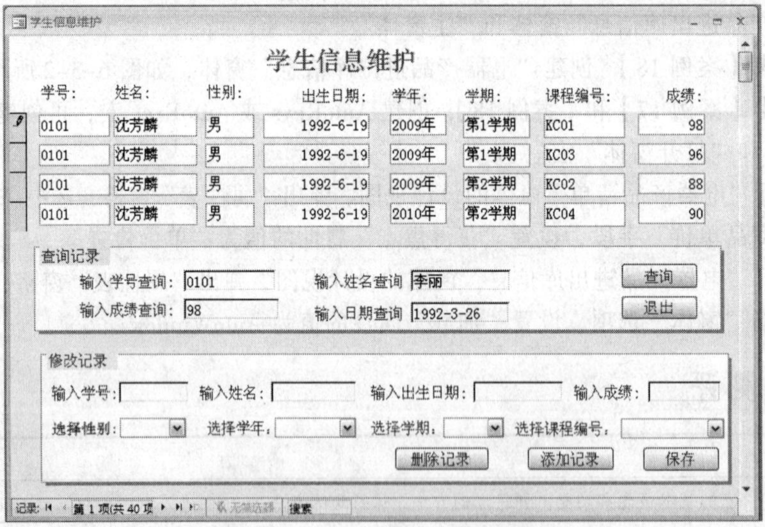

图 7-1-1 "学生信息维护"窗体

在"查询记录"选项组中的任意一个文本框内输入查询条件，再将光标定位在要查询的字段文本框内，单击"查询"按钮，即可在上方显示相应的记录，再单击"查询"按钮，可以定位到下一条符合条件的记录。

例如，在"输入成绩查询"文本框内输入 88，单击"查询"按钮，即可将光标定位在上方"学生成绩"表中第三条姓名为"沈芳麟"记录的"成绩"字段；再次单击"查询"按钮，即可将光标定位在第四条姓名为"赵晓红"的记录的"成绩"字段（成绩为 88 分），如图 7-1-2 所示。

　　再如，在"输入姓名查询"文本框内输入"李丽"，单击"查询"按钮，即可将光标定位在"学生成绩"表（一共列出了 4 个名字为"李丽"的记录）中第一条姓名为"李丽"的记录的"姓名"字段；再次单击"查询"按钮，即可将光标定位在第二条姓名为"李丽"的记录的"姓名"字段。

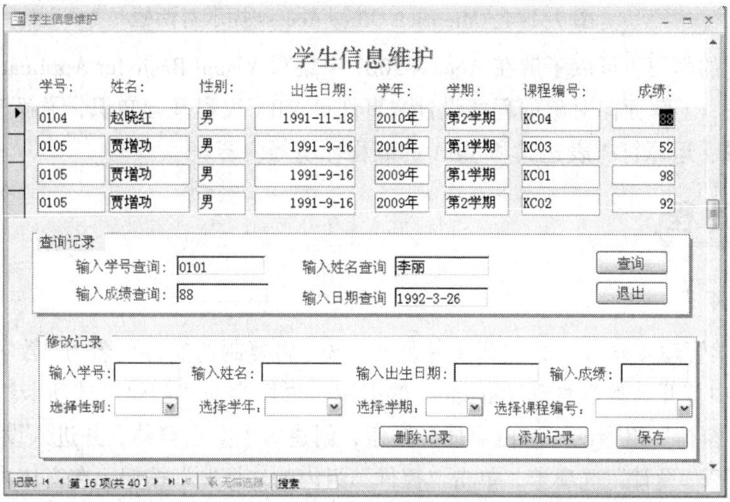

图 7-1-2　"学生信息维护"窗体内查询结果

　　在"修改记录"选项组内，单击"添加记录"按钮，可以在"学生成绩"表的最后追加一条空记录，并在上方的"学生成绩"表列表内显示和定位该记录。将光标定位在一条记录中，使该记录成为当前记录，单击"删除记录"按钮，可以删除当前记录。在"修改记录"选项组内输入或选择各记录的内容，单击"保存"按钮，可以将"修改记录"选项组内设置的各字段内容添加到当前记录，替换原来的数据。新增一条空记录并选中该记录，在"修改记录"选项组内输入字段内容，单击"保存"按钮后，"学生信息维护"窗体如图 7-1-3 所示。

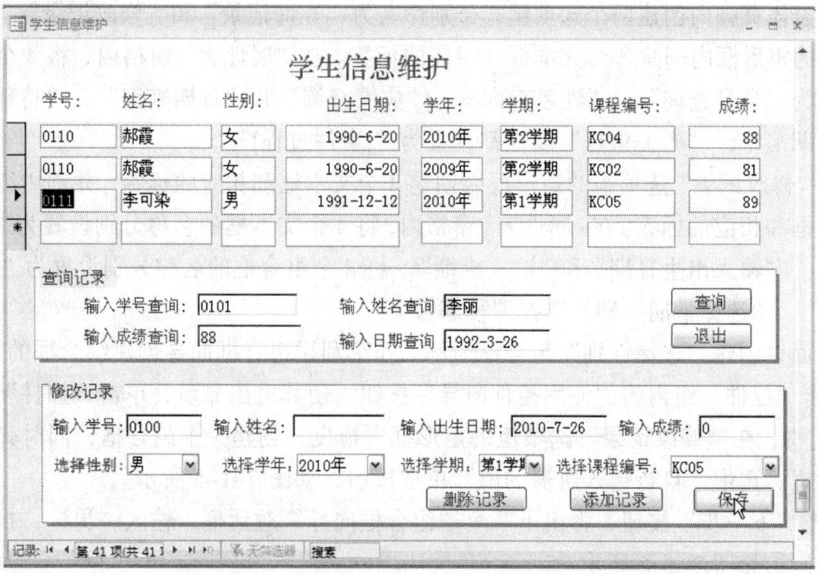

图 7-1-3　"学生信息维护"窗体内修改记录结果

单击窗体，可以弹出 Microsoft Office Access 提示对话框，如图 7-1-4 所示。

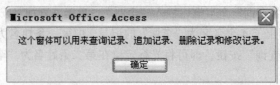

图 7-1-4　Microsoft Office Access 提示对话框

通过本案例的学习，可以了解在 Access 2007 中编写 Visual Basic for Application（VBA）语言代码的基本方法，了解面向对象的程序设计、事件等 VBA 编程基础知识，了解 VBA 中的数据类型、常量、变量、运算符、表达式和 VBA 的编程环境等内容。

设计过程

1. 创建窗体

（1）将"教学管理 4.accdb"数据库文件复制一份，将复制的文件更名为"教学管理 7.accdb"。在 Access 2007 中打开"教学管理 7.accdb"数据库，再切换到"创建"选项卡。

（2）单击"窗体"组内的"空白窗体"按钮，创建一个空白窗体，并进入设计视图。切换到"窗体设计工具"|"设计"选项卡，单击"控件"组内的"标题"按钮，在窗体内添加窗体页眉，在窗体页眉内创建标题文字"学生信息维护窗体"。

（3）单击"工具"组内的"添加现有字段"按钮，弹出"字段列表"窗格。将"字段列表"窗格中"学生成绩"表内除"成绩 ID"字段外的所有字段依次拖曳到窗体的主体区域中。每拖曳一个字段，都右击字段名，弹出快捷菜单，单击该菜单内的"布局"→"表格"菜单命令，将字段标签移到页眉，字段文本框保留在主体，同时上下对齐。

（4）调整各字段的文字大小和位置。可以通过调整字段标签和字段文本框的大小来协助调整它们的位置。

（5）在窗体页脚内创建两个选项组，分别命名为"查询记录"和"修改记录"。在"查询记录"选项组的矩形框内创建 4 个文本框和相应的标签。在"属性表"窗格内，将 4 个文本框的名称分别设置为"学号查询"、"姓名查询"、"成绩查询"和"日期查询"，"特殊效果"属性都设置为"凹陷"，"失去焦点"属性都设置为"[事件过程]"。

（6）在"修改记录"选项组的矩形框内创建 4 个文本框和相应的标签，并利用组合框向导创建 4 个组合框和相应的标签。在"属性表"窗格内，将 4 个文本框的名称分别设置为"输入学号"、"输入姓名"、"输入出生日期"和"输入成绩"，将 4 个组合框的名称分别设置为"选择性别"、"选择学年"、"选择学期"和"选择课程编号"。

（7）下面以创建"选择性别"组合框为例，介绍利用组合框向导创建组合框的方法。

① 单击"控件"组内的"使用控件向导"按钮，使其突出显示，单击"控件"组内的"组合框"按钮，在"修改记录"选项组的矩形框内拖曳，创建一个组合框，同时弹出"组合框向导"对话框，选中"自行键入所需的值"单选按钮，如图 7-1-5 所示。

② 单击"下一步"按钮，弹出下一个"组合框向导"对话框，输入"男"，按【↓】键，再输入"女"，如图 7-1-6 所示。

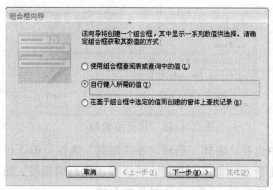

图 7-1-5　"组合框向导"对话框之一

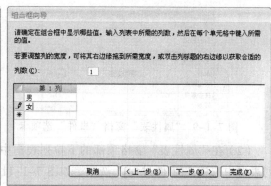

图 7-1-6　"组合框向导"对话框之二

③ 单击"下一步"按钮，弹出下一个"组合框向导"对话框，选中第二个单选按钮，在其下拉列表框中选择该数值保存的字段名称"性别"，如图 7-1-7 所示。

④ 单击"下一步"按钮，弹出下一个"组合框向导"对话框，在文本框内输入该组合框的标签名称"选择性别："，如图 7-1-8 所示。

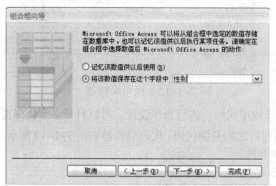

图 7-1-7　"组合框向导"对话框之三

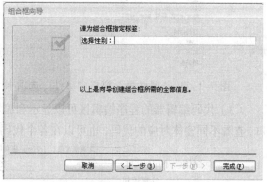

图 7-1-8　"组合框向导"对话框之四

⑤ 单击"完成"按钮，完成"选择性别"组合框的创建。

（8）在"查询记录"选项组的矩形框内创建"查询"和"退出"按钮，其名称分别为 CmdFind 和 CmdExit。在"修改记录"选项组的矩形框内创建"删除记录"和"添加记录"按钮，分别添加宏，前者完成删除记录功能，后者完成添加记录功能；创建一个标题为"保存"、名称为 CmdFind 的按钮。

2．代码编辑器和编写 VBA 程序

（1）弹出"属性表"窗格，切换到"事件"选项卡。单击窗体内的"查询"按钮，在"属性表"窗格的"单击"属性行的下拉列表框中选择"[事件过程]"选项，如图 7-1-9 所示。单击 ⋯ 按钮，可以弹出代码编辑器，如图 7-1-10 所示。

代码编辑器中的程序是系统自动生成的，Option Compare Database 语句表示；当需要字符串比较时，将根据数据库的区域 ID 确定的排序级别进行比较。Private Sub CmdFind_Click()语句表示 CmdFind 按钮的单击过程开始，End Sub 语句表示 CmdFind 按钮的单击过程结束，这两条语句之间的程序代码就是单击 CmdFind 按钮后要执行的程序代码，即单击 CmdFind 按钮事件的响应过程。

图 7-1-9 "属性表"窗格"事件"选项卡

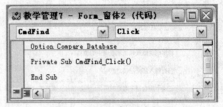

图 7-1-10 代码编辑器

（2）在"属性表"窗格顶部的下拉列表框中选择"窗体"选项，在"加载"属性行的下拉列表框中选中"[事件过程]"选项，如图 7-1-11 所示。单击 按钮，可以弹出代码编辑器，如图 7-1-12 所示。其中的 Private Sub Form_Load()语句表示加载窗体过程的开始。

右击窗体内的一个对象，弹出快捷菜单，再单击该菜单中的"事件发生器"菜单命令，也可以弹出代码编辑器。另外，切换到"窗体设计工具"|"设计"选项卡，单击"工具"组内的"查看代码"按钮 ，也可以弹出代码编辑器。

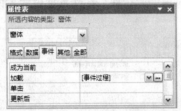

图 7-1-11 "属性表"窗格"事件"选项卡

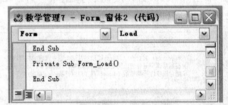

图 7-1-12 代码编辑器

（3）代码编辑器的程序编辑区可以显示和编辑程序代码，进行程序设计。可以打开多个代码窗口，查看不同窗体对应的代码，也可以在各个代码窗口之间复制代码。代码编辑器如图 7-1-13 所示。

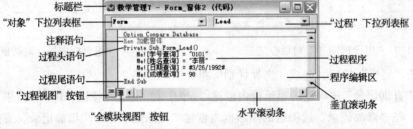

图 7-1-13 代码编辑器

代码编辑器中一些选项的作用如下：

◎ "对象"下拉列表框：该下拉列表框（见图 7-1-14）用来选择不同的对象名称，选择对象名称后，即可自动在程序编辑区内产生一对过程头和过程尾语句。

图 7-1-14 代码编辑器内的"对象"下拉列表框

◎ "过程"下拉列表框：该下拉列表框用来选择不同的事件过程名称（也称事件名称），过程头语句中的事件名称是该对象的默认事件名称，还可以自定义过程名称。需注意的是，只有在"对象"下拉列表框中选择了对象名称，"过程"下拉列表框中才会有事件名称。

◎ 程序编辑区：用户可以在一对过程头和过程尾语句之间输入程序代码。在程序编辑区中拖曳选中的代码，可以移动选中的代码。右击选中的代码，会弹出快捷菜单，利用该菜单可以对代码进行复制、剪切和粘贴操作。右击程序编辑区，弹出快捷菜单，单击其中的"属性/方法列表"菜单命令，可以弹出"属性/方法"列表框，如图 7-1-15 所示。该列表框用来供用户选择属性、方法、常量名称。

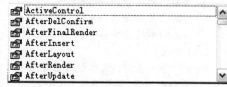

图 7-1-15 "属性/方法"列表框

◎ "过程视图"按钮 ≡：单击该按钮后，程序编辑区内将只显示在"对象"下拉列表框中选中的对象的过程代码。

◎ "全模块视图"按钮 ≣：单击该按钮后，程序编辑区内将显示相应窗体内所有对象的过程代码。

（4）在"代码"编辑器内输入如下程序代码：

```
Option Compare Database
Rem 单击窗体
Private Sub Form_Click()
    MsgBox ("这个窗体可以用来查询记录、追加记录、删除记录和修改记录。")
End Sub
Rem 单击"退出"按钮
Private Sub CmdExit_Click()
    DoCmd.Close
End Sub
Rem 单击"查询"按钮
Private Sub CmdFind_Click()
    Screen.PreviousControl.SetFocus
    DoCmd.FindNext
End Sub
Rem 单击"保存"按钮
Private Sub CmdSave_Click()
    Me![学号].SetFocus
    DoCmd.FindRecord Me![输入学号], , , True, , True
    Me![学号]=Me![输入学号]
    Me![姓名]=Me![输入姓名]
    Me![出生日期]=Me![输入日期]
    Me![成绩]=Me![输入成绩]
    Me![性别]=Me![选择性别]
    Me![学年]=Me![选择学年]
    Me![学期]=Me![选择学期]
    Me![课程编号]=Me![选择课程编号]
    Me![输入学号]="0100"
    Me![输入姓名]=""
    Me![输入日期]=Date
```

```
    Me![输入成绩]=0
    Me.Refresh
End Sub
Rem 加载窗体
Private Sub Form_Load()
    Me![学号查询]="0101"
    Me![姓名查询]="李丽"
    Me![日期查询]=#3/26/1992#
    Me![成绩查询]=98
End Sub
Rem "学号查询"文本框失去焦点
Private Sub 学号查询_LostFocus()
    Me![学号].SetFocus
    DoCmd.FindRecord Me![学号查询], , True, , True
    Me![学号查询].Visible=True
End Sub
Rem "成绩查询"文本框失去焦点
Private Sub 成绩查询_LostFocus()
    Me![成绩].SetFocus
    DoCmd.FindRecord Me![成绩查询], , True, , True
    Me![成绩查询].Visible=True
End Sub
Rem "姓名查询"文本框失去焦点
Private Sub 姓名查询_LostFocus()
    Me![姓名].SetFocus
    DoCmd.FindRecord Me![姓名查询], , True, , True
    Me![姓名查询].Visible=True
End Sub
Rem "日期查询"文本框失去焦点
Private Sub 日期查询_LostFocus()
    Me![出生日期].SetFocus
    DoCmd.FindRecord Me![日期查询], , True, , True
    Me![日期查询].Visible=True
End Sub
```

（5）代码编辑器位于 Microsoft Visual Basic 窗口内，如图 7-1-16 所示。在修改程序后，单击该窗口内"标准"工具栏中的"保存"按钮，可以保存程序。

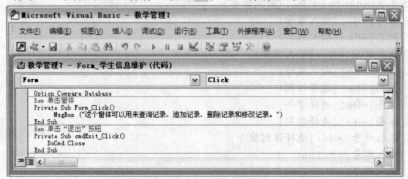

图 7-1-16　Microsoft Visual Basic 窗口

3. 程序解释

（1）DoCmd.Close 语句用来关闭窗体。

（2）Screen.PreviousControl.SetFocus 语句中，PreviousControl 属性用于 Screen 对象（窗体对象）返回对上次获得焦点（只有当对象具有焦点时，才具有接收鼠标单击或键盘输入的能力）的控件的引用。一旦建立了对控件的引用，就可以访问该控件的所有属性和方法。除非在窗体打开后有多于一个控件获得焦点，否则不能使用 PreviousControl 属性。

SetFocus 方法将焦点移到特定的窗体、活动窗体上特定的控件或者活动数据表的特定字段上。焦点是一种接受通过鼠标操作、键盘操作或 SetFocus 方法进行的用户输入的能力。焦点可由用户或应用程序设置。具有焦点的对象通常由突出显示的标题或标题栏指示。

（3）DoCmd.FindNext 语句用来查找记录。使用 FindNext 方法可以反复搜索记录，可以在指定表内的所有记录间逐个查找。

（4）"Me![学号].SetFocus"语句用来将焦点定位到当前"学生成绩"表内的"学号"字段。

（5）"DoCmd.FindRecord Me![输入学号], , True, , True"语句用来在查找当前"学生成绩"表内"学号"字段的值等于"输入学号"文本框内值的记录。当 Access 找到指定的数据时，数据将被选中。

（6）"Me![学号]=Me![输入学号]"语句用来将当前窗体"输入学号"文本框内的数据复制给当前窗体"学生成绩"表中的"学号"字段。

（7）"Me![学号查询].Visible=True"语句用来将当前窗体内"学号查询"文本框对象设置为可见，焦点也定位于该对象。

（8）Me.Refresh 语句中的 Refresh 方法用来立即更新特定窗体或数据表的基础数据源中的记录，以反映用户对数据的更改。Me 是指当前窗体和"学生成绩"表。

相关知识

1. 面向对象的程序设计简介

面向对象的程序设计（Object Oriented Programming，OOP）是一种重要的程序设计方法，能够有效地改进结构化程序设计中的问题。它采用面向对象的方法来解决问题，不再将问题分解为过程，而是将问题分解为对象。20 世纪 90 年代以来，面向对象程序设计在全世界迅速流行，并成为程序设计的主流技术。

在结构化程序设计中，解决某一个问题的方法是对问题进行分解，然后用许多功能不同的函数来实现，数据与函数是分离的。面向对象的程序设计思想认为现实世界是由对象组成的，要解决某个问题，必须首先确定这个问题是由哪些对象组成的。面向对象的程序设计方法将问题抽象成许多类，将数据与对数据的操作封装在一起，对象是类的实例，程序是由对象和针对对象进行操作的语句组成的。

对象的属性用于描述对象的名称、位置、大小等特性。例如，计算机这个对象就有品牌、型号、尺寸、类型等属性。Visual Basic 中的命令按钮对象就具有名称、Caption（标题）、Width（宽度）、Height（高度）和文字颜色等属性。

可以通过改变对象的属性值来改变对象的属性特性。设置对象属性可以有两种方法，一种是使用属性窗口修改其属性值来完成，另一种是在程序中使用代码来完成。有些属性可以使用上述两种方法来设置；而有些属性则必须通过编写代码，在运行程序时完成设置，或使用属性窗口完成设置。可以在运行程序时读取和设置值的属性称为读写属性，只能读取的属性称为只读属性。在程序中使用代码进行属性设置的语句格式如下：

    对象.属性=属性值

例如，"Me![学号]=Me![输入学号]"语句中的"输入学号"文本框内的数值是属性值，用来赋给"学号"字段对象。

对象的方法是指改变对象属性的操作。方法可以看做函数的名称，该函数是针对对象进行操作的程序和改变对象属性值的程序。在程序中使用方法的语句格式如下：

    对象.方法

例如，"Me![学号].SetFocus"语句中的 SetFocus 是"学号"字段对象的方法。

2．事件和事件在程序中的格式

（1）事件：是指由用户或操作系统引发的动作。对于对象而言，事件就是发生在该对象上的事情。例如，有一个按钮对象，单击按钮就是发生在按钮对象上的一个事件。

当对象上发生某个事件后，应处理这个事件，而处理这个事件的步骤就是事件过程。事件是触发事件过程的信号，事件过程（动作）是事件的结果。事件过程是针对事件的，事件过程中的处理步骤是由一系列程序代码组成的，这可以由用户充分发挥。换句话说，程序设计者的主要工作，就是为对象编写事件过程中的程序代码。

事件又可分为鼠标和键盘等事件。例如，按钮可以响应鼠标单击（Click）事件，又可以响应键盘按下（KeyDown）等事件。

在事件驱动的应用程序中，程序运行后，会先等待某个事件的发生，然后执行处理此事件的事件过程。事件过程要经过事件的触发才会被执行，由事件控制整个程序的执行流程。可见，代码的执行不再是按照预定的路径，而是由响应事件的顺序来决定代码执行的顺序。因此，应用程序每次运行时所经过代码的路径都是不同的。

（2）事件在程序中的表示格式如下：

```
Private Sub 窗体或控件名称_事件名称([形参表])
    [程序段]
End Sub
```

◎ 语句"Private Sub 对象名称_事件名称([形参表])"和 End Sub 必须成对使用，它们表示一个事件的开始和结束。

◎ "对象名称"与"事件名称"通过下画线连接在一起，共同构成事件的具体名称和作用对象。控件或窗体对象的事件过程名称由控件（由"属性"窗格中的"名称"属性来规定）或窗体的名称、下画线"_"和事件名称组合构成。注意：这里窗体的名称不由"属性"窗格中的"名称"属性来规定，而统一确定为 Form。

◎ "形参表"为可选项，其中是与事件相关的参数列表，各参数之间用逗号分隔。

◎ "程序段"部分也是可选项，如果省略该部分，则发生该事件时不执行任何操作。如果该部分有具体的程序代码，则发生该事件时，会自动执行这些程序代码。

例如：

```
Private Sub Form_Click()
```

```
    MsgBox ("这个窗体可以用来查询记录、追加记录、删除记录和修改记录。")
    End Sub
```

这段代码程序表示：当窗体对象（Form）发生鼠标单击（Click）事件时，弹出一个消息提示对话框显示文字"这个窗体可以用来查询记录、追加记录、删除记录和修改记录"。程序中，MsgBox() 是一个 Visual Basic 中预定义的函数，用于弹出一个消息对话框，来显示其括号内引号中的文字。

3．VBA 基础知识

VBA 具有与 VB（Visual Basic）相同的语言功能。与 VB 一样，使用 VBA 编写程序同样涉及基本的处理对象，如数据类型、常量、变量和表达式等。

（1）数据类型：VBA 提供了较为完备的数据类型，它包含除 Access 表中的 OLE 对象、备注和附件类型以外的其他所有数据类型，如表 7-1-1 所示。

表 7-1-1　VBA 数据类型

数据类型	关键字	类型符	范围
单字节型	Byte	无	0～255
布尔型	Boolean	无	True 与 False
整型	Integer	%	−32 768～32 767，小数部分四舍五入
长整型	Long	&	−2 147 483 648～2 147 483 647，小数部分四舍五入
字符型	String	$	用双引号括起来字符、数字等组成的字符串
单精度型	Single	!	负数：−2.402823E38～−1.401298E−45 正数：1.401298E−45～2.402823E38
双精度型	Double	#	负数约为：−1.8D308～−4.9D−324 正数约为：4.9D−324～1.8D308
货币型	Currency	@	−922 337 203 685 477.580 8～922 337 203 685 477.580 7
日期型	Date	无	100.1.1～9999.12.31 应用#括起来，如#2010/6/28#
对象型	Object	无	可供任何对象引用
变体型	Variant	不定	上述数据类型中的任何一种，由最近的赋值决定

在 VBA 编程中，常需要使用转换函数将一种类型的数据转换成另一种数据类型。VBA 中常用的数据类型转换函数如表 7-1-2 所示。例如，Cstr(10)函数可将数值型数据转换成字符型数据。

表 7-1-2　常用的数据类型转换函数

转换函数	目标类型	转换函数	目标类型
Cbyte()	Byte（单字节型）	Cdbl()	Double（双精度型）
Cint()	Integer（整型）	Ccur()	Currency（货币型）
Cing()	Long（长整型）	Cdate()	Date（日期型）
Csng()	Single（单精度型）	Cvar()	Variant（变体型）
Cstr()	String（字符型）		

（2）常量：常量是在程序运行中保持不变的量。VBA 中的常量包括符号常量、固有常量和系统定义常量 3 种。

◎ 系统定义常量：包括数值常量、字符常量和逻辑型常量。数值常量由正号、负号、数字和小数点组成，如 234、12.45、7.3E-3（单精度型）、7.2D3（双精度型）、Null（空值）等。字符常量由双引号括起来的字符串组成，如"ACC"、"123456"、"学习 Access 2007"和""（空字符串）等。逻辑常量由 False（假）和 True（真）组成。日期常量是用两个"#"括起来的日期形式的字符，如#2007-11-20 9:10:20#、#6/10/2006#等。

◎ 符号常量：对于一些具有特定意义的数字或字符串，或者需要在程序代码中反复使用的相同值，可以使用符号常量来代表。使用符号常量，不仅可以增加程序代码的可读性，还可以使程序代码更容易维护。一般用 Const 语句来说明符号常量，其格式如下：

【格式】[Public/Private]Const 常量名[AS 数据类型]=表达式

【说明】如果省略"[AS 数据类型]"，则表达式值的数据类型决定了所定义常量的数据类型。常量有 3 个范围级别，在 Const 左侧添加 Public 定义的常量属于公共模块级别，只用 Const 定义或者在 Const 左侧添加 Private 定义的常量属于私有模块级别。过程模块级别的常量要在过程中定义。

公共模块级别的常量可以被工程中的所有过程调用，私有模块级别的常量只可以被所属的模块过程使用。

在程序运行中不能对符号常量进行重新赋值，也不能创建与固有常量同名的符号常量。

【实例 1】
```
Const PI=3.1415926
Public Const N1 AS Integer=100
Const Ndata=#2010/26/11#
Private Const S1="学习 Access 2007"
```

◎ 固有常量：它是 Access 或引用库的一部分。所有固有常量均可在宏或 VBA 代码中使用。通常，固有常量通过前两个字母来指明定义该常量的对象库。来自 Access 库的常量以"ac"开头，来自 ActiveX Data Objects（ADO）库的常量以"ad"开头，而来自 VB 库的常量则以"vb"开头，如 acForm、adAddNew、vbCurrency 等。

可以在任何允许使用符号常量或用户定义常量的地方使用固有常量。

（3）变量：变量是指在程序运行过程中其值会发生变化的量。变量分为简单变量和数组变量两种。简单变量只有一个值，数组变量则有相同类型的多个值。变量命名规则是：以字母开头，由字母、数字或下画线"_"组成，不能包括句点"."、空格和类型声明字符（%、$、@、#、&、!），不能与关键字同名，字符不超过 255 个，一个汉字相当于两个字符。变量名不区分大小写。

定义变量可以使用类型说明符、Dim 语句和 DefType 语句等。数组变量只能使用 Dim 语句定义。Dim 语句和 DefType 语句的格式如下：

【格式】Dim 变量名 As 数据类型[,变量名 As 数据类型]

【说明】Dim 语句定义的变量是私有模块级变量。若 Public 替代 Dim 语句，则定义的变量属于公共模块级别的变量。公共模块级别的变量可以被工程中的所有过程调用，私有模块级别的变量只可以被所属的模块过程使用。在窗体、报表和标准模块的顶部声明部分都可以使用 Dim（在顶部声明部分）或 Private 定义模块级别的变量。

【格式】DefType 字母[,字母范围]

【说明】该语句主要用于模块级通用说明部分，一般用来说明变量或传递过程的参数的数据类型，以及用来说明以指定字符开头的 Funtion 或 Property Get 过程的返回值类型。

【实例 2】
```
Int N1%=69
Dim AB1 As String
DefInt N1,N2
```

（4）表达式：表达式由运算符、常量、变量、函数、字段名、控件、属性等组合而成。在 Access 中，表达式几乎是无处不在，如属性、操作参数的设置，窗体、报表、数据访问页中计算控件的设置，查询中准则、计算字段的定义，宏中条件的设置等。Access 中的表达式有 5 种，它们是算术表达式、字符串表达式、关系表达式、布尔表达式和对象表达式。

◎ 算术表达式：是由算术运算符构成的。算术运算符的含义及优先顺序如表 7-1-3 所示。多数算术运算符的含义和用法与数学中的相同。而整数除法（\）和取模运算（Mod）有特殊的含义。整数除法执行整除运算，结果为整型数。取模运算用来求余数，结果为第一个操作数整除第二个操作数所得的余数。

表 7-1-3　算术运算符

运 算 符	运 算	示 例	优先顺序	运 算 符	运 算	示 例	优先顺序
^	指数	x^y	1	/	浮点除法	x/y	4
–	取负	–x	2	\	整数除法	x\y	5
*	乘法	x*y	3	Mod	取模	x Mod y	6

◎ 字符串表达式：是由字符串运算符连接而成的。在 VBA 中可以使用 "+" 或 "&" 连接多个字符串。例如 Frs$="[产品出库表]![ID]="& Me![文本 1]，"[产品出库表]![ID]="& Me![文本 1]" 就是一个字符串表达式，该表达式的操作结果就是将字符串 "[产品出库表]![ID]" 与变量 "Me![文本 1]" 的字符串值连接在一起形成的新字符串。

◎ 关系表达式：是由关系运算符组成的表达式，主要用于条件判断。关系运算符的作用是比较两个表达式的值，比较结果是一个逻辑值，即真（True）或假（False）。关系运算符及含义如表 7-1-4 所示。

表 7-1-4　关系运算符

运 算 符	含 义	示 例	优先顺序	运 算 符	含 义	示 例	优先顺序
<	小于	X<Y	1	>=	大于或等于	x>=y	1
>	大于	x>y	1	=	等于	X=y	2
<=	小于或等于	X<=Y	1	<>或><	不等于	X<>y	2

◎ 布尔表达式：由逻辑运算符连接而成，用于条件判断。逻辑运算符也称布尔运算符，其运算符形式及含义如表 7-1-5 所示。

表 7-1-5　布尔运算符

运 算 符	含 义
Not	非，即由真变假，由假变真
And	与，两个表达式同时为真则值为真，否则为假
Or	或，两个表达式中有一个值为真则为真，否则为假
Xor	异或，两个表达式同时为真或同时为假，则值为假，否则为真

续表

运 算 符	含 义
Eqv	等价，两个表达式同时为真或同时为假，则值为真，否则为假
Imp	蕴涵，第一个表达式为真，且第二个表达式为假，则值为假，否则为真

◎ 对象表达式：是指引用了对象或对象属性的表达式。对象表达式中使用的运算符有"！"和"．"两种，其符号和作用如表 7-1-6 所示。

表 7-1-6　对象表达式运算符

运 算 符	作 用	示 例	示例含义
！	指出随后为用户定义的内容	Form![学生成绩]	引用开启的"学生成绩"窗体
．	指出随后为 Access 定义的内容	[按钮 1].Visible	引用"按钮 1"按钮的 Visible 属性

在对象表达式中，使用"！"运算符不仅可以引用一个开启的窗体或报表，还可以引用开启窗体或报表上的控件对象。例如，"Me![姓名].Setfocus"表达式引用了当前窗体中的"姓名"控件对象。

思考练习 7-1

1. 参考【案例 19】介绍的方法，创建一个"学生档案维护"窗体，该窗体运行后可以根据在文本框内输入的字段数据来查询符合条件的记录，还可以创建新记录和删除记录。

2. 参考【案例 19】介绍的方法，创建一个"通讯录输入"窗体，该窗体运行后可以创建新记录和删除记录。单击该窗体内的"查询"按钮，会弹出"通讯录查询"窗体，利用该窗体可以根据在文本框内输入的字段数据来查询符合条件的记录。

7.2 【案例 20】创建用户登录界面窗体

案例描述

本案例创建一个用户登录界面窗体，该窗体运行后的效果如图 7-2-1 所示。在"用户名"文本框内输入用户名"林晓东"，在"密码"文本框内输入"123456"（显示为"＊＊＊＊＊＊"），如图 7-2-2 所示。单击"确定"按钮，即可关闭用户登录界面窗体，弹出图 4-3-1 所示的"学生信息查询"切换面板窗体。单击"退出"按钮，可以关闭用户登录界面窗体。

图 7-2-1　用户登录界面窗体之一

图 7-2-2　用户登录界面窗体之二

如果未在"用户名"文本框中输入任何字符，则单击"确定"按钮后，则会弹出图 7-2-3

（左）所示的 Microsoft Office Access 提示对话框；如果未在"密码"文本框中输入任何字符，则单击"确定"按钮后，则会弹出图 7-2-3（中）所示的 Microsoft Office Access 提示对话框；如果输入的用户名或密码不正确，则会弹出图 7-2-3（右）所示的 Microsoft Office Access 提示对话框。

图 7-2-3　Microsoft Office Access 提示对话框

如果输入 5 次都不正确，则弹出 Microsoft Office Access 提示对话框，其中显示"输入的次数已经有 5 次了！不可以再输入！"提示信息。单击"确定"按钮会关闭窗体。

通过本案例的学习，可以了解数组，初步掌握程序的分支控制和分支的循环控制，初步掌握程序设计的基本方法等。

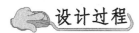 设计过程

1. 创建窗体

（1）在 Access 2007 中打开"教学管理 7.accdb"数据库，然后切换到"创建"选项卡，单击"窗体"组内的"空白窗体"按钮，创建一个空白窗体，并进入设计视图。

（2）切换到"窗体设计工具"|"设计"选项卡，单击"控件"组内的"标签"按钮，在窗体的主体内创建一个标签，名称为"Labe1"，输入标题文字"学生信息管理系统"。然后在"字体"组或"属性表"窗格内，设置文字字体为宋体、字号为 16 磅、文字颜色为红色、加粗。设置好的"属性表"窗格如图 7-2-4 所示。

（3）创建"名称"属性为"用户名"和"密码"的文本框，同时创建的标签文字分别为"用户名："和"密码："。设置文字字体为宋体、字号为 14 磅，文字颜色分别为蓝色和绿色、加粗。

（4）创建两个按钮，按钮的标题文字分别为"确定"和"退出"，其名称分别为 cmdEnter 和 cmdExit。切换到"属性表"窗格的"事件"选项卡，在"单击"属性行的下拉列表框中选择"[事件过程]"选项。

（5）在"属性表"窗格顶部的下拉列表框中选择"窗体"选项，切换到"事件"选项卡，在"加载"属性行的下拉列表框中选择"[事件过程]"选项，如图 7-2-5 所示。

图 7-2-4　"属性表"窗格之一　　　　图 7-2-5　"属性表"窗格之二

（6）切换到"属性表"窗格的"格式"选项卡，单击"图片"属性行右边的⊡按钮，弹出"插入图片"对话框，利用该对话框选择一幅背景图像，单击"确定"按钮，关闭"插入图片"对话框，返回到"属性表"窗格，"图片"属性行添加了图片文件的名称。在"图片平铺"属性行的下拉列表框内选择"是"选项。

2．输入程序代码

（1）切换到"属性表"窗格的"事件"选项卡，如图 7-2-5 所示。单击"加载"属性行右边的⊡按钮，弹出代码编辑器。

（2）在代码编辑器的程序编辑区内输入如下程序代码：

```
Option Compare Database
Option Explicit
Public num As Integer
Rem 单击"确定"按钮
Private Sub cmdEnter_Click()
    Dim name, pass As String
    name="林晓东"
    pass="123456"
    If(Me.用户名.Value=name) And (Me.密码.Value=pass) Then
        DoCmd.OpenForm "切换面板"
        Me.Visible=False
    ElseIf(Me.用户名.Value="") Then
        MsgBox("请输入用户名称! ")
    ElseIf(Me.密码.Value="") Then
        MsgBox("请输入用户密码! ")
    Else
        MsgBox("没有这个用户，或者密码错误! ")
    End If
    If num>5 Then
        MsgBox("输入的次数已经有 5 次了! 不可以再输入! ")
        DoCmd.Close
    End If
    num=num+1
End Sub
Rem 单击"退出"按钮
Private Sub cmdExit_Click()
    DoCmd.Close
End Sub
Rem 加载窗体
Private Sub Form_Load()
    num=1
    Me.用户名.Value=""
    Me.密码.Value=""
End Sub
```

Option Explicit 语句的作用是：为了避免因写错变量名而引起不必要的麻烦，可以规定，只要使用一个变量，就必须先进行变量的显示声明；只要遇到一个未经显式声明的变量名，就会自动显示 Variable not defined 警告信息。为此，需要在类模块、窗体模块或标准模块的通用声明段（代码开始处）内加入 Option Explicit 语句。

变量 name 用来保存用户名"林晓东"，变量 pass 用来保存密码"123456"。

下面这段程序代码的含义是，当变量 num 大于 5 时，执行 If 和 End If 语句之间的语句。num=num+1 语句可以使变量 num 自动加 1。

```
If num>5 Then
    MsgBox("输入的次数已经有 5 次了！不可以再输入！")
    DoCmd.Close
End If
```

相关知识

在 VBA 程序代码中，程序的流程有 3 种：顺序、分支和循环。顺序流程控制比较简单，只是按照程序中的代码顺序依次执行，而对程序走向的控制则需要通过控制语句来实现。在 VBA 中，可以使用分支控制语句和循环控制语句来有效地控制程序的走向。

1．数组和创建数组

（1）数组和数组元素：数组是由具有相同数据结构的一组元素构成的数据集合。构成数组的各个数据或变量称为数组元素。数组用一个统一的名称来标识这些元素，这个名称就是数组名，其命名规则与简单变量的命名规则相同。在数组中，对数组元素的区分用数组下标来实现，数组下标的个数称为数组的维数。有了数组，就可以用同一个变量名来表示一系列数据，并用数组名称和括号内的一个序号（下标）来表示同一数组中的不同数组元素，而且下标可以是常量、变量和数值型表达式。例如，数组 P 有 10 个数组元素，则可表示为：P(0)，P(1)，…，P(9)。因此，数组元素也称下标变量，它由数组名称和括号内的下标组成。

数组中的数组元素是有排列顺序的。使用循环语句，使下标变量的下标不断变化，即可获取数组中的所有变量，采用这种方法，可以很方便地给下标变量赋值和使用下标变量的数据。例如，对 100 个候选人进行选票统计，如果使用简单变量，需要使用 100 个变量（P0，P1，…，P99）来分别表示各候选人。如果使用数组，则只需要一个含有 100 个数组元素的数组 P，它有 100 个下标变量 P(0)，P(1)，…，P(99)。在统计过程中，如果使用简单变量，程序会很复杂；而如果使用数组，则使用循环语句，可以很容易地为它们赋值和进行累加。

一般情况下，同一数组中的元素应具有相同的数据类型，但当数组元素的数据类型为变体（Variant）类型时，各个数组元素可以采用不同的数据类型。

在 VBA 中，根据数组占用内存的方式不同，可以将数组分为常规数组和动态数组两种类型。常规数组是数组元素个数不可改变的数组，动态数组是数组元素个数可以改变的数组。

（2）创建常规数组：常规数组是大小固定的数组，也就是说数组元素的个数是不变的，它总是保持同样的大小，占有的存储空间也保持不变。创建常规数组也称定义数组。数组的下标变量必须在定义数组后才可以使用。定义常规数组语句的格式及功能如下：

【格式】Dim 数组名 [(维数定义)][As 数据类型]…

【说明】创建常规数组，其名称由"数组名"给出，维数由"维数定义"给出，数组下标变量的数据类型由"数据类型"给出，"维数定义"省略时创建一个无下标的空数组。可同时定义多个不同维数的数组。当"数据类型"省略后，则相当于定义变体（Variant）数据类型。数组元素未经赋值前，数值型数组元素值为零，字符型数组的元素值为空字符串。维数定义的格式如下：

[下界1To] 上界1 [,[下界2 To] 上界2]···

其中，一组[下界 To 上界]即定义了一维，有几项[下界 To 上界]即定义了几维数组。[下界]和[上界]表示该维的最小和最大下标值，通过关键字 To 连接起来代表下标的取值范围。下界和关键字 To 可以省略，省略后则等效于[0 To 上界]，即下标的下界默认值为 0。下界和上界可以使用数值常量或符号常量。

例如，Dim DN(20) As Integer 语句定义了一个名称为 DN 的整型数组，它有 21 个元素：DN(0)，DN(1)，···，DN(20)；Dim NU(5 To 20) As Double 语句定义了一个名称为 NU 的双精度型数组，它有 16 个元素：NU(5)，NU(6)，···，NU(20)。

再如，Dim N(2,3 To 5) As Integer 语句定义了一个名称为 N 的二维整型数组，它有 3×3 个元素：N(0,3)，N(0,4)，N(0,5)，N(1,3)，N(1,4)，N(1,5)，N(2,3)，N(2,4)，N(2,5)。

（3）动态数组：只有在程序的执行过程中才给数组开辟存储空间，在程序未运行时，动态数组不占用内存。当不需要动态数组时，还可以用 Erase 语句删除它，收回分配给它的存储空间；可以用 Redim（或 Dim）语句再次分配存储空间。动态数组是用变量作为下标定维的数组，在程序运行的过程中完成数组的定义。动态数组可以在任何时候改变大小。定义动态数组语句的格式及功能如下：

【格式】ReDim [Preserve] 数组名 [(维数定义)][As 数据类型]···

【说明】创建动态数组时，上界和下界可以是常量和变量（有确定值）。可使用 ReDim 语句多次改变数组的数组元素的个数和数组维数，但不能改变数据类型。

如果重新定义数组，则会删除它原有数组元素中的数据，并将数值型数组元素全部赋 0，将字符型数组元素全部赋空串。如果希望在数组重定义后不删除原有数据，应在定义数组时添加 Preserve 关键字，但是使用 Preserve 关键字后，只能改变最后一维的上界，不可改变数组的维数。例如：

```
ReDim nums(30) As Integer    '定义了一个含有 31 个数组元素的整型动态数组 nums
ReDim Preserve nums(40) As Integer   '将动态数组 nums 的上界改为 40
```

2. 程序的分支控制

在 VBA 中，可以使用 If…Then、If…Then…Else 和 Select Case 语句，根据条件来决定程序的走向，以实现程序的分支控制。

（1）If Then 语句：该语句的流程图如图 7-2-6 所示。该语句格式和功能如下：

【格式】
```
If 条件 Then
    语句序列
End If
```

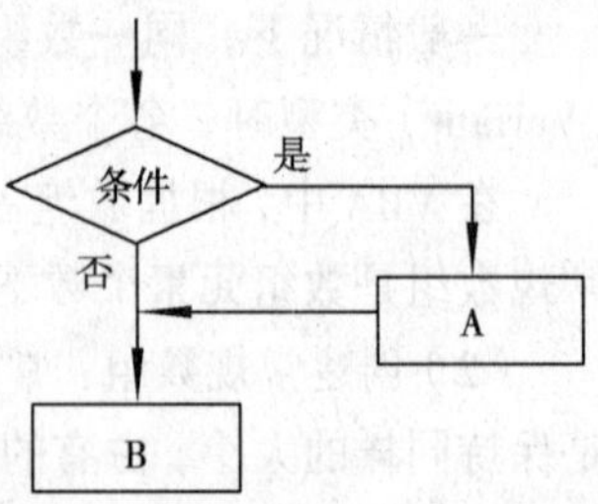

图 7-2-6　If…Then 语句流程

【说明】"条件"可以是关系表达式或逻辑表达式。当程序执行到 If…Then 语句时，计算机首先计算条件表达式的值，如果值是 True，则执行 Then 下面的语句序列（即 A），然后执行 If…Then 语句下面的语句（即 B）；如果条件表达式的值是 False，则不执行 Then 下面的语句序列，直接执行 If…Then 语句下面的语句。

当语句序列是一条语句时，格式可简写为：
```
If 条件表达式 Then 语句
```

【**实例 1**】创建一个"判断是否超重"窗体，该窗体运行效果如图 7-2-7（左）所示。在"请输入"文本框内输入小于或等于 20 的数（如 15），单击"计算"按钮后，会显示图 7-2-7（中）所示结果；在"请输入"文本框内输入大于 20 的数（如 30），单击"计算"按钮后，会显示图 7-2-7（右）所示结果。单击"退出"按钮，即可关闭该窗体。

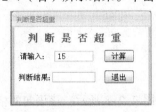 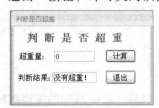 

图 7-2-7　"判断是否超重"窗体

"判断是否超重"窗体的设计步骤如下：

① 创建一个空窗体，在窗体的主体区域创建 7 个控件对象，包括 3 个标签对象、2 个文本框对象和 2 个按钮对象。这些控件对象和窗体对象的主要属性设置如表 7-2-1 所示。

表 7-2-1　"判断是否超重"窗体内对象主要属性设置

序 号	类 型	标 题	名 称	其 他 属 性
1	窗体	判断是否超重	窗体	"记录选择器"和"导航按钮"值为"否"
2	标签	判断是否超重	Label3	字体格式设置为 16 磅、红色、宋体、加粗
3	标签	请输入：	Label1	字体格式设置为 11 磅、黑色、宋体、正常
4	标签	判断结果：	Label2	字体格式设置为 11 磅、黑色、宋体、正常
5	文本框		输入	字体格式设置同上，"Tab 索引"值为 1
6	文本框		输出	字体格式设置同上，"Tab 索引"值为 2
7	按钮	计算	Command1	"Tab 索引"值为 3
8	按钮	退出	Command2	"Tab 索引"值为 4

② 在代码窗口中输入如下程序。通过这段程序还可以了解标签、文本框和变量之间数据的相互赋值方法，以及 If…Then 语句的使用方法。

```
Option Compare Database
Dim Number1 As Integer          '定义整型变量 Number1
Dim Str1  As String             '定义字符型变量 Str1
Rem 单击"计算"按钮
Private Sub Command1_Click()
    Str1="没有超重！"
    Number1=Me![输入]            '"输入"文本框内的数赋给变量 Number1
    Label1.Caption="超重量："     '将"超重量："文字赋给标签 Label1 作为标题
    Me![输入]=0                   '给"输入"文本框赋值 0
    If Number1>20 Then
        Str1="已经超重！"
        Me![输入]=Number1-20
    End If
    Me![输出]=Str1
End Sub
Rem 加载窗体
```

```
Private Sub Form_Load()
    Label1.Caption="请输入: "
    Label2.Caption="判断结果: "
    Me![输入]=0
    Me![输出]=""
End Sub
Rem 单击"退出"按钮
Private Sub Command2_Click()
    DoCmd.Close
End Sub
```

（2）If…Then…Else 语句：If…Then…Else 语句的流程图如图 7-2-8 所示。该语句的格式和功能如下：

【格式】

```
If 条件 Then
    语句序列 1
Else
    语句序列 2
End If
```

【说明】当程序执行到 If…Then…Else 语句时，首先计算条件表达式（即条件）的值，如果值是 True，则执行语句序列 1（即 A），然后跳过语句序列 2（即 B），继续执行 End If 下面的语句（即 C）；如果值是 False，则不执行语句序列 1（即 A），而执行语句序列 2（即 B），然后继续向下执行 End If 下面的语句（即 C）。

【实例 2】在下面的 If…Then…Else 语句中，当 Integer 类型变量 number 能被 2 整除时，变量 Str1 的值为"是偶数！"，否则，变量 Str1 的值为"是奇数！"。

```
If number Mod 2=0 Then
    Str1=CStr(number)+"是偶数! "
Else
    Str1=CStr(number)+"是奇数! "
End If
```

（3）If…Then…ElseIf 语句：无论是 If…Then 语句还是 If…Then…Else 语句，都只有一个条件表达式，只能根据一个条件表达式进行判断，因此最多只能产生两个分支。如果程序需要根据多个条件表达式进行判断，产生多个分支，就需要使用 If…Then…ElseIf 语句。

If…Then…ElseIf 语句的流程图如图 7-2-9 所示。

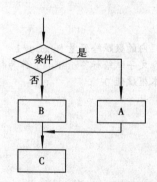

图 7-2-8　If…Then…Else 语句流程图

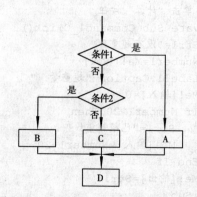

图 7-2-9　If…Then…ElseIf 语句流程图

　　图中判断框内的条件 1 是 If…Then 语句中的表达式，条件 2 是 ElseIf 语句中的表达式。处理框 A 是关键字 Then 下面的语句序列 1，处理框 B 是关键字 ElseIf 下面的语句序列 2，处理框 C 是关键字 Else 下面的语句序列 3，处理框 D 是 If…Then…ElseIf 语句下面的语句 n。

【格式】

```
If 条件 1 Then
    语句序列 1
[ElseIf 条件 2 Then
    语句序列 2]
...
[Else
    语句序列 n]
End If
```

【说明】当程序执行到 If…Then…ElseIf 语句时，首先计算条件表达式 1 的值，如果值是 True，则执行语句序列 1，然后跳过其他语句序列，继续执行下面的语句 D。如果表达式 1 的值为 False，则计算条件表达式 2。如果条件表达式 2 的值为 True，则执行语句序列 2，然后跳过其他语句序列，继续执行下面的语句 D。如果条件表达式 2 的值为 False，则执行语句序列 3，然后继续执行下面的语句 D。

　　其中，条件表达式的值必须是逻辑类型，可以是逻辑类型的常量或者变量、关系表达式或者逻辑表达式。语句体可以是一条或者多条语句，一个 If 语句可以跟随任意多个 ElseIf 语句，但只能有一个 Else 语句。关键字 ElseIf 是一个单词，不可分开书写。

　　【实例 3】在根据工龄计算工资补贴金额的程序中，If…Then…ElseIf 语句部分可以通过对工龄的判断，来确定其对应的补贴金额。代码如下（其中变量 year 为工龄）：

```
If year>=30 Then
    Label1.Caption="每月补贴 700 元"
ElseIf a>=20 Then
    Label1.Caption="每月补贴 600 元"
ElseIf a>=10 Then
    Label1.Caption="每月补贴 400 元"
ElseIf a>=5 Then
    Label1.Caption="每月补贴 200 元"
Else
    Label1.Caption="每月补贴 100 元"
End If
```

　　（4）Select Case 语句：虽然块 If 语句可以实现多分支控制，但不够灵活，当嵌套层次较多时，语句结构变得复杂，可读性降低，而且极容易出错。实际上，进行多分支控制的最有效方法是使用 VBA 提供的 Select Case 语句。Select Case 语句的格式和功能如下：

【格式】

```
Select Case 表达式
Case 取值列表 1
    语句序列 1
[Case 取值列表 2
    语句序列 2]
...
[Case Else
```

```
    语句序列 n]
    End Select
```
　　【说明】表达式可以是数值表达式或字符串表达式。计算表达式的值，再将其值依次与每个 Case 关键字后面的"取值列表"中的数据和数据范围进行比较，如果相等，就执行该 Case 后面的语句序列；如果都不相等，则执行 Case Else 子语句后面的语句序列 n。无论执行的是哪一个语句序列，执行完毕都接着执行关键字 End Select 后面的语句。Select Case 语句的流程图如图 7-2-10 所示。如果不止一个 Case 后面的取值与表达式相匹配，则只执行第一个与表达式匹配的 Case 后面的语句序列。

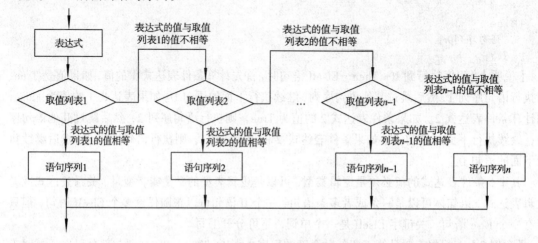

图 7-2-10　Select Case 语句流程图

　　每一个"取值列表"中的数据是表达式可能取得的结果，其格式有以下 3 种：

　　◎ 数值型或字符型常量或表达式，如"8"、"1,3,5"、"Val("n")-6"、"W"、""A",B,C"、"Chr(66) & 28"等。其中，认为数字可以是数值或字符，认为字母是变量，只有用引号括起来的字母才会被认为是字母。

　　◎ 使用 To 来表示数值或字符常量区间，To 两边可以是数值型或字符型常量。如 1 To 26、A To Z、"A" To "Z"等。注意，To 左侧的数值或字符应小于 To 右侧的数值或字符。

　　◎ 使用"Is 表达式"来表示数值或字符串区间。这种方法适用于取值含有关系运算符的式子，在实际输入时，加或不加 Is 均可，光标一旦离开该行，Visual Basic 会自动将 Is 加上。例如，Is>16、Is>=N、Is<="N"等。可以混合使用这 3 种格式。例如，Case A T0 Z,2008,60,Is>18。其中，A T0 Z 为变量 A 和 Z 所表示的数据区间的数据，2008 和 60 可以是数值或字符数据，Is>18 为 Is 表达式，表示所有大于 18 的数据。

　　可以同时设置多个不同的范围，各范围设置用逗号分隔。例如，-19,10 To 99。

　　【实例 4】下面的程序是根据字符串型变量 rank 的值来确定标签控件 Label1 的显示。

```
Select Case rank
    Case "A"
        Label1.Caption="产品的质量为一等"
    Case "B"
        Label1.Caption="产品的质量为二等"
    Case "C"
        Label1.Caption="产品的质量为合格"
```

```
Case Else
    Label1.Caption="产品的质量为不合格"
End Select
```

【实例 5】下面的程序是显示 2010 年某个月份天数程序中的 Select Case 语句，它合并了某些 Case 语句。因为 1、3、5、7、8、10 和 12 月的天数都是 31 天；4、6、9 和 11 月的天数都是 30 天，而 2 月份为 28 天，所以 Select Case 语句简化为如下形式：

```
Select Case Month
    Case 1, 3, 5, 7, 8, 10, 12
        Label1.Caption="31 天"
    Case 4, 6, 9, 11
        Label1.Caption="30 天"
    Case 2
        Label1.Caption="28 天"
End Select
```

【实例 6】下面的程序是根据成绩判断总评成绩，Select Case 语句合并了某些 Case 语句。变量值 1～59 为不及格；60～74 为及格；75～84 为良好；85～100 为优秀，其他变量值均为无效数字。程序中的变量 mark 保存的是成绩数值。

```
Select Case mark
    Case 1 To 59
        Label1.Caption="总评成绩为不及格"
    Case 60 To 74
        Label1.Caption="总评成绩为及格"
    Case 75 To 84
        Label1.Caption="总评成绩为良好"
    Case 85 To 100
        Label1.Caption="总评成绩为优秀"
    Case Else
        Label1.Caption="无效数字"
End Select
```

【实例 7】下面的程序是根据购买数量的不同，来确定折扣值。

```
Select Case count
    Case Is>=1000
        Label1.Caption="折扣为 10%"
    Case Is>=500
        Label1.Caption="折扣为 5%"
    Case Is>=200
        Label1.Caption="折扣为 2%"
    Case Else
        Label1.Caption="无折扣"
End Select
```

3. 程序的循环控制

循环控制语句有 For 循环语句和 Do 循环语句。

（1）For 语句：For 语句是 VBA 中常用的循环控制语句。

【格式】
```
For 循环变量=初值 To 终值 [Step 步长]
    语句序列 1
```

```
    [Exit For]
    语句序列 2
Next
```

【说明】执行该语句时，首先将初值赋给循环变量，然后判断循环变量的值是否在初值与终值之间，若循环变量未超出范围，则执行循环体中的语句组，然后循环变量增加一个步长值，并再次判断以确定是否再次执行循环体中的语句组。若循环变量超出范围，则结束该循环语句的执行，执行 Next 后面的语句。如果循环语句中有 Exit For 语句，则当执行到该语句时结束循环，并跳转到 Next 语句的后面，继续程序的执行。

当步长为 1 时，可以省略语句中的"Step 步长"部分。循环变量的取值可以是整型、长整型、单精度、双精度和字符串。其中整型、长整型应用最多。另外，循环变量的初值和终值的设置往往受步长的影响。当步长为负数时，初值应大于终值；当步长为正数时，初值应小于终值。

【实例 8】创建一个"连续整数的和"窗体，该窗体运行效果如图 7-2-11（左）所示。在"输入起始数"文本框中输入一系列连续整数中的起始数（如 1），在"输入终止数"文本框中输入一系列连续整数中的终止数（如 100），单击"计算"按钮，会显示图 7-2-11（中）所示结果；如果分别输入 101 和 1000，单击"计算"按钮后，会显示图 7-2-11（右）所示结果。单击"退出"按钮，即可关闭该窗体。

图 7-2-11　"连续整数的和"窗体

"连续整数的和"窗体的设计步骤如下：

① 参考前面"判断是否超重"窗体的创建方法，创建一个空窗体，在窗体的主体区域创建 9 个控件对象，包括 4 个标签对象、3 个文本框对象、2 个按钮对象。3 个文本框对象的名称分别为"起始"、"终止"和"结果"，4 个标签对象的名称分别为"Label1"、"Label2"、"Label3"和"Label4"。

② 在代码窗口中输入如下程序。通过该程序还可以了解 For 循环语句的使用方法。

```
Option Compare Database
Dim L, N1, N2 As Integer                '定义整型变量
Dim SUM As Long                         '定义长整型变量 SUM
Rem 单击"计算"按钮
Private Sub Command1_Click()
    N1=Me![起始]
    N2=Me![终止]
    SUM=0
    For L=N1 To N2
        SUM=SUM+L
    Next L
```

```
    结果.Caption = SUM
End Sub
Rem 加载窗体
Private Sub Form_Load()
    Label1.Caption="输入起始数: "
    Label2.Caption="输入终止数: "
    Me![起始]=0
    Me![终止]=0
End Sub
Rem 单击"退出"按钮
Private Sub Command2_Click()
    DoCmd.Close
End Sub
```

（2）Do 语句：VBA 提供的另一种循环控制语句是 Do 语句。Do 语句可以根据条件是否成立来决定是否继续进行循环。其语法格式有以下几种：

【格式 1】`Do While 条件表达式`

```
        语句序列 1
        [Exit Do]
        语句序列 2
    Loop
```

【说明】当程序执行到 Do 语句时检查条件表达式的值，若值为真，则执行 Do 到 Loop 之间的语句组，直到表达式值为假。若遇到 Exit Do 语句，将结束循环。

【格式 2】`Do Until 条件表达式`

```
        语句序列 1
        [Exit Do]
        语句序列 2
    Loop
```

【说明】当程序执行到 Do 语句时检查条件表达式的值，若值为假，则执行 Do 到 Loop 之间的语句组，直到表达式的值为真。若遇到 Exit Do 语句，将结束循环。

【格式 3】`Do`

```
        语句序列 1
        [Exit Do]
        语句序列 2
    Loop While 条件表达式
```

【说明】当程序执行到 Do 语句时先执行一次循环体中的语句序列，执行到 Loop 时检查条件表达式的值，若值为真，则继续执行 Do 到 Loop 之间的语句序列，直到表达式值为假。若遇到 Exit Do 语句，将结束循环。

【格式 4】`Do`

```
        语句序列 1
        [Exit Do]
        语句序列 2
    Loop Until 条件表达式
```

【说明】当程序执行到 Do 语句时先执行一次循环体中的语句序列，执行到 Loop 时检查条件表达式的值，若值为假，则继续执行 Do 到 Loop 之间的语句序列，直到表达式值为真。若遇到 Exit Do 语句，将结束循环。

思考练习 7-2

1. 参考【案例 20】介绍的方法，修改用户登录界面窗体，在窗体内增加一个标题为"密码验证："的标签，一个"密码验证"文本框，需要两次输入相同的密码，才可以弹出"学生信息查询"切换面板窗体。另外，用户名允许输入"沈芳麟"和"张华"。

2. 设计一个"计算运费"窗体，用来为货物托运站计算运费。收费标准是：如果货重小于或等于 30 kg，按 2 元/kg 收费；如果货重大于 30 kg，除了按 2 元/kg 收费外，超出 30 kg 部分需加收 0.80 元/kg。要求使用几种选择结构语句编写该程序。

3. 创建一个"连续整数的积"窗体，该窗体运行后，在"输入起始数"文本框中输入一系列连续整数中的起始数，在"输入终止数"文本框中输入一系列连续整数中的终止数，单击"计算"按钮后，会显示计算结果。单击"退出"按钮，即可关闭该窗体。

7.3 【案例 21】创建"学生信息输入"窗体

案例描述

本案例创建一个"学生信息输入"窗体，该窗体运行效果如图 7-3-1 所示。单击"添加记录"按钮，即可在"学生成绩"表的最后添加一条空记录；在"修改记录"选项组内输入或选择记录内容后，单击"保存记录"按钮，即可用"修改记录"选项组内的数据替换当前记录各字段中的内容；单击"删除记录"按钮，即可删除当前记录；在"输入学号"或"输入姓名"文本框内输入学号或姓名后，将光标定位在其中一个文本框内，单击"查询记录"按钮，即可在窗体上方列出相应的记录；在"选择窗体"下拉列表框中选择一个窗体名称后，单击"打开窗体"按钮，即可打开相应的窗体。

另外，单击窗体页眉区域的空白处，即可在窗体页眉内的左侧标签内显示滚动的文字"欢迎使用学生信息输入窗体！欢迎使用 Access 2007 制作的应用程序！"，如图 7-3-1 所示。

图 7-3-1 "学生信息输入"窗体

通过本案例的学习，可以了解模块、过程和函数等的基本概念和创建与应用方法等。

设计过程

1. 创建窗体

（1）在 Access 2007 中打开"教学管理 7.accdb"数据库。在导航窗格内复制并粘贴一个"学生信息维护"窗体，更名为"学生信息输入"。打开该窗体，切换到设计视图，将"查询记录"选项组内的"查询"和"退出"按钮移到"修改记录"选项组内。

（2）将"查询记录"选项组及其内的控件对象删除。将"查询记录"选项组及其内的控件对象向上移动，调整页脚高度，对按钮的标题文字进行修改，如图 7-3-1 所示。

（3）参考【案例 19】中创建"学生信息维护"窗体内组合框的方法，在窗体左下角制作一个组合框，名称为"Combo1"，其内的选项有"课程窗体"、"选项卡窗体"、"学生档案"和"学生成绩窗体"。设置组合框左边的标签标题为"选择窗体："，并设置其字体格式。

（4）选中组合框，弹出"属性表"窗格，切换到"数据"选项卡。单击"行来源"属性行的按钮，弹出"编辑列表项目"对话框，在列表框中输入各选项（每输入完毕一个选项，按一次【Enter】键），在"默认值"下拉列表框中输入"学生档案"，设置"学生档案"为默认值，如图 7-3-2 所示。单击"确定"按钮，关闭该对话框。此时，"编辑列表项目"对话框"数据"选项卡的设置如图 7-3-3 所示。

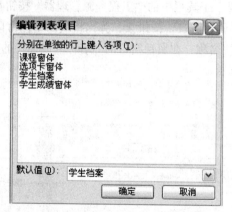

图 7-3-2　"编辑列表项目"对话框

图 7-3-3　"属性表"窗格

（5）选中"输入学号"文本框，在"属性表"窗格"事件"选项卡内"失去焦点"属性行的下拉列表框中选择"[事件过程]"选项；同样，选中"输入姓名"文本框，也在"失去焦点"属性行的下拉列表框中选择"[事件过程]"选项。

（6）创建一个标题为"打开窗体"的按钮，设置其名称为 CmdOpen。在"属性表"窗格"事件"选项卡内"单击"属性行的下拉列表框中选择"[事件过程]"选项。

（7）选中标题为"添加记录"的按钮，设置其名称为 CmdAdd。在"属性表"窗格"事件"选项卡内"单击"属性行的下拉列表框中选择"[事件过程]"选项。

（8）在窗体页眉右侧添加日期和时间，设置字体为宋体、字号为 12 磅、颜色为绿色。在窗体页眉左侧添加一个标签，设置其名称为 Label0，标题为一个空格，设置字体为宋体、字号为 12 磅、颜色为黑色、特殊效果为"凹陷"。

（9）在"属性表"窗格顶部的下拉列表框中选择"窗体页眉"选项，在"事件"选项卡"单击"属性行的下拉列表框中选择"[事件过程]"选项。

2．创建模块

（1）进入 Microsoft Visual Basic 主窗口并打开代码窗口，在 Microsoft Visual Basic 主窗口内单击"插入"→"模块"菜单命令，进入"教学管理 7-模块 1（代码）"窗口，如图 7-3-4 所示。然后输入如下程序，并单击"关闭"按钮図。

图 7-3-4　"教学管理 7-模块 1（代码）"窗口

```
Rem 创建 AddRecord 模块，模块的调用名称为 AddRecord
Public Sub AddRecord()
    DoCmd.GoToRecord , , acNewRec    '添加新记录
End Sub
```

AddRecord 模块中的程序可供主程序内的程序调用，调用方法是在调用模块程序处输入该模块的名称 AddRecord。

（2）单击 Microsoft Visual Basic 主窗口"标准"工具栏中的"工程资源管理器"按钮，弹出工程资源管理器；单击"标准"工具栏中的"属性窗口"按钮，弹出模块的属性窗口。

（3）选中"模块"文件夹下的"模块 1"模块名称，在属性窗口的"名称"属性行的文本框内将模块名称改为"添加记录"，如图 7-3-5 所示。

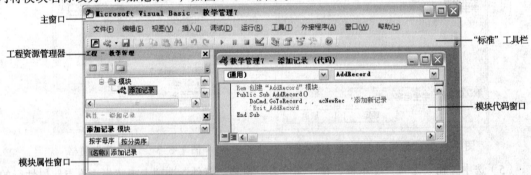

图 7-3-5　Microsoft Visual Basic 窗口

3．输入程序代码

（1）打开代码窗口，输入如下程序：

```
Option Compare Database
Dim Biao  As String          '定义字符型变量 Biao
Dim L, N As Integer          '定义整型变量 L 和 N
Rem 单击窗体后产生滚动文字
Private Sub 窗体页眉_Click()
    Label0.Caption=""            '标签 Label0 的标题属性设置为字符串
    Biao="欢迎使用学生信息输入窗体！欢迎使用 Access 2007 制作的应用程序！"
```

```
    L=Len(Biao)                    '将变量 Biao 保存的字符串长度（即字符个数）保存在变量 L 中
    N=1
    '设置窗体的 TimerInterval 属性值为 500ms，用来设置时间事件的间隔时间
    TimerInterval = 500
End Sub
Rem 时间事件，用来产生滚动文字效果
Private Sub Form_Timer()
    If N>L Then
        N=0
        Label0.Caption=""
    Else
        '将字符串中第 1 个字符移到字符串的后边
        Biao=Mid(Biao, 2) & Mid(Biao, 1, 1)
        Label0.Caption=Biao
    End If
    N=N+1
End Sub
Rem 加载窗体
Private Sub Form_Load()
    Me![输入学号]="0101"
    Me![输入姓名]="李丽"
    Me![输入日期]=#3/26/1992#
    Me![输入成绩]=98
End Sub
Rem 单击"打开窗体"按钮
Private Sub CmdOpen_Click()
    Combo1.SetFocus
    Select Case Combo1.Text
        Case "课程窗体"
            DoCmd.OpenForm "课程窗体"
        Case "选项卡窗体"
            DoCmd.OpenForm "选项卡窗体"
        Case "学生档案"
            DoCmd.OpenForm "学生档案"
        Case "学生成绩窗体"
            DoCmd.OpenForm "学生成绩窗体"
        Case Else
            MsgBox "请选择窗体名称！"
    End Select
    Call Form_Load
End Sub
Rem 单击"查询记录"按钮
Private Sub CmdFind_Click()
    Screen.PreviousControl.SetFocus
    DoCmd.FindNext
    Call Form_Load             '调用 Form_Load
```

```
    End Sub
Rem 单击"添加记录"按钮
Private Sub CmdAdd_Click()
    AddRecord
    'Call AddRecord
    Call Form_Load
End Sub
Rem 单击"保存记录"按钮
Private Sub CmdSave_Click()
    Me![学号].SetFocus
    DoCmd.FindRecord Me![输入学号], , True, , True
    Me![学号]=Me![输入学号]
    Me![姓名]=Me![输入姓名]
    Me![出生日期]=Me![输入日期]
    Me![成绩]=Me![输入成绩]
    Me![性别]=Me![选择性别]
    Me![学年]=Me![选择学年]
    Me![学期]=Me![选择学期]
    Me![课程编号]=Me![选择课程编号]
    Me![输入学号]="0100"
    Me![输入姓名]=""
    Me![输入日期]=Date
    Me![输入成绩]=0
    Me.Refresh
    Call Form_Load
End Sub
Rem "输入学号"文本框失去焦点
Private Sub 输入学号_LostFocus()
    Me![学号].SetFocus
    DoCmd.FindRecord Me![输入学号], , True, , True
    Me![输入学号].Visible = True
End Sub
Rem "输入姓名"文本框失去焦点
Private Sub 输入姓名_LostFocus()
    Me![姓名].SetFocus
    DoCmd.FindRecord Me![输入姓名], , True, , True
    Me![输入姓名].Visible=True
End Sub
Rem 单击"退出"按钮
Private Sub cmdExit_Click()
    DoCmd.Close
End Sub
```

（2）程序中用来产生滚动文字效果的程序使用了 Timer 事件，该事件可以按照一定的时间间隔触发，触发该事件后执行相应的程序。时间间隔的长短是通过设置窗体的 TimerInterval 属性来完成的，它表示两个计时事件之间的时间间隔，其值以 ms（毫秒）为基本单位，取值范围在 0～64 767 ms 之间，当其值为 0 时，时钟控件无效。

（3）程序中多次使用 Call Form_Load 语句，该语句是弹出 Form_Load 加载窗体过程，该过程用来设置"输入学号"、"输入姓名"、"输入日期"和"输入成绩"文本框的初值。

（4）单击"添加记录"按钮后执行的是 AddRecord 语句，调用 AddRecord 模块程序。如果不用 AddRecord 模块，可以输入如下程序来创建 AddRecord 子程序：

```
Rem "添加记录"子程序
Private Sub AddRecord()
    DoCmd.GoToRecord , , acNewRec    '添加新记录
End Sub
```

调用 AddRecord 子程序的语句是 Call AddRecord。此时，单击"添加记录"按钮事件的程序如下：

```
Rem 单击"添加记录"按钮
Private Sub CmdAdd_Click()
    Call AddRecord
    Call Form_Load
End Sub
```

4．创建子程序和函数

（1）创建 AddRecord 子程序：前面输入的 AddRecord 子程序可以通过下述方法来创建，单击 Microsoft Visual Basic 主窗口中的"插入"→"过程"菜单命令，弹出"添加过程"对话框。选中"子程序"单选按钮，在"名称"文本框内输入子程序的名称 AddRecord，如图 7-3-6 所示。单击"确定"按钮，关闭"添加过程"对话框，代码窗口内添加的程序如下：

```
Public Sub AddRecord()

End Sub
```

在预留行内输入"DoCmd.GoToRecord , , acNewRec　'添加新记录"语句。

（2）创建 AddRecord() 函数：弹出"添加过程"对话框，选中"函数"单选按钮，在"名称"文本框内输入函数的名称 AddRecord，如图 7-3-7 所示。单击"确定"按钮，关闭"添加过程"对话框，代码窗口内添加的程序如下：

```
Public Function AddRecord()

End Function
```

在此基础上输入函数过程中的程序。调用函数 AddRecord()，可以使用 AddRecord 语句，也可以使用 Call AddRecord 语句。

图 7-3-6　"添加过程"对话框之一　　　　图 7-3-7　"添加过程"对话框之二

（3）创建 welcome()函数：弹出"添加过程"对话框，选中"函数"单选按钮，在"名称"文本框内输入函数的名称 welcome。单击"确定"按钮，关闭"添加过程"对话框。

（4）在代码窗口中添加如下程序：

```
Rem welcome 函数
Public Function welcome()
    On Error GoTo welcome_Err
        Beep
        MsgBox "WELCOME!", vbOKOnly, " "
welcome_Exit:
        Exit Function
welcome_Err:
        MsgBox Error$
    Resume welcome_Exit
End Function
```

在上述语句中，On Error GoTo welcome_Err 语句用来测试程序运行中出现的异常错误，如果程序在运行过程中发生错误，则跳转到"welcome_Err:"语句后面的部分，弹出错误警告消息框。当程序运行到 Resume welcome_Exit 语句时，则跳转到"welcome_Exit:"后面的 Exit Function 语句，其功能能为将程序跳出该函数。

如果程序没有出现任何错误，系统将忽略 On Error GoTo welcome_Err 语句，直接执行 Beep 语句和"MsgBox "WELCOME!", vbOKOnly, """语句。Beep 语句可以在弹出对话框时发出"嘟嘟"的提示音，MsgBox()函数是用来显示一个提示对话框，而""WELCOME!""、"vbOKOnly"和"""分别是 MsgBox()函数的 3 个参数，"WELCOME!"是提示信息，vbOKOnly 是固有常量，设置提示对话框内有 OK 按钮。

（5）在需要进行程序测试处可以添加 welcome 语句，用来调用 welcome()函数，以检查程序是否有错误。例如，在 Private Sub Form_Load()语句下面添加 welcome 语句。

5. 将宏转换为 VBA 代码

在该程序内，除了"删除记录"按钮事件采用宏来处理，其他各事件过程均使用 VBA 代码编写的响应处理程序来处理。下面将"删除记录"按钮事件中的宏转换为 VBA 代码程序，该程序运行后的效果与原来宏的处理效果相同。具体步骤如下：

（1）选中"删除记录"按钮，单击"属性表"窗格"事件"选项卡内"单击"属性行内的按钮，弹出"删除记录"按钮宏的设计视图，如图 7-3-8 所示。

图 7-3-8 "删除记录"按钮宏的设计视图

（2）切换到"宏工具"|"设计"选项卡，单击"关闭"组内的"另存为"按钮，弹出"另
存为"对话框，在该对话框上方的文本框中输入"删除
记录"，在"保存类型"下拉列表框中选择"宏"选项，
如图 7-3-9 所示。

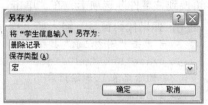

（3）单击"确定"按钮，关闭"另存为"对话框，
将"删除记录"按钮的宏以名称"删除记录"保存在当
前数据库内，导航窗格内的"宏"对象栏中会添加一个
名称为"删除记录"的宏。右击"删除记录"宏，弹出

图 7-3-9　"另存为"对话框

快捷菜单，单击该菜单内说的"设计视图"菜单命令，可以进入"删除记录"宏的设计视图。

（4）选中导航窗格内的"删除记录"宏，切换到"数据库工具"选项卡，单击"宏"组内的
"将窗体的宏转换为 Visual Basic 代码"按钮，弹出"转换窗体宏"对话框，取消选择"给生成的
函数加入错误处理"复选框，选中"包含宏注释"复选框，如图 7-3-10 所示。

（5）单击"转换"按钮，弹出"将宏转换为 Visual Basic 代码"提示对话框，表示转换完毕，
如图 7-3-11 所示。

图 7-3-10　"转换窗体宏"对话框　　　图 7-3-11　"转换为 Visual Basic 代码"提示对话框

（6）单击"确定"按钮，关闭提示对话框。此时，进入 Microsoft Visual Basic 主窗口，工程
资源管理器内的"模块"文件夹内会生成一个名称为"被转换的宏-删除记录"的模块，在属性
窗口内将该模块的名称改为"删除记录 1"。双击该模块名称，弹出该模块的代码窗口，其内含
有由宏转换的 VBA 代码，如图 7-3-12 所示。

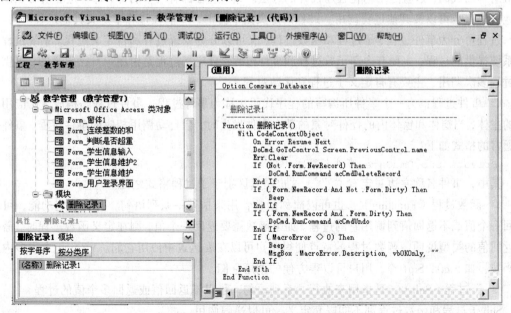

图 7-3-12　"删除记录 1"模块的代码窗口

（7）在"属性表"窗格的"其他"选项卡中，将"删除记录"按钮的名称改为 CmdDelete。切换到"事件"选项卡，在"单击"属性行的下拉列表框中选择"[事件过程]"选项，再单击按钮[...]，弹出代码窗口，输入如下程序代码：

```
Rem 单击"删除记录"按钮
Private Sub CmdDelete_Click()
    删除记录 1.删除记录
End Sub
```

在程序中，"删除记录 1"是模块的名称，"删除记录"是该模块内转换的函数名称。"删除记录 1.删除记录"语句表示调用"删除记录 1"模块内的"删除记录"函数。

相关知识

1．模块和过程的概念

（1）模块一般是以 VBA 声明、语句和过程作为一个独立单元的保存。模块有类模块和标准模块两种基本类型，它们的区别主要是它们的应用范围和生命周期。

◎ 类模块：类模块是指包含新对象定义的模块。类模块一般又可以分成窗体模块、报表模块和独立的类模块 3 种。窗体模块是指与特定的窗体相关联的类模块；报表模块是指与特定的报表相关联的类模块，包含响应报表、报表段、页眉和页脚所触发的事件的代码，对报表模块的操作与对窗体模块的操作相类似；独立的类模块是指可以不依附于窗体和报表而独立存在的模块。

◎ 标准模块：标准模块简称模块，它是存放整个数据库可用的函数和子程序的模块。它包含与任何其他对象都无关的通用过程，以及可以从数据库的任何位置运行的常规过程。

（2）过程：VBA 语言的程序设计，就如同搭积木一样，是由若干个程序段按照一定的方式有机组合而成的，这就是结构化程序设计的方法。每个过程都有一个名称，每个过程既可以调用其他过程，也可以被其他过程调用。过程的定义是平行的，不能在过程中定义其他过程。

过程可分为事件过程、子过程和函数过程，又可以分为系统过程和自定义过程。系统过程就是系统提供的过程，主要有内部函数过程和事件过程；自定义过程是由用户自己定义的，可供事件过程多次调用，主要有自定义子过程和函数过程。

◎ 事件过程：为一个事件所编写的程序代码，称为事件过程。事件过程是构成 VB 应用程序的主体，当窗体和窗体内的控件对象的某个事件发生时，会自动调用相应的事件过程。事件过程通常的格式如下：

```
Private Sub CmdSave_事件名称()
```

其中，事件名称左边一定有"_"，这也是其区别于子过程格式之处。

◎ 函数过程（Function）：也可以简称函数，用来执行一系列语句，具有一定功能，可以返回一个值或不返回值到调用它的过程。如果函数需要返回一个值，则在定义函数过程时，需要有返回值的类型说明。函数过程的特点使得用户可以在表达式中使用它们。VBA 包含很多内置的函数，如 Sin()、Sqr()等，用户可以很方便的调用它们。

◎ 子过程（Sub）：是指用来执行一系列语句，可以不返回值或返回多个值的过程。

Sub 子过程和函数过程都不能嵌套定义，可以递归调用。

2．过程创建和调用

（1）Sub 子过程：Sub 的功能是将一些语句集合起来，可以接收一定的参数，并完成一定的任务。其格式如下：

【格式】`[Private|Public][Static]Sub 子过程名([参数[As 类型],…])`
　　　　　　　`语句序列`
　　　　　　　`[Exit Sub]`
　　　　　　　`语句序列`
　　　　　`End Sub`

【说明】参数列表中如果有多个参数，则多个参数中间用逗号分开。过程每被调用一次，Sub 与 End Sub 之间的语句就执行一次。Sub 过程可以被置于标准模块和类模块中。Sub 过程默认 Public，表示在程序的任何地方都可以调用这些过程。

（2）Function 过程：在定义函数时，必须同时定义函数参数的类型以及返回值的类型。定义函数过程的一般格式如下：

【格式】`[Private|Public][Static]Function 函数名([参数[As 类型],…])[As 类型]`
　　　　　　　`语句序列`
　　　　　　　`函数名=表达式`
　　　　　　　`[Exit Sub]`
　　　　　　　`语句序列`
　　　　　`End Function`

【说明】与 Sub 过程一样，Function 过程也是一个独立的过程，它可以接收参数，执行一系列的语句并改变其自变量的值。与 Sub 过程不同的是，它具有一个返回值，而且有数据类型。

（3）调用过程：调用子过程和函数过程的语法格式如下。

【格式】`[Call] 过程名 [实参列表]`

【说明】实参列表是传送给 Sub 子过程的变量或常量的列表，各参数之间应用逗号分隔。实参还可以是数组和表达式。例如，调用一个名称为 MyProgram 的子过程（a 和 b 是实参数），可采用如下两种方式：

```
MyProgram a,b
Call MyProgram(a,b)
```

注意：用过程名调用，必须省略参数两边的"()"。使用 Call 语句调用时，参数必须在括号内。当被调用过程没有参数时，"()"也可省略。

（4）调用模块：对于所建立的模块，也可以直接通过模块名进行调用。例如，定义了一个模块，其名称为 Module1，并在模块中定义了一个名为 onechk 的 Function 过程。当需要在其他模块或过程中使用 Module1 模块中的 onechk()函数过程时，可以使用 Module1.onechk 语句调用。

思考练习 7-3

1．仿照【案例 21】介绍的方法，修改思考练习 7-1 中制作的"学生档案维护"窗体，制作一个"学生档案输入"窗体。该窗体具有"学生信息输入"窗体的所有功能。

2．将【案例 19】中创建的"学生信息维护"窗体内"删除记录"和"添加记录"两个按钮用到的宏分别保存，再将单击这两个按钮的单击事件所嵌入的宏改为事件过程。

7.4　综合实训 7　创建"电器产品信息维护"窗体

实训效果

创建一个"电器产品库存管理 7.accdb"数据库，其内有综合实训 4 中创建的"电器产品入库"、"电器产品出库"、"电器产品清单"、"电器产品库存"4 个表。创建一个"电器产品信息维护"窗体，具体要求如下：

（1）依据这 4 个表创建一个"电器产品信息"表，如图 7-4-1 所示。

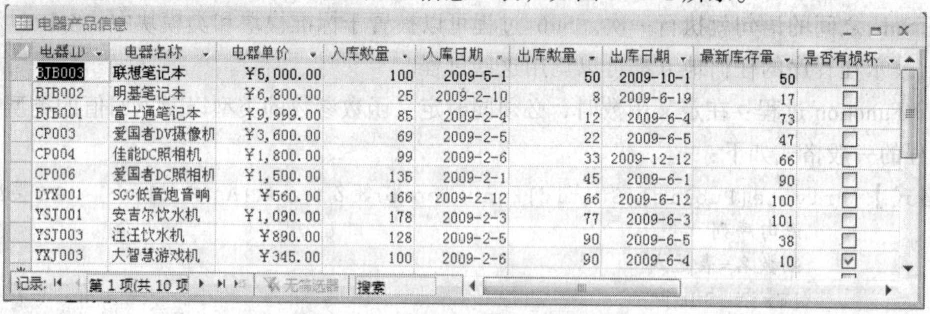

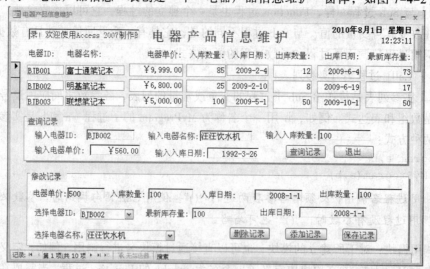

图 7-4-1　"电器产品信息"表

（2）针对"电器产品信息"表创建一个"电器产品信息维护"窗体，如图 7-4-2 所示。

图 7-4-2　"电器产品信息维护"窗体

（3）"电器产品信息维护"窗体内有"查询记录"、意"退出"、"删除记录"、"添加记录"和"保存记录"5 个按钮。在"查询记录"选项组内的任一个文本框中输入要查询的记录，再将光标定位在要查询的内容所在的文本框内，单击"查询记录"按钮，可在窗体上方显示相应的记录，再单击"查询记录"按钮，可定位到下一条符合条件的记录。

（4）在"修改记录"选项组内单击"添加记录"按钮，可以在"电器产品信息"表的最后追加一条空记录，并在窗体上方的"电器产品信息"表内显示和定位该记录。将光标定位在一条记录中，使该记录成为当前记录，单击"删除记录"按钮，可以删除当前记录。在"修改记录"选项组内输入和选择各记录的内容，单击"保存记录"按钮，可以将"修改记录"选项组内设置的各字段内容添加到当前记录内，替换原来的数据。

（5）在加载"电器产品信息维护"窗体、单击"查询记录"、"保存记录"按钮和单击窗体页脚处时，都可以弹出 Microsoft Office Access 提示对话框，如图 7-4-3 所示。

图 7-4-3　Microsoft Office Access 提示对话框

（6）单击页眉内左侧的标签，可以在该标签内滚动显示"欢迎使用这个窗体处理'电器产品信息'表，增加、删除和查询表中的记录！欢迎使用 Access 2007 制作的应用程序！"文字。

（7）所有按钮事件处理的程序均采用 VBA 代码，采用模块、子程序和函数过程。添加出错处理函数，程序中调用出错处理函数。

（8）增加一个"用户登录界面"窗体，输入正确的用户名和密码后，单击"确定"按钮，即可关闭"用户登录界面"窗体，弹出"电器产品信息维护"窗体。

实训提示

（1）将"电器产品库存管理 4.accdb"数据库复制一份，更名为"电器产品库存管理 7.accdb"，在已有 4 个表的基础上创建一个"电器产品信息"表，如图 7-4-1 所示。

（2）按照【案例 19】中介绍的方法创建初步的"电器产品信息维护"窗体，按钮事件采用宏处理。

（3）按照【案例 21】中介绍的方法，修改"电器产品信息维护"窗体。

（4）按照【案例 20】中介绍的方法，制作一个"用户登录界面"窗体。

实训测评

能 力 分 类	能　　　　力	评　分
职 业 能 力	了解面向对象的程序设计，了解事件和事件在程序中的格式，了解 VBA 基础知识	
	使用代码编辑器编写简单的 VBA 程序	
	了解数组和创建数组、程序的分支控制，以及程序的循环控制	
	初步掌握分支控制和循环控制的程序设计	
	了解模块和过程的概念，以及过程创建和调用	
	初步掌握创建模块的方法，以及创建子程序和函数的方法	
通 用 能 力	自学能力、总结能力、合作能力、创造能力等	
能力综合评价		

第 8 章 导入、导出和链接

为了能够兼容大多数数据库格式，使数据文件得到更广泛的使用，Access 2007 提供了强大的数据导入、导出和链接功能。Access 2007 可以将扩展名为“.accdb”或“.mdb”的数据库格式文件转换为 Paradox、dBASE、Visual FoxPro、Lotus1-2-3、SQL 表、Excel、固定宽度的文本文件、带分隔符的文本文件的格式；也可以将这些数据格式转换为 Access 2007 格式，实现数据库文件之间的数据交换。另外，还可以与这些格式的文件进行链接，可以在数据库内添加超链接，可以导出 HTML 文件。

8.1 【案例 22】导入 Excel 和文本文件数据

在 Access 中可以方便地导入其他格式的数据，这样用户就不必重新输入已有的数据。导入数据就是将其他格式的数据转为 Access 数据库的一部分，导入后的表和直接创建的表没有区别。

案例描述

本案例将 Excel 文件“学生各科成绩 1.xls”中的数据(见图 8-1-1)导入到 Access 数据库“教学管理 8.accdb”中，生成一个名称为“学生各科成绩 1”的表，并追加到“学生各科成绩”表的后面。

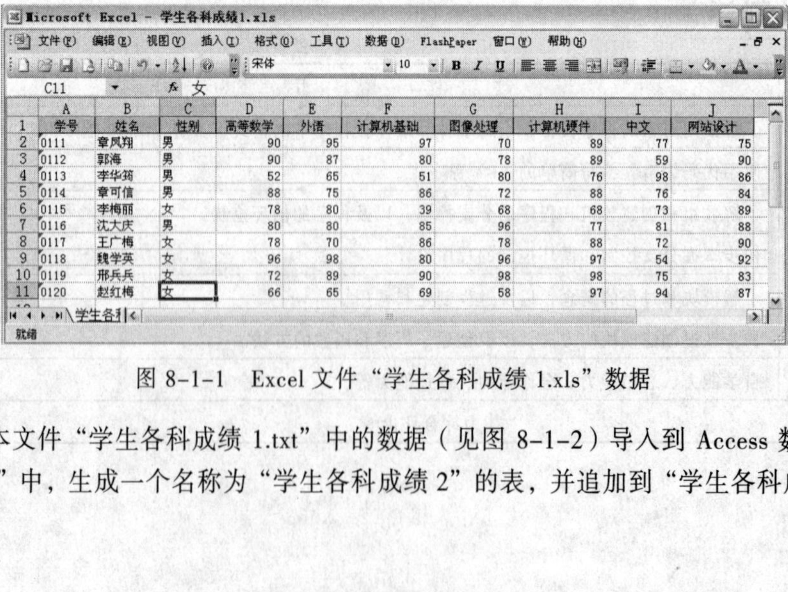

学号	姓名	性别	高等数学	外语	计算机基础	图像处理	计算机硬件	中文	网站设计
0111	章凤翔	男	90	95	97	70	89	77	75
0112	郭海	男	90	87	80	78	89	59	90
0113	李华筠	男	52	65	51	80	76	98	86
0114	章可信	男	88	75	86	72	88	76	84
0115	李梅丽	女	78	80	39	68	68	73	89
0116	沈大庆	男	80	80	85	96	77	81	88
0117	王广梅	女	78	70	86	78	88	72	90
0118	魏学英	女	96	98	80	96	97	54	92
0119	邢兵兵	女	72	89	90	98	98	75	83
0120	赵红梅	女	66	65	69	58	97	94	87

图 8-1-1 Excel 文件“学生各科成绩 1.xls”数据

再将文本文件“学生各科成绩 1.txt”中的数据（见图 8-1-2）导入到 Access 数据库“教学管理 8.accdb”中，生成一个名称为“学生各科成绩 2”的表，并追加到“学生各科成绩 B”表的后面。

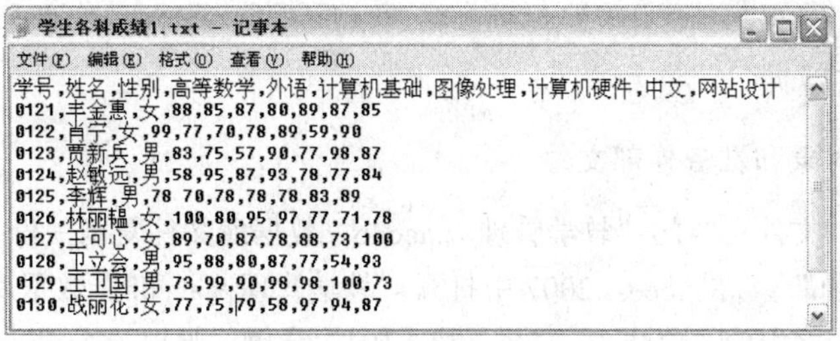


```
学号,姓名,性别,高等数学,外语,计算机基础,图像处理,计算机硬件,中文,网站设计
0121,丰金惠,女,88,85,87,80,89,87,85
0122,肖宁,女,99,77,70,78,89,59,90
0123,贾新兵,男,83,75,57,90,77,98,87
0124,赵敏远,男,58,95,87,93,78,77,84
0125,李辉,男,78 70,78,78,78,83,89
0126,林丽韫,女,100,80,95,97,77,71,78
0127,王可心,女,89,70,87,78,88,73,100
0128,卫立会,男,95,88,80,87,77,54,93
0129,王卫国,男,73,99,90,98,98,100,73
0130,战丽花,女,77,75,79,58,97,94,87
```

图 8-1-2　文本文件“学生各科成绩 1.txt”数据

原“学生各科成绩”表如图 8-1-3 所示，“学生各科成绩 B”表也如图 8-1-3 所示，追加“学生各科成绩 1.xls”数据后的“学生各科成绩”表如图 8-1-4 所示。

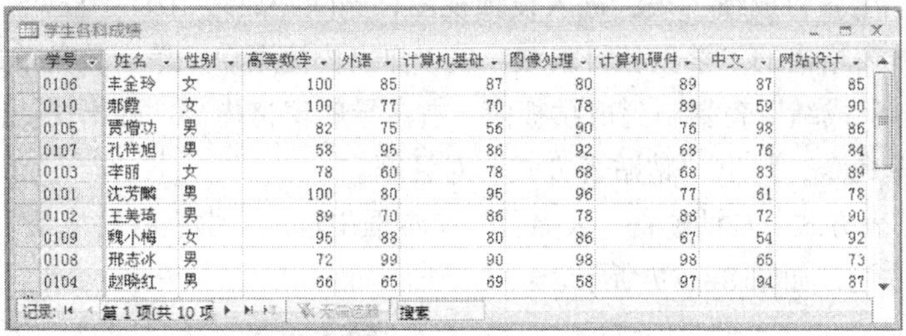

学号	姓名	性别	高等数学	外语	计算机基础	图像处理	计算机硬件	中文	网站设计
0106	丰金玲	女	100	85	87	80	89	87	85
0110	郝霞	女	100	77	70	78	89	59	90
0105	贾增功	男	82	75	56	90	76	98	86
0107	孔祥旭	男	58	95	86	92	68	76	84
0103	李丽	女	78	60	78	68	68	83	89
0101	沈芳麟	男	100	80	95	96	77	61	78
0102	王美琦	男	89	70	86	78	88	72	90
0109	魏小梅	女	95	88	80	86	67	54	92
0108	邢志冰	男	72	99	90	98	98	65	73
0104	赵晓红	男	66	65	69	58	97	94	87

图 8-1-3　原“学生各科成绩”表

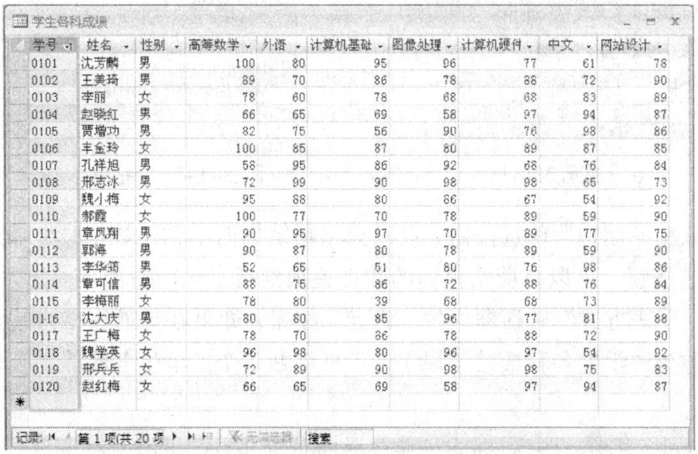

学号	姓名	性别	高等数学	外语	计算机基础	图像处理	计算机硬件	中文	网站设计
0101	沈芳麟	男	100	80	95	96	77	61	78
0102	王美琦	男	89	70	86	78	88	72	90
0103	李丽	女	78	60	78	68	68	83	89
0104	赵晓红	男	66	65	69	58	97	94	87
0105	贾增功	男	82	75	56	90	76	98	86
0106	丰金玲	女	100	85	87	80	89	87	85
0107	孔祥旭	男	58	95	86	92	68	76	84
0108	邢志冰	男	72	99	90	98	98	65	73
0109	魏小梅	女	95	88	80	86	67	54	92
0110	郝霞	女	100	77	70	78	89	59	90
0111	章凤翔	男	90	95	97	70	89	77	75
0112	郭海	男	90	87	80	78	89	59	90
0113	李华筠	男	52	65	51	80	76	98	86
0114	章可信	男	88	75	86	72	88	76	84
0115	李梅丽	女	78	80	39	68	68	73	89
0116	沈大庆	男	80	80	85	96	77	81	88
0117	王广梅	女	78	70	86	78	88	72	90
0118	魏学英	女	96	98	80	96	97	54	92
0119	邢兵兵	女	72	89	90	98	98	75	83
0120	赵红梅	女	66	65	69	58	97	94	87

图 8-1-4　追加数据后的“学生各科成绩”表

“学生各科成绩 2”表如图 8-1-5 所示。

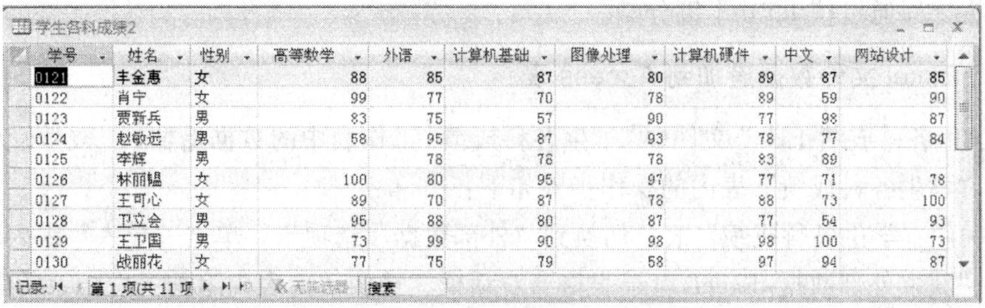

学号	姓名	性别	高等数学	外语	计算机基础	图像处理	计算机硬件	中文	网站设计
0121	丰金惠	女	88	85	87	80	89	87	85
0122	肖宁	女	99	77	70	78	89	59	90
0123	贾新兵	男	83	75	57	90	77	98	87
0124	赵敏远	男	58	95	87	93	78	77	84
0125	李辉	男		78	78	78	83	89	
0126	林丽韫	女	100	80	95	97	77	71	78
0127	王可心	女	89	70	87	78	88	73	100
0128	卫立会	男	95	88	80	87	77	54	93
0129	王卫国	男	73	99	90	98	98	100	73
0130	战丽花	女	77	75	79	58	97	94	87

图 8-1-5　“学生各科成绩 2”表

通过本案例的学习，可以初步掌握导入外部数据的基本方法，以及链接 Access 数据的方法。

设计过程

1. 复制/粘贴对象和准备外部文件

（1）将"案例"文件夹内的"教学管理 7.accdb"数据库文件复制一份，将复制的文件更名为"教学管理 8.accdb"。在 Access 2007 中打开"教学管理 8.accdb"数据库。

（2）选中导航窗格内的"窗体 1"窗体，按【Delete】键，弹出一个提示对话框，如图 8-1-6 所示。单击"是"按钮，即可删除选中的"窗体 1"窗体。按照上述方法，删除导航窗格内除了主要的表和查询以外的其他对象。

（3）打开"学生各科成绩"表，进入设计视图，删除"成绩 ID"字段。

（4）右击导航窗格内的"学生各科成绩"表，弹出快捷菜单，单击该菜单内的"复制"菜单命令，将"学生各科成绩"表复制到剪贴板内。右击导航窗格内部，弹出快捷菜单，单击该菜单内的"粘贴"菜单命令，弹出"粘贴表方式"对话框。

（5）在"粘贴表方式"对话框的"表名称"文本框中输入"学生各科成绩（原）"，选中"结构和数据"单选按钮，如图 8-1-7 所示。

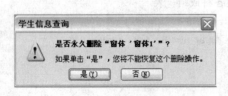

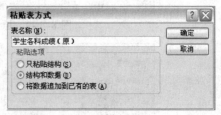

图 8-1-6　提示对话框　　　　　图 8-1-7　"粘贴表方式"对话框

如果选中"只粘贴结构"单选按钮，可以只粘贴结构而不粘贴数据；如果选中"将数据追加到已有的表"单选按钮，可以将剪贴板内的数据追加到指定表的后面。

（6）单击"粘贴表方式"对话框内的"确定"按钮，即可在导航窗格内粘贴一个"学生各科成绩"表，其名称为"学生各科成绩（原）"。再粘贴一个"学生各科成绩"表，其名称为"学生各科成绩 B"。

（7）进入 Excel，创建一个名称为"学生各科成绩 1.xls"的 Excel 文件，如图 8-1-1 所示。输入"学号"数据时，先输入单引号"'"，再输入学号，如"',0121"。

（8）进入记事本，创建一个名称为"学生各科成绩 1.txt"的文本文件，如图 8-1-2 所示，其内各数据之间通过按【Tab】键分隔。

2. 将 Excel 文件数据追加到 Access 表

将"学生各科成绩 1.xls"文件中"学生各科成绩"工作表中的数据追加到"教学管理 8.accdb"数据库中"学生各科成绩"表内的操作步骤如下：

（1）关闭"学生各科成绩"表。切换到"外部数据"选项卡，单击"导入"组内的 Excel 按钮，弹出"获取外部数据-Excel 电子表格"对话框，选中"向表中追加一份记录的副本"单选按钮，在其下拉列表框中选择"学生各科成绩"选项。

（2）单击"浏览"按钮，弹出"打开"对话框，在"文件类型"下拉列表框中选择 Microsoft

Excel 选项，选中"案例"文件夹内的"学生各科成绩 1.xls"文件，然后单击"打开"按钮，关闭"打开"对话框，返回到"获取外部数据–Excel 电子表格"对话框，如图 8-1-8 所示。

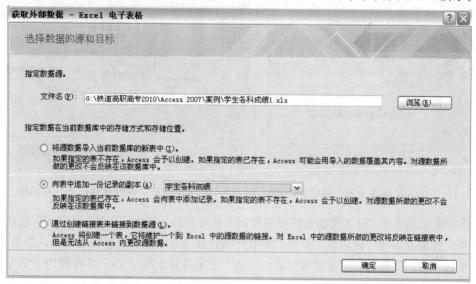

图 8-1-8　"获取外部数据–Excel 电子表格"对话框

（3）单击"获取外部数据–Excel 电子表格"对话框内的"确定"按钮，关闭该对话框，弹出"导入数据表向导"对话框。如果 Excel 工作簿中有多个工作表，则弹出图 8-1-9 所示的"导入数据表向导"对话框，用来选择工作表；如果 Excel 工作簿中只有一个工作表，则弹出图 8-1-10 所示的"导入数据表向导"对话框。

图 8-1-9　"导入数据表向导"对话框之一　　　图 8-1-10　"导入数据表向导"对话框之二

（4）单击"下一步"按钮，弹出下一个"导入数据表向导"对话框，该对话框中的"导入到表"文本框内会显示"学生各科成绩"，表示将 Excel 工作表数据添加到的表，如图 8-1-11 所示。

（5）在"导入数据表向导"对话框中，如果选中"导入完数据后用向导对表进行分析"复选框，然后单击"下一步"按钮，弹出"表分析器向导"对话框，如图 8-1-12 所示。单击"下一步"按钮，弹出下一个"表分析器向导"对话框，利用该向导可以对表进行分析。

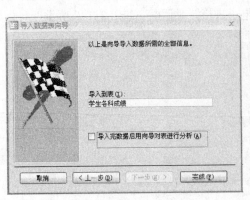

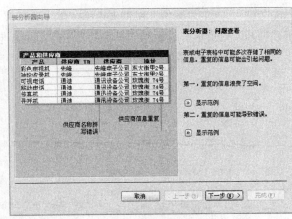

图 8-1-11　"导入数据表向导"对话框之三　　　图 8-1-12　"表分析器向导"对话框

（6）如果取消选择"导入完数据后用向导对表进行分析"复选框，单击"完成"按钮，则会关闭"导入数据表向导"对话框，弹出"获取外部数据-Excel 电子表格"对话框，如图 8-1-13 所示。单击"关闭"按钮，可关闭该对话框，将"学生各科成绩 1.xls"工作簿内"学生各科成绩"工作表中的数据追加到"教学管理 8.accdb"数据库内的"学生各科成绩"表中，如图 8-1-4 所示。

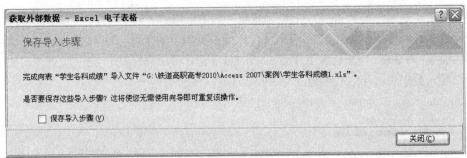

图 8-1-13　"获取外部数据-Excel 电子表格"对话框

3. 将 Excel 文件数据导入 Access 数据库

将"学生各科成绩 1.xls"文件内"学生各科成绩"工作表中的数据导入到"教学管理 8.accdb"数据库中的操作步骤如下：

（1）单击"导入"组内的 Excel 按钮，弹出"获取外部数据-Excel 电子表格"对话框。单击"浏览"按钮，选中"案例"文件夹内的"学生各科成绩 1.xls"文件，选中"将源数据导入当前数据库的新表中"单选按钮。单击"确定"按钮，弹出"导入数据表向导"对话框，选择"学生各科成绩"表。

（2）单击"下一步"按钮，弹出下一个"导入数据表向导"对话框，如图 8-1-10 所示。其中的"第一行包含列标题"复选框有效并选中。单击"下一步"按钮，弹出下一个"导入数据表向导"对话框，其右方有"字段选项"选项组。

（3）选中"导入数据表向导"对话框下方的字段名称，可以在上方的"字段选项"选项组内的"字段名称"文本框中修改字段名称，在"数据类型"下拉列表框中修改数据类型，在"索引"

下拉列表框中选择是否要设置为索引。如果不导入选中的字段，可以选中"不导入字段（跳过）"复选框，如图 8-1-14 所示。

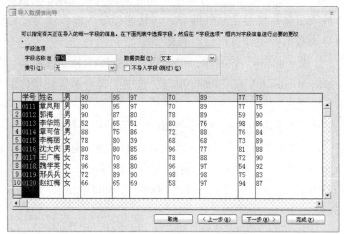

图 8-1-14 "导入数据表向导"对话框之一

（4）单击"下一步"按钮，弹出下一个"导入数据表向导"对话框，如图 8-1-15 所示。在该对话框内可以设置字段主键。选中"让 Access 添加主键"单选按钮，则由 Access 新增一个名称为"ID"的字段，并设置该字段为主键；选中"我自己选择主键"单选按钮，则可以在其右侧的下拉列表框中选择一个字段名称为设置主键的字段；选中"不要主键"单选按钮，则可以不设置主键。此处选中"不要主键"单选按钮。

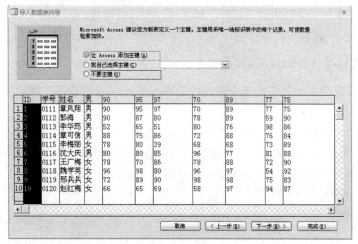

图 8-1-15 "导入数据表向导"对话框之二

（5）单击"下一步"按钮，弹出下一个"导入数据表向导"对话框，如图 8-1-11 所示。在该对话框内的"导入到表"文本框中输入生成表的名称，此处输入"学生各科成绩 1"。

（6）单击"完成"按钮，关闭"导入数据表向导"对话框，弹出"获取外部数据-Excel 电子表格"对话框，如图 8-1-13 所示。单击"关闭"按钮，关闭该对话框，将"学生各科成绩 1.xls"工作簿内"学生各科成绩"工作表中的数据以名称为"学生各科成绩 1"的表添加到"教学管理 8.accdb"数据库内。

4. 通过 VBA 将 Excel 文件导入 Access 数据库

如果"学生各科成绩"表记录的是所有学生不同时期的各科成绩，其数据来源是"学生各科成绩 1.xls"文件，成绩数据需要经常从外部导入，就使得导入操作成为经常性操作。此时，可以通过 VBA 程序将导入数据的操作自动化。具体步骤如下：

（1）打开"教学管理 8.accdb"数据库，切换到"数据库工具"选项卡，单击"宏"组内的 Visual Basic 按钮，弹出 Microsoft Visual Basic 窗口，选中工程资源管理器内的"教学管理（教学管理 8）"选项。

（2）单击"插入"→"模块"菜单命令，弹出一个新的模块代码窗口。

（3）单击"插入"→"过程"菜单命令，弹出"添加过程"对话框，在"名称"文本框中输入过程的名称 input_p。单击"确定"按钮，返回模块的代码窗口。

（4）在代码窗口中输入如下代码程序。注意应确保在模块中输入的被导入文件的路径正确，否则在运行时将出现错误。

```
Rem 文件的导入
Public Sub input_p()
DoCmd.TransferSpreadsheet acImport, acSpreadsheetTypeExcel9, "学生各科成绩", "G:\铁道高职高专2010\Access 2007\案例\学生各科成绩1.xls",True
End Sub
```

（5）单击"标准"工具栏内的"保存"按钮，弹出"另存为"对话框，输入要保存的模块名称"导入文件"，如图 8-1-16 所示。单击"确定"按钮，完成模块设计。

图 8-1-16　"另存为"对话框

（6）单击"标准"工具栏内的"运行"按钮，即可自动将"学生各科成绩 1.xls"文件中的数据追加到"学生各科成绩"表的后面。

5. 将文本文件导入 Access 数据库

将"学生各科成绩 1.txt"文本文件中的数据导入到 Access 数据库"教学管理 8.accdb"中，生成一个名称为"学生各科成绩 2"的表。具体操作步骤如下：

（1）切换到"外部数据"选项卡，单击"导入"组内的"文本文件"按钮，弹出"获取外部数据–文本文件"对话框，选中"将源数据导入当前数据库的新表中"单选按钮，指定"案例"文本类内的"学生各科成绩 1.txt"文本文件为数据源，如图 8-1-17 所示。

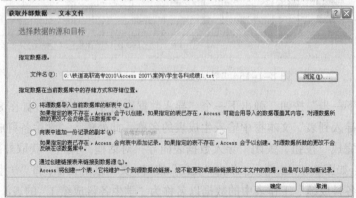

图 8-1-17　"获取外部数据–Excel 电子表格"对话框

（2）单击"确定"按钮，弹出"导入数据表向导"对话框，如图 8-1-18 所示。在其中可以选中"带分隔符"或"固定宽度"单选按钮。

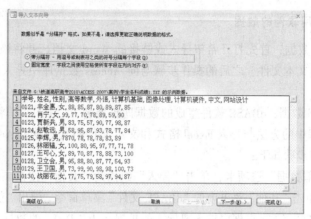

图 8-1-18　"导入数据表向导"对话框之一

（3）单击"下一步"按钮，弹出下一个"导入数据表向导"对话框，选中"第一行包含字段名称"复选框，如图 8-1-19 所示。在该对话框内可以选择字段分隔符。

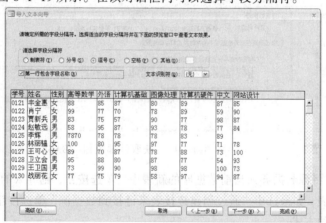

图 8-1-19　"导入数据表向导"对话框之二

（4）单击"下一步"按钮，弹出下一个"导入数据表向导"对话框，它与图 8-1-14 所示的对话框基本一致。单击"下一步"按钮，弹出下一个"导入数据表向导"对话框，它与图 8-1-15 所示的对话框基本一致。

（5）单击"下一步"按钮，弹出下一个"导入数据表向导"对话框，它与图 8-1-11 所示的对话框基本一致，用来输入生成表的名称，此处输入"学生各科成绩 2"。

（6）单击"完成"按钮，可以弹出"学生各科成绩 1 导入规格"对话框，利用该对话框可以设置导入的文件格式和设置字体，以及设置日期、时间和数字格式等。

（7）单击"完成"按钮，弹出"获取外部数据-Excel 电子表格"对话框，它与图 8-1-13 所示的对话框基本一致。单击该对话框内的"关闭"按钮，即可依据"学生各科成绩 1.txt"文本文件数据，在"教学管理 8.accdb"数据库中创建一个"学生各科成绩 2"表。

相关知识

1. 导入其他应用软件的数据

（1）导入 Word 数据：首先打开希望导入或链接的 Word 文档，并将该 Word 文档另存为用逗号或制表符分隔的文本文件，之后的操作步骤与向 Access 数据库中导入或链接文本文件的方法一样。

（2）导入 dBASE 数据：dBASE 软件生成的数据库扩展名为 ".DBF"。将 DBF 格式的数据库导入到 Access 数据库中的方法与导入 Excel 格式和文本文件格式数据到 Access 数据库中的方法基本相同。具体操作步骤如下：

① 切换到 "外部数据" 选项卡，单击 "导入" 组内的 "其他" 按钮，弹出 "其他" 菜单，如图 8-1-20 所示。单击 "其他" 菜单内的 "dBASE 文件" 菜单命令，弹出 "获取外部数据-dBASE 文件" 对话框，在 "文件名" 文本框内输入要导入的扩展名为 ".DBF" 的数据库文件，如图 8-1-21 所示。

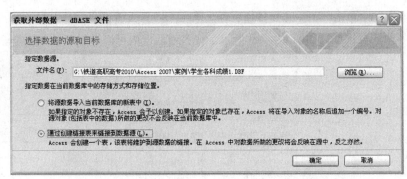

图 8-1-20 "其他" 菜单   图 8-1-21 "获取外部数据-dBASE 文件" 对话框

② 如果选中 "将源数据导入当前数据库的新表中" 单选按钮，则导入的数据会在 Access 数据库中形成一个新表；如果选中 "通过创建链接表来链接到数据源" 单选按钮，则导入的数据会采用链接到数据源的方式。

③ 单击 "确定" 按钮，即可在导航窗格内创建导入的表，表的左边带有 标记。

（3）导入 HTML 数据：超文本标识语言（HTML）是一种标准的标识语言。HTML 中有很多标签，都是在 HTML 中定义和规范的。将扩展名为 ".html" 或 ".htm" 的数据库导入到 Access 数据库中的方法与导入 Excel 格式和文本文件格式数据到 Access 数据库中的方法基本相同，只是在 "获取外部数据-HTML 文档" 对话框内 "文件名" 文本框中输入的文件名扩展名为 ".html" 或 ".htm"。

（4）导入 XML 数据：XML 允许用户自定义标签，所以它是可扩展性的标识语言。XML 将数据从表述中分离出来，既可用于定义数据内容，又可定义 Web 页上的数据结构，较好地解决了 HTML 无法表达数据内容等问题，使得各种格式的数据可以在不同的程序之间交换。XML 和 Access 之间的数据交流为用户提供了一种收集、使用和共享各种数据和资料的简便方法。Access 不仅提供了导入和导出 XML 数据的方法，还提供了使用 XML 相关文件与其他格式的数据进行相互转换的方法。

对于 HTML 来说，显示方式是内嵌在数据中的，这样在创建文本时，必须时时考虑输出格式。而 XML 把显示格式从数据内容中独立出来，保存在样式表文件（Style Sheet）中，这正是 XML 的最大优点：数据存储格式不受显示格式的制约。

在 Access 2007 中可以使用 XML。XML 文档被导入到 Access 表中时，实际数据存储在 XML 文件中，而数据架构信息（结构、关键字和索引）存储在 XSD 文件中。导入 XML 文件可以按以下步骤操作：

① 切换到"外部数据"选项卡，单击"导入"组内的"XML 文件"按钮，弹出"获取外部数据-XML 文件"对话框，在"文件名"文本框内输入要导入的扩展名为".xml"或".xsd"的文件，如图 8-1-22 所示。

② 单击"确定"按钮，弹出"导入 XML"对话框，如图 8-1-23 所示。在该对话框内可以看到导入的 XML 文件作为表的结构和字段名称。在"导入选项"选项组内可以选择导入数据的方式。

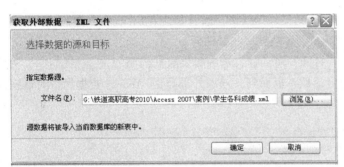

图 8-1-22　"获取外部数据 - XML 文件"对话框

图 8-1-23　"导入 XML"对话框

③ 单击"确定"按钮，关闭"导入 XML"对话框，即可在 Access 中创建相应的表。

注意：使用 Access 2007 能够导入和导出 XML 数据，包括关联表。如果只有 XSD 文件（没有与之关联的 XML 文档），那么只能导入架构和键值信息，但是不会有任何数据。数据是被保存在 XML 文件中的。

另外，还可以导入或链接 Paradox、Visual FoxPro、Lotus1-2-3、SQL 表等格式文件的数据，方法与上述基本相同。

2．常见错误信息

在 Access 2007 中如果因为导入数据而产生错误，会向"导入错误"表内添加一行信息。双击导航窗格内的"导入错误"表，可以查看错误列表。导入 Excel 文件或文本文件数据时会出现的一些错误信息以及导致错误的一些常见原因如下：

（1）Access 依据导入的第一行数据为每一个字段设置数据类型，但给数据源的字段指定了不正确的数据类型。此时 Access 不能导入记录的其余数据。

（2）导入数据源内的记录有重复。

（3）Excel 文件或文本文件中的一行或多行的字段数多于目标表中的字段个数。

（4）Excel 文件或文本文件中数字型字段的数据对于目标表中的字段太大。

（5）Excel 文件或文本文件数据中某些字段数据不能以 Access 赋予该字段的数据类型进行存储。例如，在只应该有数字的字段内包含了文本。解决方法是，更改数据源内数据的错误，或者在此导入并修改指定的数据类型。

（6）Excel 文件或文本文件数据中的一行或多行所含有的字段数比第一行多，需要修改 Excel 文件或文本文件中的数据。

（7）Excel 文件或文本文件中的字段不适合于目标表字段的数据类型，需要修改 Excel 文件或文本文件中的字段名称。

（8）Excel 文件或文本文件中的字段名称与要追加到的表中的字段名称不匹配，需要修改 Excel 文件或文本文件中的字段名称。

3．导入其他 Access 数据库数据

可以将其他 Access 数据库中的表、查询、窗体、报表、宏对象导入到当前 Access 数据库中，具体操作步骤如下：

（1）打开一个 Access 数据库，切换到"外部数据"选项卡，单击"导入"组内的"Access 数据库"按钮，弹出"获取外部数据-Access 数据库"对话框。

（2）单击"浏览"按钮，弹出"打开"对话框，选中提供数据的源 Access 数据库。然后单击"打开"按钮，关闭"打开"对话框，返回到"获取外部数据-Access 数据库"对话框，如图 8-1-24 所示。

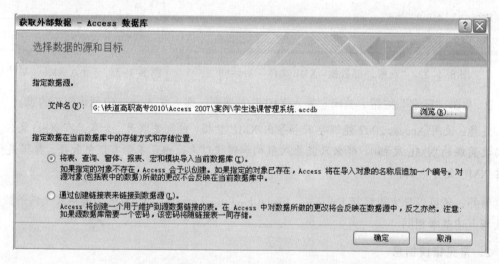

图 8-1-24　"获取外部数据-Access 数据库"对话框

（3）如果选中"将表、查询、窗体、报表、宏和模块导入当前数据库"单选按钮，则可以导入源数据库中的对象到当前数据库中；如果选中"通过创建链接表来链接到数据源"单选按钮，则以后导入的数据会采用链接到数据源的方式。

（4）单击"确定"按钮，关闭该对话框，弹出"导入对象"对话框，单击"选项"按钮，在下方显示 3 个选项组，如图 8-1-25 所示。该对话框用来选择要导入的 Access 数据库对象。

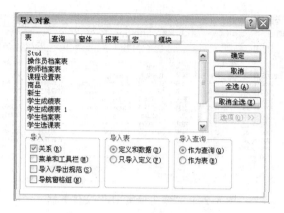

图 8-1-25 "导入对象"对话框

思考练习 8-1

1. 制作与"学生档案"表（见图 8-1-26）结构相同的含有 10 条记录的"学生档案 1.xls"、"学生档案 1.txt"（分隔符为"，"）和"学生档案 1.htm"文件，然后依次导入"学生档案 1.xls"、"学生档案 1.txt"（分隔符为"，"）和"学生档案 1.htm"文件数据，在"教学管理 8.accdb"数据库内生成"学生档案 11"、"学生档案 12"和"学生档案 13"表。

学号	姓名	性别	出生日期	年龄	政治面貌	籍贯	联系电话	E-mail	系名称	班级	地址
0101	沈芳麟	2	1992年6月19日 星期五	19	团员	上海	81477171	shen@yahoo.com.cn	计算机应用	200901	西直门大街2-201号
0102	王美琦	男	1992年5月20日 星期三	19	团员	天津	88526891	wang@yahoo.com.cn	计算机应用	200901	东直门大街6-601
0103	李丽	女	1991年3月17日 星期日	20	党员	重庆	93675412	li@yahoo.com.cn	计算机应用	200901	红联小区15-602
0104	赵晓红	男	1991年11月18日 星期一	19	团员	北京	65678219	zhao@yahoo.com.cn	计算机应用	200901	广内大街26-801
0105	贾增功	男	1991年9月16日 星期一	19	团员	四川	81423456	jia@yahoo.com.cn	计算机应用	200901	数子胡同31
0106	丰金玲	女	1992年3月26日 星期四	19	团员	湖北	88788656	feng@yahoo.com.cn	计算机应用	200901	宣武门大街26-605
0107	孔祥旭	男	1992年2月23日 星期日	19	团员	湖南	56781234	kong@yahoo.com.cn	计算机应用	200901	珠市口大街12-303
0108	邢志冰	男	1992年5月16日 星期六	19	团员	新疆	65432178	xing@yahoo.com.cn	计算机应用	200901	西单东大街30-602号
0109	魏小梅	女	1991年8月16日 星期五	19	团员	山东	98678123	wei@yahoo.com.cn	计算机应用	200901	天桥大街20-406号
0110	郝霞	女	1990年6月20日 星期三	21	党员	西藏	88665544	hao@yahoo.com.cn	计算机应用	200901	东直门二条38号

图 8-1-26 "学生档案"表

2. 制作与"学生档案"表结构相同的含有 10 条记录的"学生档案 2.xls"和"学生档案 2.txt"（分隔符为"，"），然后将"学生档案 2.xls"和"学生档案 2.txt"分别追加到"学生档案 11"和"学生档案 12"表内。

3. 将"教学管理 8.accdb"数据库内的"学生档案 12"和"学生档案 13"表中的记录依次追加到"学生档案 11"表中。

8.2 【案例 23】Access 数据导出

案例描述

本案例将"教学管理 8.accdb"数据库中的"学生档案"表导出为"学生档案.xls"文件，如图 8-2-1 所示。

图 8-2-1　"学生档案.xls"文件数据

将"教学管理 8.accdb"数据库中的"学生档案"表内的前 5 条记录数据导出为"学生档案 1.txt"文本文件，如图 8-2-2 所示。

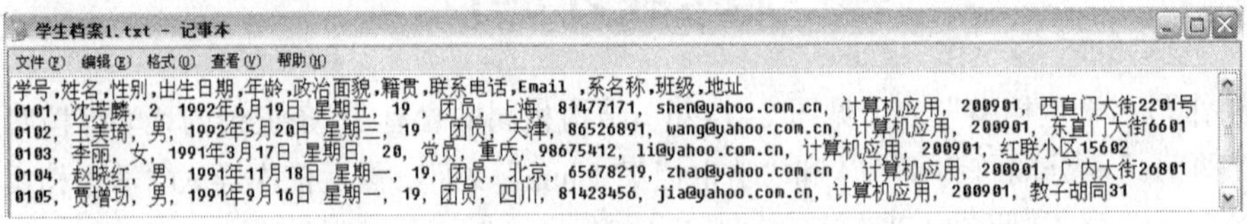

图 8-2-2　"学生档案 1.txt"文本文件数据

将"教学管理 8.accdb"数据库中的"学生各科成绩"表导出为"学生各科成绩 1.doc"文件，如图 8-2-3 所示。

成绩ID	学号	姓名	性别	高等数学	外语	计算机基础	图像处理	计算机硬件	中文	网站设计
6	0106	丰金玲	女	100	85	87	80	89	87	85
10	0110	郝霞	女	100	77	70	78	89	59	90
5	0105	贾增功	男	82	75	56	90	76	98	86
7	0107	孔祥旭	男	58	95	86	92	68	76	84
3	0103	李丽	女	78	60	68	68	83	89	84
1	0101	沈芳麟	男	100	80	95	96	77	61	78
2	0102	王美琦	男	89	70	86	78	88	72	90
9	0109	魏小梅	女	95	88	80	86	67	54	92
8	0108	邢志冰	男	72	99	90	98	98	65	73
4	0104	赵晓红	男	66	65	65	98	97	94	87

图 8-2-3　"学生各科成绩 1.doc"文档数据

将"教学管理 8.accdb"数据库中的"各科成绩查询"查询导出为"各科成绩查询 1.xls"文件，如图 8-2-4 所示。

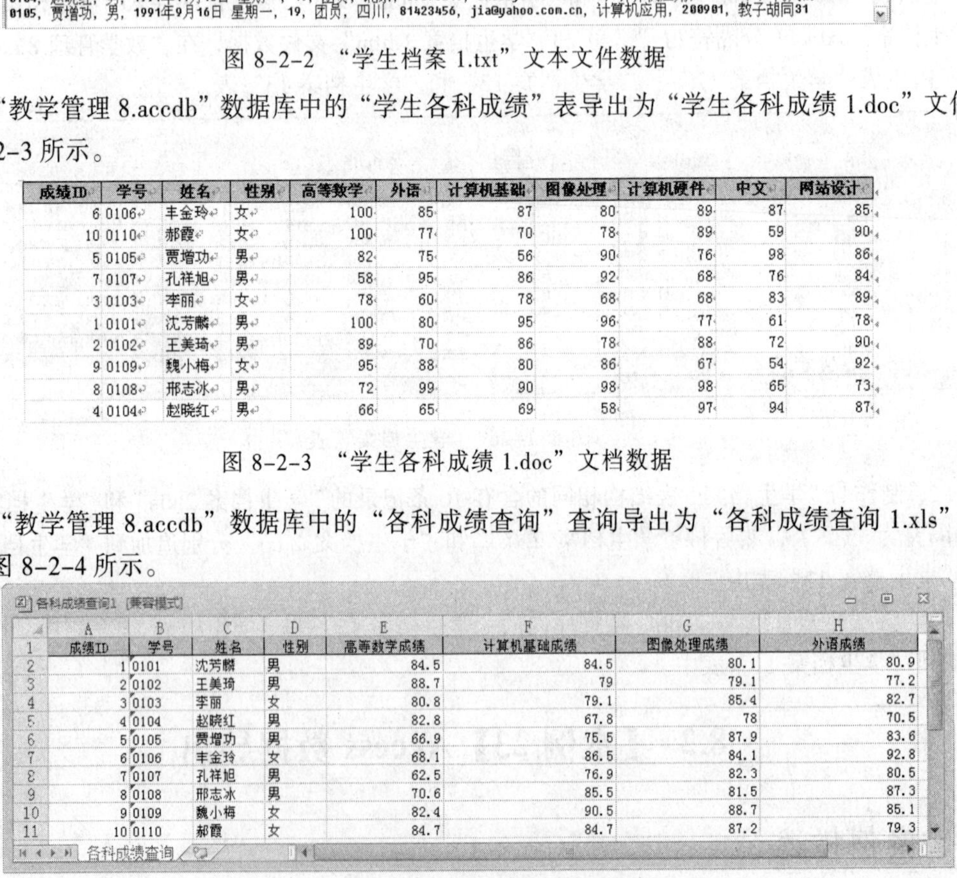

	A 成绩ID	B 学号	C 姓名	D 性别	E 高等数学成绩	F 计算机基础成绩	G 图像处理成绩	H 外语成绩
2	1	0101	沈芳麟	男	84.5	84.5	80.1	80.9
3	2	0102	王美琦	男	88.7	79	79.1	77.2
4	3	0103	李丽	女	80.8	79.1	85.4	82.7
5	4	0104	赵晓红	男	67.8	67.8	78	70.5
6	5	0105	贾增功	男	66.9	75.5	87.9	83.6
7	6	0106	丰金玲	女	68.1	86.5	84.1	92.8
8	7	0107	孔祥旭	男	62.5	76.9	82.3	80.5
9	8	0108	邢志冰	男	70.6	85.5	81.5	87.3
10	9	0109	魏小梅	女	82.4	90.5	88.7	85.1
11	10	0110	郝霞	女	84.7	84.7	87.2	79.3

图 8-2-4　"各科成绩查询 1.xls"文件数据

通过本案例的学习，可以掌握将 Access 数据库中的表和查询对象导出为其他格式文件的方法。

设计过程

1. 将 Access 数据库的表导出为 Excel 文件

将"学生档案"表对象导出为"学生档案 1.xls"文件的具体操作步骤如下：

（1）在 Access 2007 中打开"教学管理 8.accdb"数据库。双击导航窗格内的"学生档案"表，打开"学生档案"表，删除"照片"字段。

（2）切换到"外部数据"选项卡，单击"导出"组内的 Excel 按钮，弹出"导出-Excel 电子表格"对话框，在"文件格式"下拉列表框中选择"Excel 97-Excel 2003 工作簿（*.xls）"选项。

（3）单击"浏览"按钮，弹出"保存文件"对话框，在"保存类型"下拉列表框中选中"Excel 97-Excel 2003 工作簿（*.xls）"选项，在"文件名"下拉列表框内输入"学生档案 1.xls"。单击"保存"按钮，关闭"保存文件"对话框，返回到"导出-Excel 电子表格"对话框，如图 8-2-5 所示。

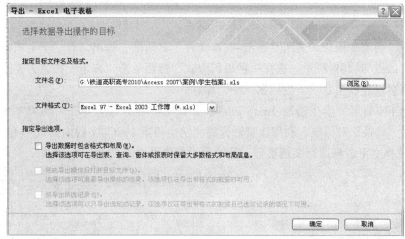

图 8-2-5 "导出-Excel 电子表格"对话框

（4）单击"确定"按钮，弹出下一个"导出-Excel 电子表格"对话框，如图 8-2-6 所示。单击"关闭"按钮，关闭该对话框，即可将"学生档案"表转换为 Excel 格式数据，以名称"学生档案 1.xls"保存。

图 8-2-6 "导出-Excel 电子表格"对话框

2. 将 Access 数据库的表导出为文本文件

将"学生档案"表中的前 5 条记录数据导出为"学生档案 1.txt"文件，具体操作步骤如下：

（1）打开"学生档案"表，选中前 5 条记录数据。

（2）单击"导出"组内的"文本文件"按钮，弹出"导出-文本文件"对话框，选中"导出数据时包含格式和布局"复选框，再选中其他两个复选框。单击"浏览"按钮，弹出"保存文件"对话框，在"文件名"下拉列表框中输入"学生档案 1.txt"。单击"保存"按钮，关闭"保存文件"对话框，返回到"导出-文本文件"对话框，如图 8-2-7 所示。

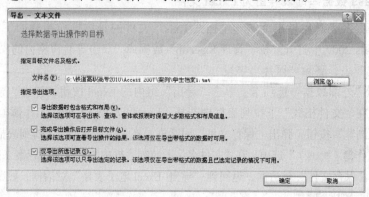

图 8-2-7 "导出-文本文件"对话框

（3）单击"确定"按钮，关闭"导出-文本文件"对话框，弹出"对'学生档案'的编码方式"对话框，如图 8-2-8 所示。选择一种编码方式，然后单击"确定"按钮，关闭该对话框，并将"学生档案"表以名称"学生档案 1.txt"保存。

（4）用记事本打开"学生档案 1.txt"文件，如图 8-2-9 所示。单击"编辑"→"替换"菜单命令，弹出"替换"对话框，利用该对话框将"学生档案 1.txt"文件内的"|"和"-"字符删除，用"，"替换空格，再进行文档整理，最终效果如图 8-2-2 所示。

图 8-2-8 "对'学生档案'的编码方式"对话框

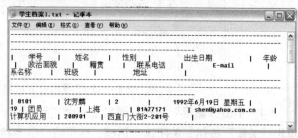

图 8-2-9 记事本

3. 将 Access 数据库的表导出为 Word 文档

将"学生各科成绩"表导出为"学生各科成绩 1.doc"文件，具体操作步骤如下：

（1）打开"学生各科成绩"表。单击"导出"组内的 Word 按钮，弹出"导出-RFT 文件"对话框，单击"浏览"按钮，弹出"保存文件"对话框。

（2）在"保存文件"对话框内的"文件名"下拉列表框中输入"学生各科成绩 1.rtf"。单击"保存"按钮，关闭"保存文件"对话框，返回到"导出-RFT 文件"对话框。

（3）以后的操作与"将 Access 数据库的表导出为 Excel 文件"的操作方法基本相同。最后导出为"学生各科成绩 1.rtf"文档。

（4）在 Word 2007 中打开"学生各科成绩 1.rtf"文档，单击 Office 按钮，弹出其菜单，单击"另存为"菜单命令，弹出"另存为"对话框，在"文件类型"下拉列表框中选择"Word 97 2003 文档（*.doc）"选项。

（5）单击“另存为”对话框中的“保存”按钮，将“学生各科成绩 1. rtf”文档以名称“学生各科成绩 1. doc”保存。

4. 将 Access 数据库的查询导出为 Excel 文件

将“各科成绩查询”查询导出为“各科成绩查询 1.xls”文件，具体操作步骤如下：

（1）打开“各科成绩查询”查询，如图 8-2-10 所示。

各科成绩查询

成绩ID	学号	姓名	性别	高等数学成绩	计算机基础成绩	图像处理成绩	外语成绩
1	0101	沈芳麟	男	84.5	84.5	80.1	80.9
2	0102	王美琦	男	88.7	79	79.1	77.2
3	0103	李丽	女	80.8	79.1	85.4	82.7
4	0104	赵晓红	男	82.8	67.8	78	70.5
5	0105	贾增功	男	66.9	75.5	87.9	83.6
6	0106	丰金玲	女	68.1	86.5	84.1	92.8
7	0107	孔祥旭	男	62.5	76.9	82.3	80.5
8	0108	邢志冰	男	70.6	85.5	81.5	87.3
9	0109	魏小梅	女	82.4	90.5	88.7	85.1
10	0110	郝霞	女	84.7	84.7	87.2	79.3

记录: 第 1 项(共 10 项　无筛选器　搜索

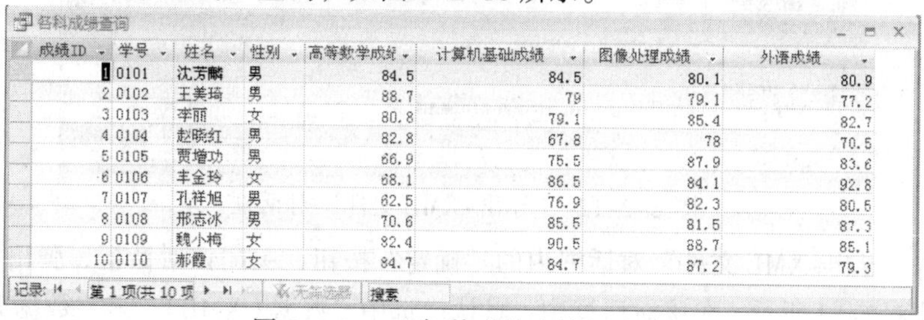

图 8-2-10　“各科成绩查询”查询

（2）切换到“外部数据”选项卡，单击“导出”组内的 Excel 按钮，弹出“导出-Excel 电子表格”对话框，在“文件格式”下拉列表框中选择“Excel 97-2003 工作簿（*.xls）”选项，与图 8-2-5 所示基本相同。

（3）单击“浏览”按钮，弹出“保存文件”对话框，在“文件名”下拉列表框中输入“各科成绩查询 1.xls”。单击“保存”按钮，返回到“导出-Excel 电子表格”对话框。

（4）单击“确定”按钮，弹出下一个“导出-Excel 电子表格”对话框，单击“关闭”按钮，关闭该对话框，即可将“各科成绩查询”查询转换为 Excel 格式数据，以名称“各科成绩查询 1.xls”保存。

相关知识

1. 将 Access 数据库的查询导出为 XML 文件

可以将数据库中的表、查询、数据表、窗体或报表对象中的数据导出为 XML 文件，把这些对象的结构保存到描述结构（包括主键和索引信息）和数据的 XSL 格式文件中、嵌入到 XML 文件中或导出到 XML 数据架构文件（XSD）中。下面介绍将“各科成绩查询”查询导出为“各科成绩查询 1.xml”文件（见图 8-2-11）的操作方法。

```
<?xml version="1.0" encoding="UTF-8" ?>
- <dataroot xmlns:od="urn:schemas-microsoft-com:officedata"
    xmlns:xsi="http://www.w3.org/2001/XMLSchema-instance"
    xsi:noNamespaceSchemaLocation="各科成绩查询1.xsd" generated="2010-08-03T21:33:54">
  - <各科成绩查询>
      <成绩ID>1</成绩ID>
      <学号>0101</学号>
      <姓名>沈芳麟</姓名>
      <性别>男</性别>
      <高等数学成绩>84.5</高等数学成绩>
      <计算机基础成绩>84.5</计算机基础成绩>
      <图像处理成绩>80.1</图像处理成绩>
      <外语成绩>80.9</外语成绩>
    </各科成绩查询>
  - <各科成绩查询>
```

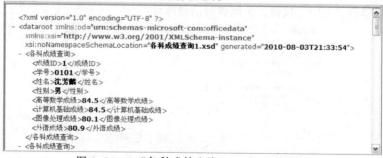

图 8-2-11　“各科成绩查询 1.xml”文件数据

（1）打开“各科成绩查询”查询，如图 8-2-10 所示。

（2）切换到“外部数据”选项卡，单击“导出”组内的“其他”按钮，弹出其菜单，单击该菜单内的"XML 文件"菜单命令，弹出"导出–XML 文件"对话框。

（3）单击"浏览"按钮，弹出"保存文件"对话框，在"保存类型"下拉列表框中选择"XML（*.xml）"选项，在"文件名"下拉列表框中输入"各科成绩查询 1.xml"。

（4）单击"保存文件"对话框内的"保存"按钮，关闭"保存文件"对话框，返回到"导出–XML文件"对话框，如图 8-2-12 所示。

图 8-2-12 "导出–XML 文件"对话框

（5）单击"导出–XML 文件"对话框内的"确定"按钮，关闭该对话框，弹出"导出 XML"对话框，如图 8-2-13 所示。在该对话框中，默认已选中"数据（XML）"和"数据架构（XSD）"复选框。如果只想导出数据，则只需选中"数据（XML）"复选框；如果想创建 XSD 文件和 HTML文件以便查看数据，则应选中"数据样式表（XSL）"复选框。

（6）单击"导出–XML 文件"对话框内的"其他选项"按钮，弹出另一个"导出 XML"对话框，切换到"数据"选项卡，如图 8-2-14 所示。可利用该选项卡来设置导出的记录个数、编码方式和导出位置等参数。

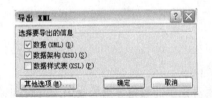

图 8-2-13 "导出 XML"对话框　　　　图 8-2-14 "导出 XML"（数据）对话框

（7）切换到"构架"选项卡，如图 8-2-15 所示。利用该选项卡来设置架构参数的导出位置等。完成上述所有步骤后，单击"确定"按钮，关闭该对话框，弹出类似于图 8-2-6 的"导出–XML文件"对话框。单击"关闭"按钮，关闭该对话框即可。

图 8-2-15 "导出 XML"（构架）对话框

此时，Access 2007 将自动创建指定的文件，即 XML、XSD、XSL 或 HTML 格式文件。

2. 将 Access 数据库的窗体导出为 XML 文件

在将窗体导出为 XML 文件时，生成的 XML 文件将创建一个连续窗体类型的 HTML 文件，该 HTML 文件在连续窗体中显示每条记录，即使将"默认视图"属性设置为数据表或单个窗体也是如此。下面介绍将"学生各科成绩窗体"窗体对象（见图 8-2-16）导出为"学生各科成绩窗体 1.xml"文件（见图 8-2-17）的操作方法。

图 8-2-16 "学生各科成绩窗体"窗体

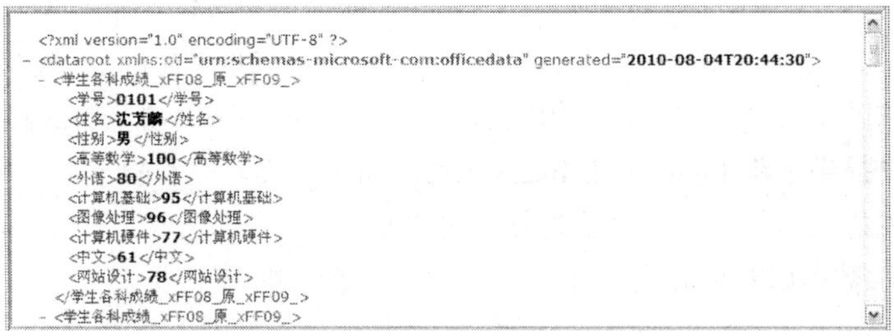

图 8-2-17 "学生各科成绩窗体 1.xml"文件数据

（1）打开"学生各科成绩窗体"窗体，如图 8-2-16 所示。

（2）切换到"外部数据"选项卡，单击"导出"组内的"其他"按钮，弹出其菜单，单击该菜单内的"XML 文件"菜单命令，弹出"导出-XML 文件"对话框。

（3）单击"浏览"按钮，弹出"保存文件"对话框，利用该对话框设置保存文件为"学生各科成绩窗体 1. xml"。返回到"导出-XML 文件"对话框，如图 8-2-18 所示。

图 8-2-18 "导出-XML 文件"对话框

（4）单击"确定"按钮，关闭该对话框，弹出"导出 XML"对话框，如图 8-2-13 所示。选中"数据（XML）"复选框。单击"其他选项"按钮，弹出另一个"导出 XML"对话框，在"数据"选项卡中选中"当前记录"单选按钮。

（5）"样式表"选项卡和"构架"选项卡均采用默认设置，单击"确定"按钮，即可完成导出。Access将创建XML文件、XSL文件和相应的HTML文件，还在存储XML、XSL和HTML文件的文件夹下创建了一个名为“图像”的子文件夹，用来保存窗体中图像。在IE浏览器内浏览用XML、XDS和XLS文件创建的HTML文件。

思考练习8-2

1. 将“教学管理8.accdb”数据库中的“学生各科成绩”表导出为“各科成绩11.xls”文件、“各科成绩11.txt”文件（分隔符为“;”）、“各科成绩11.doc”文档。

2. 在“教学管理8.accdb”数据库中，依据“学生档案”表制作“学生档案”窗体，再将该窗体导出为“学生档案21.xls”文件和“学生档案21.xml”文件。

8.3 【案例24】数据库Web发布

可以使用万维网（WWW）存储和传送Access数据库内的数据，显示Access数据库内的信息，还可以在Access数据库内创建与Web的链接。Access 2007提供了数据访问页功能，数据访问页是一种特殊的Web页，它允许使用IE 5.x或以上版本的网页浏览器观察和使用Access数据库数据，给用户提供了跨Internet或Intranet访问动态（实时）和静态（不可更新）信息的能力。Access只是发送当前的数据，而不提供查询功能。

可以将Access数据库对象导出为静态Web页或半动态的Web页。

案例描述

本案例将“教学管理8.accdb”数据库中的“学生档案”表导出为“学生档案网页.htm”文档，如图8-3-1所示。

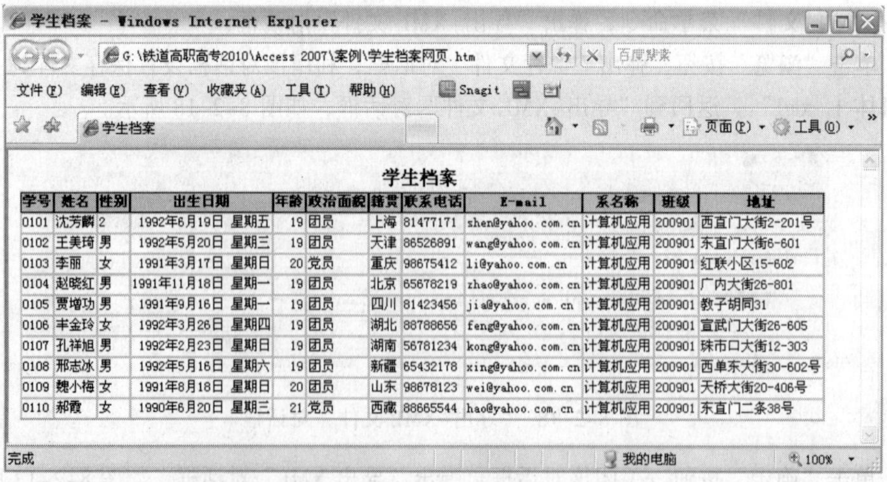

学号	姓名	性别	出生日期	年龄	政治面貌	籍贯	联系电话	E-mail	系名称	班级	地址
0101	沈芳麟	2	1992年6月19日 星期五	19	团员	上海	81477171	shen@yahoo.com.cn	计算机应用	200901	西直门大街2-201号
0102	王美琦	男	1992年5月20日 星期三	19	团员	天津	86526891	wang@yahoo.com.cn	计算机应用	200901	东直门大街6-601
0103	李丽	女	1991年3月17日 星期日	20	党员	重庆	98675412	li@yahoo.com.cn	计算机应用	200901	红联小区15-602
0104	赵晓红	男	1991年11月18日 星期一	19	团员	北京	65678219	zhao@yahoo.com.cn	计算机应用	200901	广内大街26-801
0105	贾增功	男	1991年9月16日 星期一	19	团员	四川	81423456	jia@yahoo.com.cn	计算机应用	200901	教子胡同31
0106	丰金玲	女	1992年3月26日 星期四	19	团员	湖北	88788656	feng@yahoo.com.cn	计算机应用	200901	宣武门大街26-605
0107	孔祥旭	男	1992年2月23日 星期日	19	团员	湖南	56781234	kong@yahoo.com.cn	计算机应用	200901	珠市口大街12-303
0108	邢志冰	男	1992年5月16日 星期六	19	团员	新疆	65432178	xing@yahoo.com.cn	计算机应用	200901	西单东大街30-602号
0109	魏小梅	女	1991年8月18日 星期日	20	团员	山东	98678123	wei@yahoo.com.cn	计算机应用	200901	天桥大街20-406号
0110	郝霞	女	1990年6月20日 星期三	21	党员	西藏	88665544	hao@yahoo.com.cn	计算机应用	200901	东直门二条38号

图8-3-1 “学生档案.htm”文档

将“教学管理8.accdb”数据库中的“各科成绩查询”查询内的数据导出为“各科成绩查询网页.htm”文档，如图8-3-2所示。

各科成绩查询

成绩ID	学号	姓名	性别	高等数学成绩	计算机基础成绩	图像处理成绩	外语成绩
1	0101	沈芳麟	男	84.5	84.5	80.1	80.9
2	0102	王美琦	男	88.7	79	79.1	77.2
3	0103	李丽	女	80.8	79.1	85.4	82.7
4	0104	赵晓红	男	82.8	67.8	78	70.5
5	0105	贾增功	男	66.9	75.5	87.9	83.6
6	0106	丰金玲	女	68.1	86.5	84.1	92.8
7	0107	孔祥旭	男	62.5	76.9	82.3	80.5
8	0108	邢志冰	男	70.6	85.5	81.5	87.3
9	0109	魏小梅	女	82.4	90.5	88.7	85.1
10	0110	郝霞	女	84.7	84.7	87.2	79.3

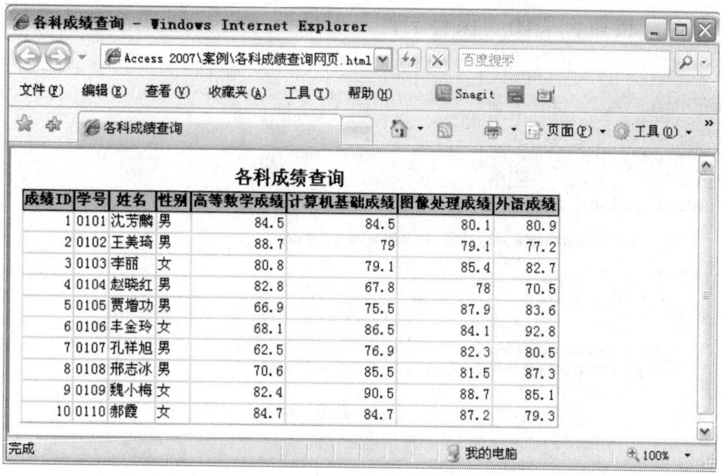

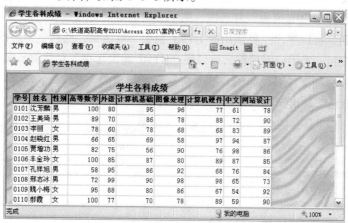

图 8-3-2 “各科成绩查询网页.htm”文档

将“教学管理 8.accdb”Access 数据库中的“学生各科成绩窗体”窗体内的数据导出为“学生各科成绩窗体网页.htm”文档，如图 8-3-3 所示。

学生各科成绩

学号	姓名	性别	高等数学	外语	计算机基础	图像处理	计算机硬件	中文	网站设计
0101	沈芳麟	男	100	80	95	96	77	61	78
0102	王美琦	男	89	70	86	78	88	72	90
0103	李丽	女	78	60	78	68	68	83	89
0104	赵晓红	男	66	65	69	58	97	94	87
0105	贾增功	男	82	75	56	90	76	98	86
0106	丰金玲	女	100	85	87	80	89	87	85
0107	孔祥旭	男	58	95	86	92	68	76	84
0108	邢志冰	男	72	99	90	98	98	65	73
0109	魏小梅	女	95	88	80	86	67	54	92
0110	郝霞	女	100	77	70	78	89	59	90

图 8-3-3 “学生各科成绩窗体网页.htm”文档

通过本案例的学习，可以掌握将 Access 数据库中的表、查询、窗体和报表等对象导出为 Web 页的方法，掌握数据库和 Web 页链接的方法。

设计过程

1. 将 Access 数据库的表导出为 Web 页

（1）在 Access 2007 中打开“教学管理 8.accdb”数据库。双击导航窗格内的“学生档案”表，以打开该表。

（2）切换到“外部数据”选项卡，单击“导出”组内的“其他”按钮，弹出其菜单，单击该菜单内的“HTML 文档”菜单命令，弹出“导出-HTML 文档”对话框。

（3）单击“浏览”按钮，弹出“保存文件”对话框，在“保存类型”下拉列表框中选择“HTML（*.html; *.htm）”选项，在“文件名”下拉列表框中输入“学生档案网页.htm”。

（4）单击"保存"按钮，关闭"保存文件"对话框，返回到"导出–HTML 文档"对话框，如图 8-3-4 所示。

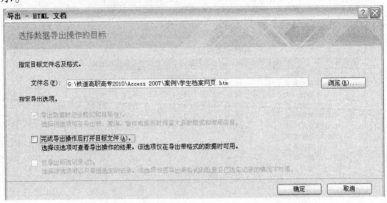

图 8-3-4 "导出–HTML 文档"对话框

（5）单击"确定"按钮，关闭该对话框，并弹出"HTML 输出选项"对话框，如图 8-3-5 所示。利用该对话框可以选择导出网页文件的编码方式。

如果选中"选择 HTML 模板"复选框，则下方的文本框变为有效，3 个单选按钮变为无效。单击"浏览"按钮，可以弹出"将使用的 HTML 模板"对话框，选择一个用做模板的网页文件，再单击"确定"按钮，关闭该对话框，返回到"HTML 输出选项"对话框，文本框内会显示作为模板的网页文件路径和文件名，如图 8-3-6 所示。

此处保持"HTML 输出选项"对话框的默认设置。

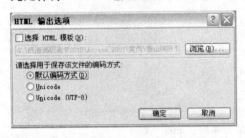

图 8-3-5 "HTML 输出选项"对话框之一　　　图 8-3-6 "HTML 输出选项"对话框之二

（6）单击"确定"按钮，关闭该对话框，弹出"导出–HTML 文档"对话框，再单击"确定"按钮，关闭该对话框，即可将"学生档案"表以名称"学生档案网页.htm"保存。

2. 将 Access 数据库的查询导出为 Web 页

若将整个 Access 数据表导出为 Web 页，Web 页中常常包含许多用户并不感兴趣的内容。而使用查询可以指定在页面中显示哪些列和记录。利用具有不同准则的多个查询可以创建一系列的 Web 页，然后通过主页上的超链接打开指定的 Web 页。

下面介绍将"各科成绩查询"查询内的数据导出为"各科成绩查询网页.htm"文档的方法。具体操作步骤如下：

（1）打开"各科成绩查询"查询，如图 8-2-10 所示。

（2）切换到"外部数据"选项卡，单击"导出"组内的"其他"按钮，弹出其菜单，单击该菜单内的"HTML 文档"菜单命令,弹出"导出-HTML 文档"对话框。

(3)单击"浏览"按钮,弹出"保存文件"对话框,在"保存类型"下拉列表框中选择"HTML(*.html;*.htm)"选项,在"文件名"下拉列表框中输入"各科成绩查询网页.htm"。

(4)单击"保存"按钮,关闭"保存文件"对话框,返回到"导出-HTML 文档"对话框,选中两个复选框,如图 8-3-7 所示。如果选中"导出数据时包含格式和布局"复选框,则将 Access 数据库中的表或查询等对象导出为 Web 页时,可以创建格式化的 Web 页,否则创建非格式化的 Web 页。

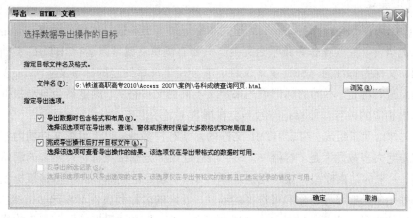

图 8-3-7 "导出-XML 文件"对话框

(5)单击"确定"按钮,关闭该对话框,并弹出"HTML 输出选项"对话框,保持默认状态设置。

(6)单击"确定"按钮,关闭该对话框,弹出"导出-HTML 文档"对话框,单击"确定"按钮,关闭该对话框,即可将"各科成绩查询"查询以名称"各科成绩查询网页.htm"保存。

3. 将 Access 数据库的窗体或报表导出为静态 Web 页

下面介绍将"学生各科成绩窗体"窗体对象导出为"学生各科成绩窗体网页.htm"文件的操作方法。具体操作步骤如下:

(1)打开"学生各科成绩窗体"窗体,如图 8-2-16 所示。

(2)切换到"外部数据"选项卡,单击"导出"组内的"其他"按钮,弹出其菜单,单击该菜单内的"HTML 文档"菜单命令,弹出"导出-HTML 文档"对话框。

(3)单击"浏览"按钮,弹出"保存文件"对话框,在"保存类型"下拉列表框中选择"HTML(*.html;*.htm)"选项,在"文件名"下拉列表框中输入"学生各科成绩窗体网页.htm"。

(4)单击"保存"按钮,关闭"保存文件"对话框,返回到"导出-HTML 文档"对话框,选中两个复选框,与图 8-3-7 所示相似。

(5)单击"确定"按钮,关闭该对话框,并弹出"HTML 输出选项"对话框,选中"选择 HTML 模板"复选框,单击"浏览"按钮,弹出"将使用的 HTML 模板"对话框,选择"香山枫叶节.html"网页作为模板,如图 8-3-6 所示。

(6)单击"确定"按钮,关闭该对话框,弹出"导出-HTML 文档"对话框,再单击"确定"按钮,关闭该对话框,即可将"学生各科成绩窗体"窗体以名称"学生各科成绩窗体网页.htm"保存。

Access 2007 报表的导出过程是不处理图形图像的。如果想将图形也导出，必须为报表上的每一个图形创建一个 JPG、GIF 或者 PNG 文件，然后手工添加<IMG SRC="filename.exe">标记到每个报表页源代码的适当位置上。图形文件必须和希望关联的 HTML 文件保存在相同的文件夹中，否则就要在标记的 filename.exe 位置添加完整路径。

相关知识

1. HTML 基础

HTML（Hypertext Makeup Language，超文本标记语言）不是一种程序语言，而是一种描述文档结构的标记语言。它与操作系统平台无关，只要有浏览器就可以运行 HTML 文档，显示网页内容。HTML 文件是标准的 ASCII 文本文件，它使用了一些约定的标签文字（Tag），对 WWW 上的各种信息进行标记，不同的标记可用来定义不同的文件格式，浏览器会自动根据这些标记在屏幕上显示出相应的内容，而标记符号不会在屏幕上显示出来。

HTML 文件由元素组成，组成 HTML 文件的元素有许多种，用于组织文件的内容和指导文件的输出格式。绝大多数元素是"容器"，即它们有起始标记和结尾标记。元素的起始标记叫做起始链接标签，元素的结束标记叫做结尾链接标签，位于起始链接标签和结尾链接标签之间的部分是元素体。每一个元素都有名称和可选择的属性，元素的名称和属性都在起始链接签内标明。一个元素的元素体中可以有其他的元素。"属性名"、" ＝"和"属性值"合起来构成一个完整的属性。一个元素可以有多个属性，各个属性之间用空格分开。

需要说明的是，HTML 是一门发展很快的语言，早期的 HTML 文件并没有如此严格的结构，而现在流行的浏览器为了保持对早期 HTML 文件的兼容性，也支持不按上述结构编写的 HTML 文件。另外，各种浏览器对 HTML 元素及其属性的解释也不完全一样。一般来讲，HTML 的元素有下列 3 种表示方法：

（1）<元素名>文件或超文本</元素名>

（2）<元素名 属性名="属性值…">文本或超文本</元素名>

（3）<元素名>

第三种写法仅用于一些特殊的元素，例如分段元素 P，它仅仅通知 WWW 浏览器在此处分段，因而不需要界定作用范围，所以它没有结尾链接标签。

HTML 语言的标记种类很多，常用的标签含义如表 8-3-1 所示。注意：HTML 文档中的起始链接标签"<"和元素名称（如 BODY）之间不能有空格。

HTML 文件的结构是由 HEAD 和 BODY 所组成的，HEAD 部分声明 HTML 文件的标题，BODY 部分则声明网页文件的内容，此为最基本的 HTML 文件。

表 8-3-1　HTML 常用的标记

标　记	说　明
<HTML>和</HTML>	<HTML>表示 HTML 文档的开始，</HTML>表示 HTML 文档的结束，不可缺少
<HEAD>和</HEAD>	是网页头部标记，可以提高网页文档的可读性，可以忽略
<TITLE>和</TITLE>	网页的标题
<BODY>和</BODY>	网页的正文范围

续表

标 记	说 明
<FORM>和</FORM>	窗体的范围
 	是换行标记，表示以后的内容移到下一行。它是单向标记，没有</BR>与之对应
<PRE>…</PRE>	是保留文本原来格式的标记，作用是将其中的文本内容按照原来的格式显示
<BODY BGCOLOR=#RRGGBB>	使用<BODY>标记中的 BGCOLOR 属性，可以设置网页的背景颜色。可以有<BODY BGCOLOR=#RRGGBB>和<BODY BGCOLOR=颜色的英文名称>两种格式
<B>…</B>	是粗体标记，可使其中的文字变为粗体形式
<OBJECT>和</OBJECT>	控件对象的范围
<SCRIPT>和</SCRIPT>	定义 VBScript 程序代码的范围
<FONT>和</FONT>	定义字体
<HR>	创建水平分隔线
<STYLE>和</STYLE>	样式的定义范围
<TABLE>和</TABLE>	表格的范围
<IMG>和</IMG>	影像的范围
<TEXTAREA>和</TEXTAREA>	文字区域的范围
<TR>	表格的行
<INPUT>和</INPUT>	文本框的范围
<IMG>	是图像标记
SRC	是依附于其他标记的一个属性，依附于<IMG>标记时，用来导入图像与 GIF 动画。其格式为<IMG SRC="文件的目录与文件名">

2．创建超链接

超链接是打开数据库内表和查询等对象或非 Access 文件的最快方式。在 Access 2007 中可以创建电子邮件的超链接。在"教学管理 8.accdb"数据库中的"学生档案"表内创建超链接的步骤如下：

（1）在 Access 2007 中打开"教学管理 8.accdb"数据库。双击"教学管理 5.accdb"文件，弹出另一个 Access 2007 窗口，同时打开"教学管理 5.accdb"数据库，将导航窗格内的"学生档案"表复制到剪贴板内。

切换到"教学管理 8.accdb"数据库，将剪贴板内的"学生档案"表粘贴到"教学管理 8.accdb"数据库导航窗格内，更名为"学生档案 1"。

（2）双击导航窗格内的"学生档案 1"表，打开该表。切换到"学生档案 1"表的设计视图，添加一个名称为"超链接"的字段，字段的数据类型设置为"超链接"。删除"勤工否"、"系名称"和"班级"字段。

（3）切换到"学生档案 1"表的数据表视图，如图 8-3-8 所示。

学号	姓名	性别	出生日期	年龄	政治面貌	籍贯	联系电话	E-mail	地址	照片	超链接
0101	沈芳麟	男	1992/6/19	19	团员	上海	81477171	shen@yahoo.com.cn	西直门大街2-201号	Photoshop.Image.10	
0102	王美琦	男	1992/5/20	19	团员	天津	86526891	wang@yahoo.com.cn	东直门大街6-601	Photoshop.Image.10	
0103	李丽	女	1991/3/17	20	党员	重庆	98675412	li@yahoo.com.cn	红联小区15-602	Photoshop.Image.10	
0104	赵晓红	女	1991/11/18	19	党员	北京	65678219	zhao@yahoo.com.cn	广内大街26-801	Photoshop.Image.10	
0105	贾增功	男	1991/9/16	19	团员	四川	81423456	jia@yahoo.com.cn	轿子胡同31	Photoshop.Image.10	
0106	丰金羚	女	1992/3/26	19	团员	湖北	88788858	feng@yahoo.com.cn	宣武门大街26-605	Photoshop.Image.10	
0107	孔祥旭	男	1992/2/23	19	团员	湖南	56781234	kong@yahoo.com.cn	珠市口大街12-303	Photoshop.Image.10	
0108	邢志冰	男	1992/5/16	19	团员	新疆	65432178	xing@yahoo.com.cn	西单东大街30-602号	Photoshop.Image.10	
0109	魏小梅	女	1991/8/18	20	团员	山东	98678123	wei@yahoo.com.cn	天桥大街20-406号	Photoshop.Image.10	
0110	郝霞	女	1990/6/20	21	党员	西藏	88665544	hao@yahoo.com.cn	东直门二条34号	Photoshop.Image.10	

记录：第1项（共10项）　无筛选器　搜索

图 8-3-8　"学生档案 1"表

（4）右击第一条记录的"超链接"字段单元格，弹出快捷菜单，单击该菜单内的"超链接"→"编辑超链接"菜单命令（见图 8-3-9），弹出"插入超链接"对话框。

（5）单击"屏幕提示"按钮，弹出"设置超链接屏幕提示"对话框，在"屏幕提示文字"文本框中输入"单击超链接可打开 114 网址黄页！"，如图 8-3-10 所示。单击"确定"按钮，关闭该对话框，返回到"插入超链接"对话框。

图 8-3-9　快捷菜单　　　　　　图 8-3-10　"设置超链接屏幕提示"对话框

（6）在"插入超链接"对话框内，单击"原有文件或网页"按钮，在"要显示的文字"文本框内输入"链接到中国网址黄页"，在"地址"下拉列表框内输入网页地址"http://www.114.com.cn/uindex.html"，如图 8-3-11 所示。

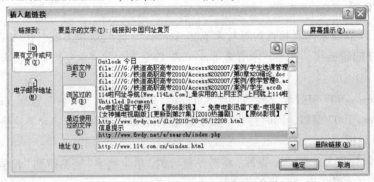

图 8-3-11　"插入超链接"对话框之一

（7）单击"确定"按钮，即可在第一条记录的"超链接"字段单元格内创建一个蓝色、带有下画线的超链接文字"链接到中国网址黄页"。单击该文字，可以弹出 http://www.114.com.cn/uindex.html 网页。

（8）右击第二条记录的"超链接"字段单元格，弹出快捷菜单，单击该菜单内的"超链接"→"编辑超链接"菜单命令，弹出"插入超链接"对话框。单击"当前文件夹"按钮，在"查找范围"下拉列表框中选择"G:\铁道高职高专 2010\Access 2007\案例"路径，在下方的列表框中选择"学生档案 1.xls"文件，修改"要显示的文字"文本框内的文字为"学生档案电子表格"，如图 8-3-12 所示。

图 8-3-12 "插入超链接"对话框之二

（9）单击"确定"按钮，即可在第二条记录的"超链接"字段单元格内创建一个蓝色、带有下画线的超链接文字"学生档案电子表格"。单击该文字，可以调用 Excel 程序，同时打开"学生档案 1.xls"文件。

（10）右击第三条记录的"超链接"字段单元格，弹出快捷菜单，单击该菜单内的"超链接"→"编辑超链接"菜单命令，弹出"插入超链接"对话框。在下方的列表框中选择"学生选课管理系统.accdb"文件，修改"要显示的文字"文本框内的文字为"学生选课管理系统"，如图 8-3-13 所示。单击"确定"按钮。单击第三条记录的"超级链接"字段单元格内的超链接文字"学生选课管理系统"时，会调用 Access 2007，同时打开"学生选课管理系统.accdb"数据库。

图 8-3-13 "插入超链接"对话框之三

（11）右击第五条记录的"超链接"字段单元格，弹出快捷菜单，单击该菜单内的"超链接"→"编辑超链接"菜单命令，弹出"插入超链接"对话框。单击"电子邮件地址"按钮，在"电子邮件地址"文本框内输入"mailto:jiazenggong@yahoo.com.cn"（"mailto:"不需要输入，是系统自动产生的），在"要显示的文字"文本框内输入"电子邮箱地址"，在"主题"文本框内输入"贾增功"，如图 8-3-14 所示。

图 8-3-14 "插入超链接"对话框之四

（12）单击"确定"按钮，即可在第 5 条记录的"超链接"字段单元格内创建一个蓝色、带有下画线的超链接文字"电子邮箱地址"。单击该文字，可以调用 Microsoft Office Outlook 2007 程序并填写邮箱地址，如图 8-3-15 所示。

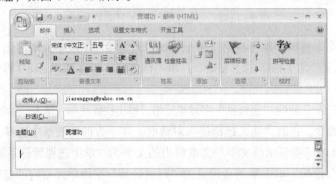

图 8-3-15 Microsoft Office Outlook 2007 工作界面

思考练习 8-3

1. 将"教学管理 8.accdb"数据库中的"计算机基础成绩统计"查询导出为"计算机基础成绩统计.htm"网页文档。

2. 打开"教学管理 8.accdb"数据库中的"学生档案 1"表，依据该表制作一个"学生档案 2"窗体，给每个记录的"超链接"字段添加电子邮箱地址的超链接或其他链接。

3. 将"教学管理 8.accdb"数据库中的"学生档案 2"窗体导出为"学生档案网页 2.htm"文档，删除其中的"照片"字段。

8.4 综合实训 8 "电器产品库存管理"数据库导入与导出

实训效果

创建一个"电器产品库存管理 8.accdb"数据库，将该数据库内的一些表、查询和窗体导出为其他文件，修改这些文件后再导入该数据库内或追加到该数据库内的一些表中。将该数据库内的一些表、查询和窗体发布为 Web 网页，在"电器产品信息"表和"电器产品清单"窗体内添加超链接。具体要求如下：

（1）将"电器产品库存管理 8.accdb"数据库中的"电器产品信息"表导出为"电器产品信息 1.xls"电子表格文件、"电器产品信息 1.txt"文件（分隔符为","）、"电器产品信息 1.doc"文档和"电器产品信息 1. xml"文件。

（2）将"电器产品查询"查询导出为"电器产品查询 2.xls"电子表格文件、"电器产品查询 1.doc"文档和"电器产品查询 2. xml"文件。

（3）将"电器产品信息维护"窗体导出为"电器产品信息维护 3.xls"电子表格文件、"电器产品信息维护 3.doc"文档和"电器产品信息维护 3. xml"文件。

（4）对"电器产品信息 1.xls"文件中的数据进行修改，再导入到 Access 数据库"电器产品库存管理 8.accdb"中，生成一个名称为"电器产品信息 1"的表，以及追加到"电器产品信息"表的后面。

（5）对"电器产品信息 1.txt"文件中的数据进行修改，再导入到 Access 数据库"电器产品库存管理 8.accdb"中，生成一个名称为"电器产品信息 2"的表，以及追加到"电器产品信息"表的后面。

（6）将"电器产品信息"表复制一份，更名为"电器产品信息和链接"。在"电器产品信息和链接"表内增添"超链接"字段，再在每条记录的"超链接"字段单元格内创建链接不同内容的超链接文字。

实训提示

（1）参考【案例 23】中介绍的方法，完成第（1）、（2）、（3）项任务。

（2）参考【案例 22】中介绍的方法，完成第（4）、（5）项任务。

（3）参考【案例 24】中介绍的方法，完成第（6）项任务。

实训测评

能 力 分 类	能　　　　力	评　分
职业能力	在同一个 Access 数据库内的导航窗格中复制/粘贴对象，在不同的 Access 数据库导航窗格中复制/粘贴对象	
	将外部 Excel 文件、文本文件、Word 文件等作为表导入到 Access 数据库内，追加到 Access 数据库内的表中	
	通过 VBA 将外部文件中的数据导入到 Access 数据库中	
	理解导入 Excel 文件或文本文件数据时出现的一些错误信息以及导致产生错误的一些常见原因	
	导入其他 Access 数据库数据到当前 Access 数据库中	
	将 Access 数据库的表、查询、窗体或报表导出为 Excel 文件、文本文件、Word 文件、XML 文件等	
	将 Access 数据库的表、查询、窗体或报表导出为 Web 页	
	了解 HTML，创建各种超链接	
通 用 能 力	自学能力、总结能力、合作能力、创造能力等	
能力综合评价		

第9章 数据库优化和安全及应用系统设计

　　数据库的性能和安全是制约数据库运行和使用的重要因素。优化数据库可以使数据库运行得更快，对数据库有着重要的意义。对于多用户的数据库，数据库的安全性就显得更加重要，尤其是放置在网络上的数据库。

9.1 【案例 25】优化数据库

案例描述

　　本案例介绍使用分析器优化"教学管理 9.accdb"数据库，包括使用表分析器优化数据库和使用性能分析器优化数据库。

　　通过本案例的学习，可以了解优化数据库的作用和意义，掌握优化数据库性能和加速数据库运行的方法；掌握压缩和修复数据库的方法，以及拆分数据库的方法等。

设计过程

1. 使用表分析器优化数据库

　　当设计一个新数据库时，可以通过建立一系列相互关联的表来尽量减少数据冗余。表分析器可以检查表间数据的分布，并提出改进的思路和建议。具体操作步骤如下：

　　（1）将"案例"文件夹内的"教学管理 7.accdb"数据库文件复制一份，将复制的文件更名为"教学管理 9.accdb"。在 Access 2007 中打开"教学管理 9.accdb"数据库。

　　（2）切换到"数据库工具"选项卡，单击"分析"组内的"分析表"按钮，弹出"表分析器向导"对话框，如图 9-1-1 所示。其指示出重复信息会产生的问题。单击上方的"显示范例"按钮，可弹出"浪费空间"提示框，如图 9-1-2（左）所示；单击下方的"显示范例"按钮，可弹出"引发错误"提示框，如图 9-1-2（右）所示。两个提示框都显示相应的文字说明。

　　（3）单击"下一步"按钮，弹出下一个"表分析器向导"对话框，如图 9-1-3 所示。其建议拆分表和创建新表，使每条信息只存储一次。同样，单击"显示范例"按钮，可以弹出相应的提示框，例如，单击上方的"显示范例"按钮，可以调出"在一处更新信息"提示框，如图 9-1-4 所示。

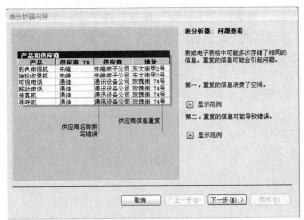

图 9-1-1　"表分析器向导"对话框之一

图 9-1-2　"浪费空间"和"引发错误"提示框

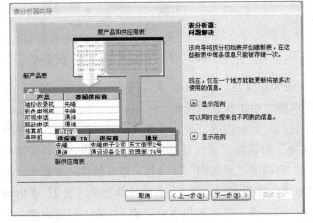

图 9-1-3　"表分析器向导"对话框之二

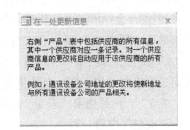

图 9-1-4　"在一处更新信息"提示框

（4）单击"下一步"按钮，弹出下一个"表分析器向导"对话框，如图 9-1-5 所示。利用该对话框可以选择数据库中有重复字段的表。

（5）选中列表框内的一个表名称选项后，单击"下一步"按钮，弹出下一个"表分析器向导"对话框，用来确定是由向导来帮助完成拆分表和新建表的任务，还是自行完成任务，如图 9-1-6 所示。

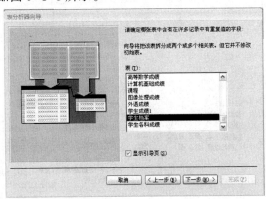

图 9-1-5　"表分析器向导"对话框之三

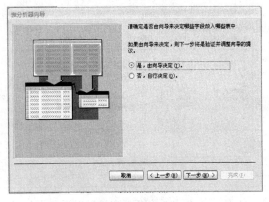

图 9-1-6　"表分析器向导"对话框之四

（6）如果选中"是，由向导决定"单选按钮，再单击"下一步"按钮，弹出下一个"表分析器向导"对话框，如图 9-1-7 所示。单击"重命名表"按钮，弹出另一个"表分析器向导"对话框，如图 9-1-8 所示。利用该对话框可以为表重命名。

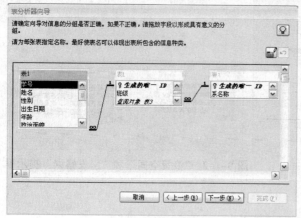

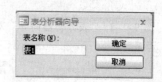

图 9-1-7 "表分析器向导"对话框之五　　　　　图 9-1-8 "表分析器向导"对话框之六

从图 9-1-7 可以看到，由向导完成拆分表和新建表，以及创建表之间关系的效果。单击"提示"按钮，会弹出"表分析器向导"提示框，给出相应的说明。

如果选中图 9-1-7 所示"表分析器向导"对话框内的"否，自行决定"单选按钮，再单击"下一步"按钮，弹出下一个"表分析器向导"对话框，其内只有一个"表 1"表，该表的结构与前面选中表的结构一样。向外拖曳"表 1"表内的"系名称"字段名，即可创建一个新表，名称为"表 2"；向外拖曳"表 1"表内的"班级"字段名到"表 2"表内，即可在"表 2"表内增加一个"班级"字段。再将"表 1"表内的"勤工否"字段名拖曳出"表 1"表，即可创建一个名称为"表 3"的新表，效果如图 9-1-9 所示。

（7）选中"表 1"表，单击"重命名表"按钮，弹出另一个"表分析器向导"对话框，利用该对话框将表重命名为"学生档案 1"，然后将"表 2"表的名称改为"系和班级 1"，将"表 3"表的名称改为"勤工否"，如图 9-1-10 所示。

单击"设置唯一标识符"按钮，可以将选中的字段设置为唯一的主关键字；单击"加入生成关键字"按钮，可以添加一个主关键字字段。

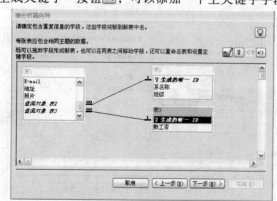

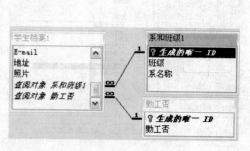

图 9-1-9 "表分析器向导"对话框之七　　　　　图 9-1-10 表更名

（8）单击"下一步"按钮，弹出下一个"表分析器向导"对话框，画面与图 9-1-9 所示基本相同，提示设置主关键字。如果表中数据有明显错误，则单击"下一步"按钮后，会弹出下一个"表分析器向导"对话框，如图 9-1-11 所示，用来更正数据。

如果表中数据无明显错误，则单击"下一步"按钮后，直接弹出图 9-1-12 所示的"表分析器向导"对话框，用来确定是否要创建查询。

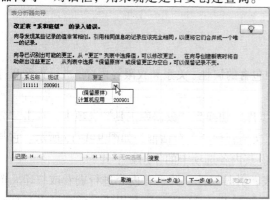

图 9-1-11　"表分析器向导"对话框之八　　　　图 9-1-12　"表分析器向导"对话框之九

（9）如果选中"是，创建查询"单选按钮，单击"完成"按钮，即可在创建 3 个表的同时创建一个含有所有字段的查询。

2．使用性能分析器优化数据库

性能分析器可以检查数据库中的一个或多个对象的性能，并提出改进性能的建议，还可以检查数据库中的各种关系，以及所有 VBA 代码模块。具体操作步骤如下：

（1）切换到"数据库工具"选项卡，单击"分析"组内的"分析性能"按钮，弹出"性能分析器"对话框，如图 9-1-13 所示。它有 8 个选项卡，不同选项卡内显示当前数据库中不同类型的对象名称。"当前数据库"选项卡内有"关系"和"VBA 项目"两个选项。"全部对象类型"选项卡内有当前数据库中所有对象的名称。

（2）选中对象名称，再单击"选择"按钮，可选中相应的复选框。单击"全选"按钮，可以选中全部复选框。单击"取消全选"按钮，可以取消选择全部复选框。

（3）单击"确定"按钮，可弹出下一个"性能分析器"对话框，其内显示选中对象的性能分析结果。例如，全选表对象，单击"确定"按钮，弹出下一个"性能分析器"对话框，如图 9-1-14 所示。

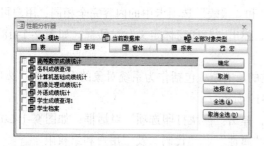

图 9-1-13　"性能分析器"（查询）对话框

图 9-1-14　"性能分析器"对话框

其中，"分析结果"列表框内会显示分析结果和建议。选中"分析结果"列表框内的一行后，即可在"分析注释"区域显示选中行的注释。

对于一些推荐的解决方案，选中后，单击"优化"按钮，可以进行优化。

（4）单击"关闭"按钮，关闭"性能分析器"对话框，完成分析任务。

相关知识

1. 文档管理器

利用文档管理器可以对不同的数据库对象中包含的属性、关系和权限等内容，进行查看和打印，便于用户更好地管理和改进数据库性能。

在 Access 2007 中打开要进行文档管理的数据库。切换到"数据库工具"选项卡，单击"分析"组内的"数据库文档管理器"按钮，弹出"文档管理器"对话框，如图 9-1-15 所示。它与图 9-1-13 所示的"表分析器"对话框基本相同。其内各选项卡的作用如下：

（1）"表"选项卡：可以选择一个或多个表，对其属性、关系等内容进行查看或打印。单击"选项"按钮，弹出"打印表定义"对话框，如图 9-1-16 所示。利用该对话框可以对打印表的内容进行自定义。单击"文档管理器"对话框中的"确定"按钮，Access 将自动对表文档进行分析、整理，然后弹出"打印预览"窗口，其中显示包含用户在"打印表定义"对话框中选定选项的文档，同时切换到"打印预览"选项卡，单击"打印"组内的"打印"按钮，即可进行打印。

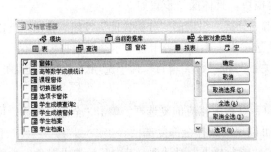

图 9-1-15 "文档管理器"（"窗体"）对话框

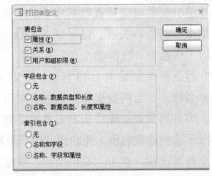

图 9-1-16 "打印表定义"对话框

（2）"查询"选项卡：可以选择一个或多个查询。单击"选项"按钮，弹出"打印查询定义"对话框，如图 9-1-17 所示。以后的操作方法和针对表的操作完全相同。

（3）"窗体"和"报表"选项卡："窗体"和"报表"选项卡中的内容完全相同，用户可选择一个或多个窗体或报表。单击"选项"按钮，弹出"打印窗体定义"对话框，如图 9-1-18 所示。以后的操作方法和针对表的操作基本相同。

（4）"宏"选项卡：其中包含数据库中创建的所有宏，包括作为系统对象的宏。单击"选项"按钮，弹出"打印宏定义"对话框，如图 9-1-19 所示。

（5）"模块"选项卡：单击"选项"按钮，弹出"模块打印选项"对话框，如图 9-1-20 所示。在该对话框中可以决定是否打印模块中的"属性"、"代码"及"用户和组权限"。

图 9-1-17　"打印查询定义"对话框

图 9-1-18　"打印窗体定义"对话框

图 9-1-19　"打印宏定义"对话框　　　　　　　图 9-1-20　"模块打印选项"对话框

（6）"当前数据库"选项卡：该选项卡中只有"属性"和"关系"两个选项。"属性"是指数据库属性，和数据库对象或控件的属性不同；"关系"是指数据库中所有表之间存在的关系。在"当前数据库"选项卡中，"选项"按钮不可用。

在"打印预览"窗口中 Access 将分别显示两两相关表之间的关系及其强制类型，而不是像在关系窗口中那样显示整个数据库中所有表的关系。

（7）"全部对象类型"选项卡：其中包含前面 7 个选项卡中的全部对象。在该选项卡中，如果要更改某个对象的内容，则先选中该对象，再单击"选项"按钮，Access 将根据用户选择对象的对象类型决定打开的对话框中显示何种打印定义。

2．压缩和修复数据库

用户在利用 Access 2007 建立数据库时就会发现，还没有输入多少数据，数据库的体积就已经达到了数百 KB。为了确保 Access 数据库具有最佳性能，需要常进行数据库的压缩和修复操作。下面分 3 种情况进行介绍。

（1）压缩和修复打开的数据库文件。具体操作方法如下：

◎ 在 Access 2007 中打开要压缩和修复的数据库文件。

◎ 可以在压缩和修复数据库文件以前，备份数据库文件。方法是：单击 Office 按钮，弹出其菜单，单击该菜单内的"管理"→"备份数据库"菜单命令，弹出"另存为"对话框，利用该对话框可以备份打开的数据库文件。

◎ 单击 Office 按钮，弹出其菜单，单击该菜单内的"管理"→"压缩和修复数据库"菜单命令，即可完成数据库文件的压缩和修复处理。

◎ 为了能快速执行压缩和修复操作，可以右击"压缩和修复数据库"菜单命令，弹出快捷菜单，单击该菜单内的"添加到快速访问工具栏"菜单命令，即可将"压缩和修复数据库"菜单命令以图标的形式添加到快速访问工具栏，以后只要单击"压缩和修复数据库"按钮，即可对当前数据库进行压缩和修复操作。

（2）压缩和修复未打开的数据库文件。具体操作方法如下：

◎ 打开 Access 2007，单击 Office 按钮 ，弹出其菜单，单击该菜单内的"管理"→"压缩和修复数据库"菜单命令，弹出"压缩数据库来源"对话框，如图 9-1-21 所示。

◎ 在"压缩数据库来源"对话框内选择要进行压缩和修复的数据库，单击"压缩"按钮，弹出"将数据库压缩为"对话框，它与图 9-1-21 相似。利用该对话框来确定压缩后的数据库名称，再单击"保存"按钮，即可完成压缩和修复操作。

图 9-1-21　"压缩数据库来源"对话框

（3）利用 Access 提供的关闭数据库文件时自动压缩和修复文件的功能压缩和修复文件。具体操作方法如下：

单击 Office 按钮 ，弹出其菜单，单击该菜单内的"Access 选项"按钮，弹出"Access 选项"对话框，切换到"当前数据库"选项卡，如图 9-1-22 所示。选中"关闭时压缩"复选框，然后单击"确定"按钮。

图 9-1-22　"Access 选项"对话框中的"当前数据库"选项卡

这时，用户可以在数据库中输入少量的数据，保存后退出，然后查看刚才保存的数据库文件，就会发现文件体积没有增大，反而缩小了。

3．拆分 Access 数据库

将大型数据库拆分为相对独立的较小数据库，可以减轻数据库在多用户环境下的网络通信负担，还可以使后续的前端开发不影响数据或不中断用户使用数据库。使用 Access 提供的"拆分数据库"工具将表从当前数据库移到后端数据库中（即将一个 Access 数据库创建一个副本并将数据库拆分）的操作步骤如下：

（1）复制一个要拆分的数据库，打开复制的数据库。

（2）切换到"数据库工具"选项卡，单击"移动数据"组内的"Access 数据库"按钮，弹出"数据库拆分器"对话框，如图 9-1-23 所示。

（3）单击"数据库拆分器"对话框内的"拆分数据库"按钮，弹出"创建后端数据库"对话框，如图 9-1-24 所示。利用该对话框可以指定后端数据库的名称。

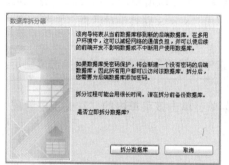

图 9-1-23　"数据库拆分器"对话框　　　　图 9-1-24　"创建后端数据库"对话框

（4）单击"拆分"按钮，弹出一个提示对话框，提示"数据库拆分成功"，单击"确定"按钮完成拆分。此时，Access 生成了新的数据库，它将所有表从原数据库复制到新数据库，然后链接它们。检查后端数据库中的表和它们的相互关系，将会看到所有的关系和参照完整性规则被自动复制到新数据库中。

思考练习 9-1

1．将"学生管理系统 1.mdb"数据库转换成"学生管理系统 1.accdb"数据库，再使用表分析器优化"学生管理系统 1.accdb"数据。

2．使用性能分析器优化"学生管理系统 1.accdb"数据库。

9.2　【案例 26】数据库安全

在单机、单人作业的环境中，因为只有一个用户，所以没有必要对数据库做安全设置。但如果在多用户环境中使用，数据库的安全问题就必须考虑。采取措施保证数据库的安全对于多用户环境和在网络上共享的 Access 2007 数据库显得尤为重要。

案例描述

本案例介绍隐藏"教学管理 9.accdb"数据库内对象、保护其中的 VBA 代码的方法，以及为"教学管理 9.accdb"数据库添加密码和更改密码的方法等。

通过本案例的学习，可以了解数据库安全的重要意义，掌握对数据库内的对象进行隐藏的方法，保护数据库内的 VBA 代码的方法，以及为数据库添加密码和解密的方法等。

设计过程

1. 隐藏/显示数据库对象

如果数据库内有一些不想让其他人看到的对象，可以在导航窗格内隐藏这些对象。具体步骤如下：

（1）在 Access 2007 中打开"教学管理 9.accdb"数据库。在导航窗格内右击要隐藏的对象，弹出快捷菜单，单击该菜单内的"对象属性"菜单命令，弹出"×××属性"对话框，如图 9-2-1 所示。其中，"×××"是对象的名称。

（2）在"×××属性"对话框的"属性"选项组内，选中"隐藏"复选框，然后单击"确定"按钮，即可将选中的对象隐藏（只是颜色变淡）。

（3）对于一些对象，在导航窗格内右击，弹出快捷菜单，单击该菜单内的"在此组中隐藏"菜单命令，可立即隐藏该对象。

显示对象的方法如下：

（1）在导航窗格内，选中要恢复显示的对象，弹出"×××属性"对话框，取消选择"隐藏"复选框，再单击"确定"按钮，可将选中的对象恢复显示。

（2）对于一些对象，在导航窗格内右击要显示的对象，弹出快捷菜单，单击该菜单内的"取消在此组中隐藏"菜单命令，可立即显示该对象。

另外，右击导航窗格的空白处，弹出快捷菜单，单击该菜单内的"导航选项"菜单命令，弹出"导航选项"对话框，取消选择"显示隐藏对象"复选框（见图 9-2-2），单击"确定"按钮，导航窗格内隐藏（颜色变淡）的对象会消失。

如果要将导航窗格内隐藏并消失的对象恢复淡颜色显示，可以选中"导航选项"对话框内的"显示隐藏对象"复选框，再单击"确定"按钮。

图 9-2-1 "外语成绩统计 属性"对话框

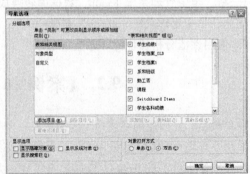

图 9-2-2 "导航选项"对话框

2．使用密码保护 VBA 代码

VBA 代码与窗体和报表中的模块都可以用密码来保护。用户可以通过编辑密码保护程序来设置密码，还可以编译全部模块的程序，同时将数据库保存为 ACCDE（Access 2007）或 MDE（Access 2003 及以前版本）文件，然后删除全部可编辑的程序并压缩数据库。此时，VBA 代码照常运行，但是他人无法查看或更改数据库中的 VBA 代码，从而帮助保护所有标准模块和类模块。另外，还可以防止他人修改数据库中的窗体、报表和模块。编译全部模块的程序，并将数据库保存为 ACCDE 文件的具体操作方法如下：

（1）打开"教学管理 9.accdb"数据库。切换到"数据库工具"选项卡，单击"数据库工具"组内的"生成 ACCDE"按钮，弹出"保存为"对话框，在其"文件名"下拉列表框内输入"教学管理 9.accde"，如图 9-2-3 所示。

图 9-2-3 "保存为"对话框

（2）单击"保存"按钮，生成 ACCDE 文件。

下次打开生成的 ACCDE 文件时，在数据库的导航窗格内只能看到模块的名称，双击导航窗格内的模块名称，会弹出图 9-2-4 所示的提示对话框，看不到 VBA 代码。

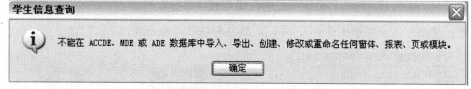

图 9-2-4 提示对话框

3．使用密码保护数据库

对数据库加密就是设置打开 Access 数据库时需要输入的密码。以后在打开数据库时，必须先输入密码，输入的密码正确后，才可以打开 Access 数据库。采用这种方法可以防止其他人使用文本编辑器或磁盘工具应用程序来阅读数据库中的数据。但对数据库进行加密会使 Access 对数据库中对象的操作变慢，原因是要用更多的时间来解密数据。只有管理员组中的成员才可以加密或解密数据库文件。Access 2007 中的加密工具有了很大改进。通常，对于小型用户组共享的数据库和单机上的数据库可以采用这种方法来提高安全性。

（1）设置密码：

① 启动 Access 2007，单击 Office 按钮，弹出其菜单，单击该菜单内的"打开"菜单命令，弹出"打开"对话框，如图 9-2-5 所示。

② 在"打开"对话框内的"查找范围"下拉列表框中选择文件夹，在列表框内选中 Access 数据库，此处选中"教学管理 9.accde"数据库。

③ 单击"打开"按钮右侧的下拉按钮·，弹出其菜单，如图 9-2-5 所示。单击该菜单内的"以独占方式打开"菜单命令，即可以独占方式打开选中的"教学管理 9.accde"数据库。

图 9-2-5 "打开"对话框

④ 切换到"数据库工具"选项卡，单击"数据库工具"组内的"用密码进行加密"按钮，弹出"设置数据库密码"对话框。在该对话框内的"密码"和"验证"文本框中输入相同的密码，文本框内显示一串"*"，如图 9-2-6 所示。

⑤ 单击"确定"按钮，即可完成对数据库密码的设置。

以后打开数据库时会弹出"要求输入密码"对话框，在"请输入数据库密码"文本框内输入密码，如图 9-2-7 所示。单击"确定"按钮，即可打开该数据库。

注意：密码可以由字母（区分大小写）、数字和符号组合而成。

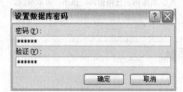

图 9-2-6 "设置数据库密码"对话框

图 9-2-7 "要求输入密码"对话框

（2）撤销密码：

① 打开要撤销密码的数据库，此处打开"教学管理 9.accde"数据库。

② 切换到"数据库工具"选项卡，单击"数据库工具"组内的"解密数据库"按钮，弹出"撤销数据库密码"对话框，如图 9-2-8 所示。

③ 在该对话框内的"密码"文本框中输入密码，单击"确定"按钮，即可撤销数据库密码。

（3）更换密码：更换数据库密码应先撤销数据库密码，再给数据库设置新密码。

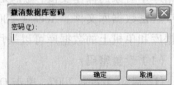

图 9-2-8 "撤销数据库密码"对话框

注意：上述数据库加密方法只适用于扩展名为 ".accdb" 的数据库，对于旧版本的扩展名为 ".mdb" 的数据库加密，采用的是 Access 2003 中的编码和密码功能。

相关知识

1．用户级安全机制

用户级安全机制是帮助保护单机环境下的 Access 数据库的最佳方法。使用用户级安全机制，可以防止用户不小心更改应用程序所依赖的表、查询、窗体或宏而破坏应用程序，而且可以帮助保护数据库的敏感数据。在用户级安全机制下，当用户启动 Access 时必须输入正确的密码。每一个用户都由唯一的个人 ID 标识代码来表明身份，通过个人 ID 和密码在工作组中标识该用户为指定组的成员。

如果要重新创建工作组信息文件，则必须使用相同的名称、组织和工作组 ID。如果用户遗忘或丢失了这些数据，则 Access 无法恢复，因而就无法访问该数据库。

在 Access 2007 内，对于扩展名为 ".mdb" 的数据库文件，也提供了用户与组权限和用户级安全机制功能，而对于扩展名为 ".accdb" 和 ".accde" 的数据库文件则不提供上述功能。如果在 Access 2007 内打开应用了用户级安全机制、扩展名为 ".mdb" 的数据库，则原来的用户级安全机制等设置会依然有效，但如果将这样的数据库保存为扩展名为 ".accdb" 和 ".accde" 的数据库文件，则所有用户级安全机制设置会自动取消。在 Access 2007 内打开在 Access 2007 中创建的数据库，所有用户都可以看到数据库的所有对象。

在 Access 2007 内，使用 "设置安全机制向导" 可以帮助用户很容易地设置用户级安全机制，指定权限，创建用户账户和组账户。在运行该向导后，还可以针对某个数据库及其已有的表、查询、窗体、报表或宏，在工作组中修改或删除用户账户和组账户的权限。

要利用 "设置安全机制向导" 为数据库设置用户级安全机制，可按下述步骤操作：

（1）在 Access 2007 内打开要设置安全机制的数据库，切换到 "数据库工具" 选项卡，单击 "管理" 组内的 "用户和权限" 按钮，弹出 "用户和权限" 菜单，如图 9-2-9 所示。

（2）单击该菜单内的 "用户级安全机制向导" 菜单命令，弹出 "设置安全机制向导" 对话框，如图 9-2-10 所示。如果已经建立了工作组信息文件，则 "修改当前工作组信息文件" 单选按钮会变为有效。

图 9-2-9　"用户和权限" 菜单

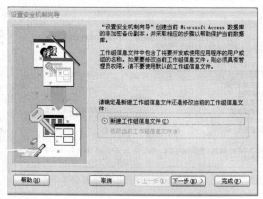

图 9-2-10　"设置安全机制向导" 对话框之一

（3）如果是新建工作组，则选中第一个单选按钮；如果是修改工作组，则选中第二个单选按钮。选中"新建工作组信息文件"单选按钮后，单击"下一步"按钮，弹出下一个"设置安全机制向导"对话框，如图 9-2-11 所示。

（4）在该对话框中，可以指定工作组信息文件的名称和工作组 ID（WID）。其中 WID 是由 4～20 个字母或数字组成的字符串。

用户还可以在该对话框下方设置该文件成为所有数据库的默认工作组信息文件，或者创建快捷方式，以打开工作组中增强安全机制的数据库。这里选中"使这个文件成为所有数据库的默认工作组信息文件"单选按钮。

（5）单击"下一步"按钮，弹出下一个"设置安全机制向导"对话框，如图 9-2-12 所示。利用该对话框，可以选择要建立安全机制的对象，Access 默认检查所有已有的数据库对象和运行该向导后创建的新对象的安全性。

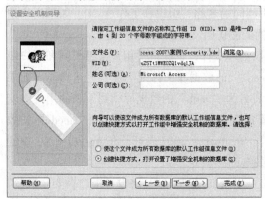
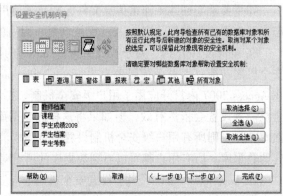

图 9-2-11 "设置安全机制向导"对话框之二   图 9-2-12 "设置安全机制向导"对话框之三

（6）单击"下一步"按钮，弹出下一个"设置安全机制向导"对话框，如图 9-2-13 所示。在该对话框内，用户可以从所有的安全组账户中选择要包含在组中的用户的特定权限，选择要包含在组中的用户的特定权限，在"组 ID"文本框中为每个组指定唯一的 WID。

（7）单击"下一步"按钮，弹出下一个"设置安全机制向导"对话框，如图 9-2-14 所示。在该对话框内，可以为用户组授予某些权限。选中"是，是要授予用户组一些权限"单选按钮，在对话框下方切换到需要赋予权限的数据库对象选项卡，然后选中要赋予的权限复选框。

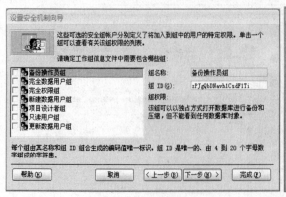

图 9-2-13 "设置安全机制向导"对话框之四   图 9-2-14 "设置安全机制向导"对话框之五

（8）单击"下一步"按钮，弹出下一个"设置安全机制向导"对话框，如图 9-2-15 所示。在该对话框内，用户可以向工作组信息文件中添加用户名，并赋予每个用户一个密码和唯一的个人 ID（PID）。PID 由 4～20 位字母或数字组成。设置完成后，单击"将该用户添加到列表"按钮，即可将新设置的用户名称添加到左侧的列表框内。选中左侧列表框内的用户名称，单击"从列表中删除用户"按钮，即可删除选中的用户。

（9）单击"下一步"按钮，弹出下一个"设置安全机制向导"对话框，如图 9-2-16 所示。在该对话框内，可以将用户赋予工作组信息文件中的组。如果要为一个组指定多个用户，则应该选中"选择组并将用户赋给该组"单选按钮；如果要为某个用户指定多个组权限，则应该选中"选择用户并将用户赋给组"单选按钮。

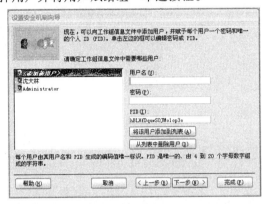

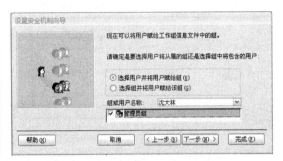

图 9-2-15　"设置安全机制向导"对话框之六　　　　图 9-2-16　"设置安全机制向导"对话框之七

（10）单击"下一步"按钮，弹出下一个"设置安全机制向导"对话框，如图 9-2-17 所示。利用该对话框可以设置无安全机制数据库备份副本的名称。

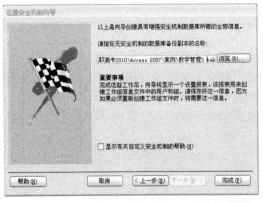

图 9-2-17　"设置安全机制向导"对话框之八

（11）单击"完成"按钮，关闭对话框，完成数据库安全机制的设置，同时显示一个设置报表，该报表用来创建工作组信息文件中的组和用户。一定要将该报表保存好，因为如果要重新创建工作组信息文件，则需要这一信息。

2．使用启动项和隐藏导航窗格

在 Access 2007 中可以利用"Access 选项"对话框进行一些启动项的设置，例如，设置数据库应用程序的标题和图标，隐藏数据库窗口，设置打开数据库时自动开启的窗口，以及隐藏导航窗格等。具体操作步骤如下：

（1）在 Access 2007 中打开要设置的数据库，单击 Office 按钮，弹出其菜单，单击该菜单内的"Access 选项"按钮，弹出"Access 选项"对话框，切换到"当前数据库"选项卡，如图 9-2-18 所示。

（2）在"应用程序标题"文本框内输入应用程序的标题文字，如"教学管理系统"。

图 9-2-18　"Access 选项"对话框"当前数据库"选项卡

（3）单击"浏览"按钮，弹出"图标浏览器"对话框，如图 9-2-19 所示。利用该对话框选择图标文件，再单击"确定"按钮，关闭该对话框，会发现已在"Access 选项"对话框"当前数据库"选项卡内的"应用程序图标"文本框内填入图标文件的路径和文件名。

图 9-2-19　"图标浏览器"对话框

（4）在"显示窗体"下拉列表框中选择"主窗体"选项，设置启动数据库后打开的窗体。

（5）在"导航"栏内取消选择"显示导航窗格"复选框，可以在启动数据库后不显示导航窗格。

3．使用密码保护工程

（1）打开"教学管理 9.accdb"数据库，单击 Office 按钮，弹出其菜单，单击该菜单内的"管理"→"数据库属性"菜单命令，弹出"教学管理 9.accdb 属性"对话框，切换到"摘要"选项卡，在"标题"文本框内输入"教学管理"，如图 9-2-20 所示。单击"确定"按钮。

（2）切换到"数据库工具"选项卡，单击"宏"组内的"Visual Basic 编辑器"按钮，弹出"Microsoft Visual Basic-教学管理 9"窗口。

（3）单击 Microsoft Visual Basic 窗口内的"工具"→"教学管理属性"菜单命令，弹出"教学管理-工程属性"对话框，切换到"通用"选项卡，可以看到"工程名称"文本框内默认的文字是"教学管理"。

（4）切换到"保护"选项卡，如图 9-2-21 所示。选中"查看时锁定工程"复选框，在"密码"和"确认密码"文本框中输入查看工程属性的密码，并确保在两个文本框中输入的密码一致。然后单击"确定"按钮。

图 9-2-20　"教学管理 9.accdb 属性"对话框

图 9-2-21　"教学管理-工程属性"对话框

思考练习 9-2

1．打开"学生管理系统 1.accdb"数据库，将该数据库内的 3 个对象完全隐藏和淡色显示隐藏；使用密码保护数据库内的 VBA 代码，给数据库添加密码和更改密码。

2．针对"学生管理系统 1.mdb"数据库设置用户级安全机制。

3．打开"学生管理系统 1.accdb"数据库，设置该数据库应用程序的标题文字为"学生管理系统"，设置一个图标，设置数据库应用程序启动后不显示导航窗格。

4．打开"学生管理系统 1.accdb"数据库，制作一个主窗体，设置数据库应用程序启动后自动弹出主窗体。

9.3　【案例 27】教师管理系统

案例描述

本案例设计一个"教师管理系统"数据库应用系统。双击"教师管理系统.accdb"数据库图标，或者启动 Access 2007 后打开"教师管理系统.accdb"数据库，可弹出"系统登录"窗体，如图 9-3-1 所示。在"用户名"文本框内输入"沈大林"且在"密码"文本框内输入"123456"，或者在"用户名"文本框内输入"赵晓红"且在"密码"文本框内输入"654321"，然后单击"确定"按钮，即可弹出"教师管理系统"窗体，如图 9-3-2 所示。

　　　图 9-3-1　"系统登录"窗体　　　　　　　图 9-3-2　"教师管理系统"窗体

　　单击"工资统计"按钮，可以弹出教师工资情况列表，如图 9-3-3 所示。单击"基本信息查询"按钮，可以弹出教师基本信息情况列表，如图 9-3-4 所示。

　　　图 9-3-3　"工资统计"窗体　　　　　　　图 9-3-4　"基本信息查询"窗体

　　单击"教师信息查询"按钮，可以弹出"教师信息查询"窗体的"教师档案查询"选项卡，列出教师档案情况列表，如图 9-3-5 所示。单击"教师工资查询"标签，可以切换到"教师工资查询"选项卡，列出教师工资情况列表，如图 9-3-6 所示。

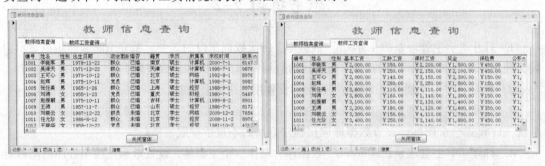

　　图 9-3-5　"教师信息查询"窗体之一　　　　图 9-3-6　"教师信息查询"窗体之二

　　单击"教师管理系统"窗体内的"教师档案编辑"按钮，弹出"教师档案编辑"窗体，如图 9-3-7 所示。单击"添加新记录"按钮，可以新增一条空记录；单击"保存记录"按钮，可以将输入的内容保存到"教师档案"表内；单击"删除记录"按钮，可以删除"教师档案"表内的当前记录；单击"查找记录"按钮，可以弹出"查找和替换"对话框，利用该对话框可以查找"教师档案"表内的记录，如图 9-3-8 所示。

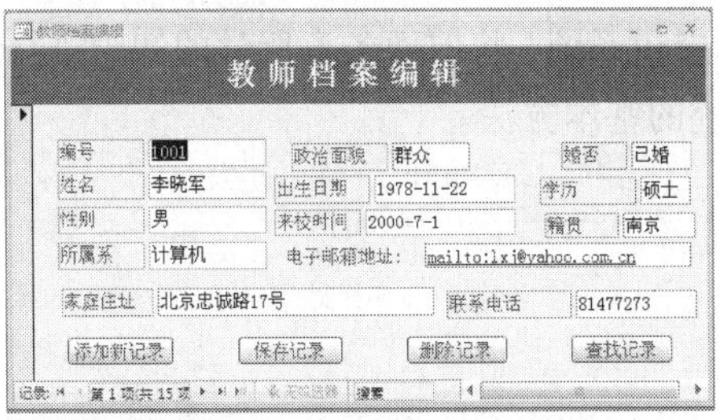

图 9-3-7　"教师档案编辑"窗体

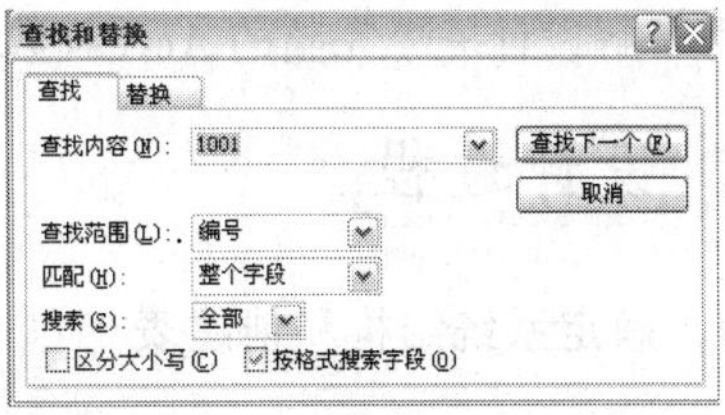

图 9-3-8　"查找和替换"对话框

单击"教师管理系统"窗体内的"教师工资编辑"按钮，弹出"教师工资编辑"窗体，如图 9-3-9 所示。利用该窗体可以编辑"教师工资"表。单击"教师管理系统"窗体内的"报表打印"按钮，弹出"报表打印"窗体，如图 9-3-10 所示。

图 9-3-9　"教师工资编辑"窗体

图 9-3-10　"报表打印"窗体

单击"报表打印"窗体内的"教师档案报表"按钮，可以弹出"教师档案"表的报表；单击"教师工资报表"按钮，可以弹出"教师工资"表的报表。单击"按性别教师档案查询"按钮，可弹出"输入参数值"对话框，如图 9-3-11 所示。在其内的"请输入要查询的性别"文本框中输入"女"或"男"，单击"确定"按钮，可显示男性或女性教师档案列表。

单击"报表打印"窗体内的"系教师档案查询"按钮，可以弹出"输入参数值"对话框，如图 9-3-12 所示。在其内的"请输入所在系的名称"文本框中输入系名称，单击"确定"按钮，可以显示指定系教师档案列表。

图 9-3-11　"输入参数值"对话框之一

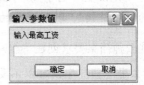

图 9-3-12　"输入参数值"对话框之二

单击"报表打印"窗体内的"总工资查询"按钮，可以弹出"输入参数值"对话框，如图 9-3-13 所示。在其内的"输入最低工资"文本框中输入工资值，单击"确定"按钮，弹出下一个"输入参数值"对话框，如图 9-3-14 所示。在其内的"输入最高工资"文本框中输入工资值，单击"确定"按钮，即可显示符合要求的"教师工资"表内的记录。

图 9-3-13　"输入参数值"对话框之三

图 9-3-14　"输入参数值"对话框之四

通过设计这个完整的“教师管理系统”数据库应用系统，将前面各章所学的知识进行综合应用，可了解设计一个完整的 Access 数据库应用系统的基本方法。

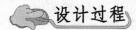

设计过程

1. 确定系统结构和创建表

（1）确定“教师管理系统”数据库应用系统的结构，如图 9-3-15 所示。

（2）启动 Access 2007，根据教师档案要求创建“教师档案”表，如图 9-3-16 所示。

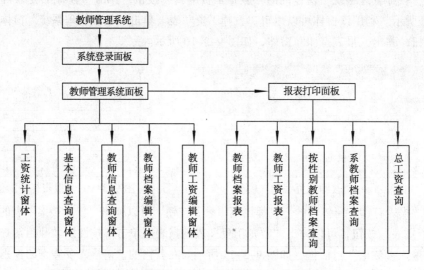

图 9-3-15 “教师管理系统”数据库应用系统的结构图

教师档案

编号	姓名	性别	出生日期	政治面貌	婚否	籍贯	学历	所属系	来校时间	联系电话	电子邮箱地址	家庭住址
1001	李晓军	男	1978-11-22	群众	已婚	南京	硕士	计算机	2000-7-1	81477273	mailto:lxj@yahoo.com.cn	北京忠诚路17号
1002	吴泽天	男	1971-12-23	群众	已婚	天津	硕士	计算机	1995-7-1	98765432	mailto:wzt@yahoo.com.cn	北京华北路3号
1003	王可心	男	1970-10-12	群众	已婚	北京	硕士	网络	1992-8-1	89768989	mailto:wkx@yahoo.com.cn	北京白广路9号
1004	赵辉	男	1975-10-11	党员	已婚	北京	学士	计算机	1998-7-2	99839281	mailto:zhi@yahoo.com.cn	北京青年路31号
1005	张任美	男	1965-1-26	群众	已婚	上海	硕士	经贸	1988-9-1	89761234	mailto:zrm@yahoo.com.cn	北京浦东路2号楼601
1006	刘涛	女	1955-1-23	党员	已婚	重庆	硕士	财经	1980-7-1	54678901	mailto:lut@yahoo.com.cn	北京李天路2号楼606
1007	赵援朝	男	1975-10-11	群众	已婚	吉林	学士	计算机	1999-8-2	89012345	mailto:zyc@yahoo.com.cn	北京中上路5号楼202
1009	王涛	男	1957-11-7	群众	已婚	山东	硕士	经贸	1986-7-1	81722345	mailto:wat@yahoo.com.cn	北京华北路7号楼809
1010	刘晓云	女	1987-12-22	群员	未婚	北京	学士	网络	2009-12-2	76543789	mailto:lxy@yahoo.com.cn	北京东四10条31号
1011	任允珍	女	1986-6-12	群众	未婚	北京	学士	经贸	2008-11-2	89768901	mailto:ryz@yahoo.com.cn	北京新港2号楼709
1012	王晓华	女	1958-12-22	党员	未婚	北京	学士	经贸	1981-10-2	43125671	mailto:wxh@yahoo.com.cn	北京和平门东大街4号
1013	赵新凯	男	1974-8-22	群众	已婚	南京	硕士	网络	1998-6-1	67543241	mailto:zxk@yahoo.com.cn	北京华齐路2号楼901
1014	章含智	男	1965-5-11	群众	已婚	广州	硕士	网络	1990-5-1	76545678	mailto:zhz@yahoo.com.cn	北京西北路6号楼601
1015	安德海	男	1970-10-12	党员	已婚	四川	硕士	计算机	1996-4-1	98766789	mailto:adh@yahoo.com.cn	北京教子胡同12号
1016	刘绍琦	男	1962-11-11	群众	已婚	新疆	硕士	网络	1986-3-1	65473289	mailto:zsq@yahoo.com.cn	北京和平门西大街6号

记录: 第 1 项(共 15 项 无筛选器 搜索

图 9-3-16 “教师档案”表

注意：可以先设置“电子邮箱地址”字段的属性为“文本”，输入记录数据后再将该字段的属性设置为“超链接”。其他字段的属性设置由读者根据图 9-3-16 所示自行完成。

（3）根据教师档案要求创建“教师工资”表，如图 9-3-17 所示。

注意：“工资总额”字段可以不要，如果有该字段，不需要输入记录内容。其他字段的属性设置由读者根据图 9-3-17 所示自行完成。

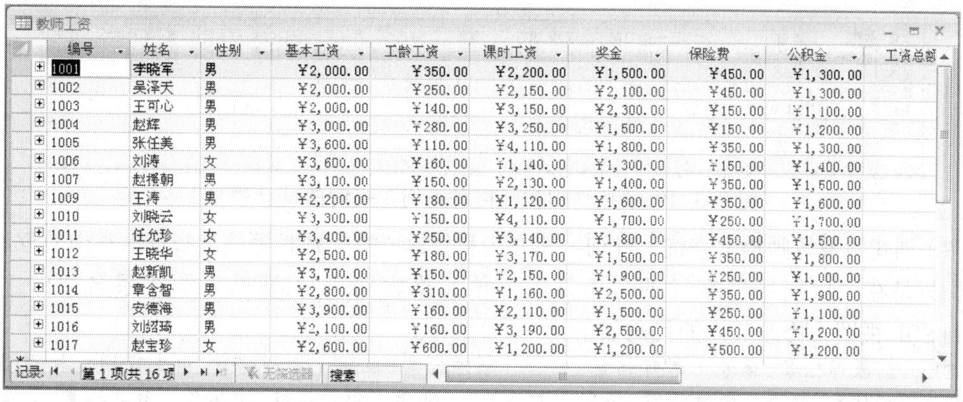

教师工资

编号	姓名	性别	基本工资	工龄工资	课时工资	奖金	保险费	公积金	工资总额
1001	李晓军	男	￥2,000.00	￥350.00	￥2,200.00	￥1,500.00	￥450.00	￥1,300.00	
1002	吴泽天	男	￥2,000.00	￥250.00	￥2,150.00	￥2,100.00	￥450.00	￥1,300.00	
1003	王可心	男	￥2,000.00	￥140.00	￥3,150.00	￥2,300.00	￥150.00	￥1,100.00	
1004	赵辉	男	￥3,000.00	￥280.00	￥3,250.00	￥1,500.00	￥150.00	￥1,200.00	
1005	张任美	男	￥3,600.00	￥110.00	￥4,110.00	￥1,800.00	￥350.00	￥1,300.00	
1006	刘涛	女	￥3,600.00	￥160.00	￥1,140.00	￥1,300.00	￥150.00	￥1,400.00	
1007	赵揺朝	男	￥3,100.00	￥150.00	￥2,130.00	￥1,400.00	￥350.00	￥1,500.00	
1009	王涛	男	￥2,200.00	￥180.00	￥1,120.00	￥1,600.00	￥350.00	￥1,600.00	
1010	刘晓云	女	￥3,300.00	￥150.00	￥4,110.00	￥1,700.00	￥250.00	￥1,700.00	
1011	任允珍	女	￥3,400.00	￥250.00	￥3,140.00	￥1,800.00	￥450.00	￥1,500.00	
1012	王晓华	女	￥2,500.00	￥180.00	￥3,170.00	￥1,500.00	￥350.00	￥1,800.00	
1013	赵新凯	男	￥3,700.00	￥150.00	￥2,150.00	￥1,900.00	￥250.00	￥1,000.00	
1014	章含智	男	￥2,800.00	￥310.00	￥1,160.00	￥2,500.00	￥350.00	￥1,900.00	
1015	安德海	男	￥3,900.00	￥160.00	￥2,110.00	￥1,500.00	￥250.00	￥1,100.00	
1016	刘绍琦	男	￥2,100.00	￥160.00	￥3,190.00	￥2,500.00	￥450.00	￥1,200.00	
1017	赵宝珍	女	￥2,600.00	￥600.00	￥1,200.00	￥1,200.00	￥500.00	￥1,200.00	

记录：第 1 项(共 16 项　无筛选器　搜索

图 9-3-17　“教师工资”表

2．创建查询和报表

（1）创建“工资统计”查询。“工资统计”查询用来显示“教师工资”表中的所有数据并计算出“工资总额”字段数据，如图 9-3-18 所示。

进入 SQL 视图，输入如下代码：

```
SELECT 教师工资.编号，教师工资.姓名，教师工资.性别，教师工资.基本工资，教师工资.工龄工资，教师工资.课时工资，教师工资.奖金，教师工资.保险费，教师工资.公积金，教师工资.基本工资+教师工资.工龄工资+教师工资.课时工资+教师工资.奖金-教师工资.保险费-教师工资.公积金 AS 工资总额
FROM 教师工资;
```

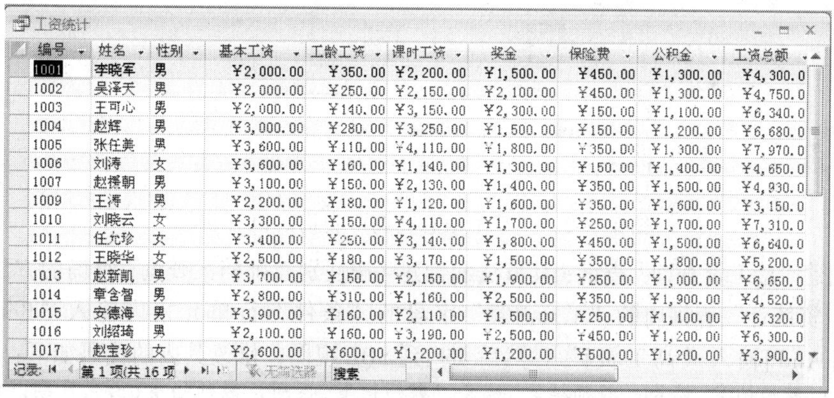

工资统计

编号	姓名	性别	基本工资	工龄工资	课时工资	奖金	保险费	公积金	工资总额
1001	李晓军	男	￥2,000.00	￥350.00	￥2,200.00	￥1,500.00	￥450.00	￥1,300.00	￥4,300.0
1002	吴泽天	男	￥2,000.00	￥250.00	￥2,150.00	￥2,100.00	￥450.00	￥1,300.00	￥4,750.0
1003	王可心	男	￥2,000.00	￥140.00	￥3,150.00	￥2,300.00	￥150.00	￥1,100.00	￥6,340.0
1004	赵辉	男	￥3,000.00	￥280.00	￥3,250.00	￥1,500.00	￥150.00	￥1,200.00	￥6,680.0
1005	张任美	男	￥3,600.00	￥110.00	￥4,110.00	￥1,800.00	￥350.00	￥1,300.00	￥7,970.0
1006	刘涛	女	￥3,600.00	￥160.00	￥1,140.00	￥1,300.00	￥150.00	￥1,400.00	￥4,650.0
1007	赵揺朝	男	￥3,100.00	￥150.00	￥2,130.00	￥1,400.00	￥350.00	￥1,500.00	￥4,930.0
1009	王涛	男	￥2,200.00	￥180.00	￥1,120.00	￥1,600.00	￥350.00	￥1,600.00	￥3,150.0
1010	刘晓云	女	￥3,300.00	￥150.00	￥4,110.00	￥1,700.00	￥250.00	￥1,700.00	￥7,310.0
1011	任允珍	女	￥3,400.00	￥250.00	￥3,140.00	￥1,800.00	￥450.00	￥1,500.00	￥6,640.0
1012	王晓华	女	￥2,500.00	￥180.00	￥3,170.00	￥1,500.00	￥350.00	￥1,800.00	￥5,200.0
1013	赵新凯	男	￥3,700.00	￥150.00	￥2,150.00	￥1,900.00	￥250.00	￥1,000.00	￥6,650.0
1014	章含智	男	￥2,800.00	￥310.00	￥1,160.00	￥2,500.00	￥350.00	￥1,900.00	￥4,520.0
1015	安德海	男	￥3,900.00	￥160.00	￥2,110.00	￥1,500.00	￥250.00	￥1,100.00	￥6,320.0
1016	刘绍琦	男	￥2,100.00	￥160.00	￥3,190.00	￥2,500.00	￥450.00	￥1,200.00	￥6,300.0
1017	赵宝珍	女	￥2,600.00	￥600.00	￥1,200.00	￥1,200.00	￥500.00	￥1,200.00	￥3,900.0

记录：第 1 项(共 16 项　无筛选器　搜索

图 9-3-18　“工资统计”查询

（2）创建“按性别教师档案查询”查询，操作步骤如下：

① 切换到“创建”选项卡，单击“其他”组内的“查询设计”按钮，视图区域内会显示“查询 1”设计视图，以及一个“显示表”对话框。

② 在设计视图内添加“教师档案”字段列表框，按住【Shift】键，单击“教师档案”字段列表框内的第一个和最后一个字段名称，选中所有字段，拖曳到设计视图下方的区域，设置显示所有字段。

③ 在“性别”字段的“条件”行单元格内输入“[请输入要查询的性别]”，如图 9-3-19 所示。然后将“查询 1”查询的名称改为“按性别教师档案查询”。

图 9-3-19 "按性别教师档案查询"查询的设计视图

（3）创建"系教师档案查询"查询：其方法和创建"按性别教师档案查询"查询的方法基本相同，只是在"所属系"字段的"条件"行单元格内输入"[请输入所在系名称]"。然后切换到 SQL 视图，修改其内的代码如下：

SELECT 教师档案.编号，教师档案.姓名，教师档案.性别，教师档案.出生日期，教师档案.政治面貌，教师档案.婚否，教师档案.籍贯，教师档案.学历，教师档案.所属系，教师档案.来校时间，教师档案.联系电话，教师档案.电子邮箱地址，教师档案.家庭住址

FROM 教师档案

WHERE (((教师档案.所属系)=[请输入所在系名称]));

（4）创建"基本信息查询"查询：在设计视图内添加"教师档案"表和"工资统计"查询的字段列表框，建立"编号"字段联系，再添加需要显示的字段，如图 9-3-20 所示。

切换到 SQL 视图，修改其内的代码如下：

SELECT 教师档案.编号，教师档案.姓名，教师档案.性别，教师档案.学历，教师档案.所属系，工资统计.工资总额

FROM 工资统计 INNER JOIN 教师档案 ON 工资统计.编号 = 教师档案.编号；

图 9-3-20 "基本信息查询"查询的设计视图

（5）创建"总工资查询"查询：其方法和创建"按性别教师档案查询"查询的方法基本相同，只是在"工资统计"查询内的"工资总额"字段的"条件"行单元格内输入"Between [输入最低工资] And [输入最高工资]"。然后切换到 SQL 视图，修改其内的代码如下：

SELECT 教师档案.编号，教师档案.姓名，教师档案.性别，教师档案.出生日期，教师档案.政治面貌，教师档案.婚否，教师档案.籍贯，教师档案.学历，教师档案.所属系，教师档案.来校时间，教师档案.联系电话，教师档案.电子邮箱地址，教师档案.家庭住址

FROM 教师档案

WHERE (((教师档案.所属系)=[请输入所在系名称]));

（6）创建"教师档案"、"教师工资"、"按性别教师档案查询"、"系教师档案查询"和"总工资查询"报表。制作报表的方法很简单，只需要切换到"创建"选项卡，单击"报表"组内的"报表向导"按钮，弹出"报表向导"对话框，利用该对话框可以创建添加了查询的报表。

3. 创建窗体

（1）创建"工资统计"窗体：切换到"创建"选项卡，单击"窗体"组内的"其他窗体"按

钮，弹出其菜单，单击该菜单内的"窗体向导"菜单命令，弹出"窗体向导"对话框，利用该对话框可以创建添加了查询的窗体。

按照上述方法，创建"基本信息查询"窗体。

（2）创建"教师信息查询"窗体："教师信息查询"窗体如图 9-3-5 和图 9-3-6 所示。创建"教师信息查询"面板的操作步骤如下：

① 切换到"创建"选项卡，单击"窗体"组内的"窗体设计"按钮，创建一个空白窗体，并处于设计视图。切换到"设计"选项卡，单击"使用控件向导"按钮，使其突出显示，单击"控件"组内的"选项卡控件"按钮 ，在窗体内创建两个空白选项卡，如图 9-3-21 所示。

② 显示出"属性表"窗格，单击"页 1"标签，选中第一个选项卡，在"属性表"窗格"名称"和"标题"属性行文本框内分别输入"教师档案查询"。单击"页 2"标签，选中第二个选项卡，在"属性表"窗格"名称"和"标题"属性行文本框内分别输入"教师工资查询"。

③ 单击"教师档案查询"标签，切换到"教师档案查询"选项卡。单击"控件"组内的"列表框"按钮 ，在选项卡内拖曳，创建一个列表框，同时弹出"列表框向导"对话框，如图 9-3-22 所示。

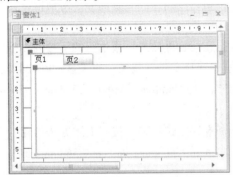

图 9-3-21　添加选项卡控件对象

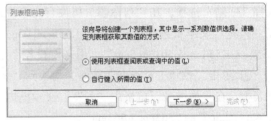

图 9-3-22　"列表框向导"对话框之一

④ 单击"下一步"按钮，弹出下一个"列表框向导"对话框，选中"表"单选按钮，列表框内列出当前数据库内所有表的名称，选中列表框内的"表：教师档案"选项，如图 9-3-23 所示。

如果选中"查询"单选按钮，可以在列表框内列出当前数据库内所有查询的名称；如果选中"两者"单选按钮，可以在列表框内列出当前数据库内所有表和查询的名称。

⑤ 单击"下一步"按钮，弹出下一个"列表框向导"对话框，如图 9-3-24 所示。单击 按钮，将"可用字段"列表框中的所有字段名称移到"选定字段"列表框中。

图 9-3-23　"列表框向导"对话框之二

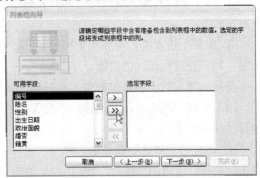

图 9-3-24　"列表框向导"对话框之三

⑥ 单击"下一步"按钮，弹出下一个"列表框向导"对话框，在第一个下拉列表框中选择排序的第一个字段"编号"，如图 9-3-25 所示。

⑦ 单击"下一步"按钮，弹出下一个"列表框向导"对话框，取消选择"隐藏键列"复选框，如图 9-3-26 所示。

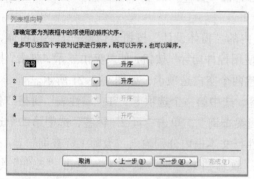

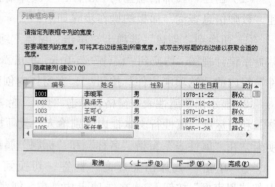

图 9-3-25　"列表框向导"对话框之四　　　　图 9-3-26　"列表框向导"对话框之五

⑧ 两次单击"下一步"按钮，最后单击"完成"按钮，关闭"列表框向导"对话框，完成创建列表框的操作。

⑨ 弹出"属性表"窗格，切换到"全部"选项卡，在"特殊效果"属性行的下拉列表框中选择"凹陷"选项；在"列标题"属性行的下拉列表框中选择"是"选项，用来显示字段标题；在"列宽"文本框内输入"1.2cm;1.554cm;1cm;3cm;1.554cm; 1.554cm;1.554cm;1.554cm;1.554cm;2.554cm;2.554cm;5.501cm;5cm"，用来设置各字段的显示宽度。

⑩ 单击"教师工资查询"标签，切换到"教师工资查询"选项卡。按照上述方法创建一个列表框，在"属性表"窗格中"列宽"文本框内输入"1.4cm;1.563cm;1cm;3cm;2.563cm;2.563cm;2.563cm;2.563cm;2.563cm;2.563cm"。

⑪ 单击"控件"组内的"按钮"按钮 ，在选项卡下方拖曳，创建一个按钮，同时弹出"命令按钮向导"对话框。利用该对话框设置该按钮为"关闭窗体"按钮，即添加相应的宏。

（3）创建"教师档案编辑"窗体："教师档案编辑"窗体如图 9-3-7 所示。创建"教师档案编辑"窗体的操作步骤如下：

① 切换到"创建"选项卡，单击"窗体"组内的"窗体设计"按钮，创建一个空白窗体，并处于设计视图，同时弹出"字段列表"窗格。

② 将"字段列表"窗格内的字段名称依次拖曳到窗体内，调整大小和位置，以及文字的字体和字号等。

③ 按照上述方法，添加 4 个按钮，使它们分别具有"添加记录"、"保存记录"、"删除记录"和"查找记录"的功能。

按照上述方法，创建"教师工资编辑"窗体。

（4）创建"报表打印"窗体："报表打印"窗体如图 9-3-10 所示。创建"报表打印"窗体的操作步骤如下：

① 切换到"创建"选项卡，单击"窗体"组内的"窗体设计"按钮，创建一个空白窗体。单击"控件"组内的"按钮"按钮 ，在窗体下方拖曳，创建一个按钮，同时弹出"命令按钮向导"对话框。

② 在"类别"列表框中选择"报表操作"选项，在"操作"列表框中选择"打开报表"选项，如图 9-3-27 所示。单击"下一步"按钮，弹出下一个"命令按钮向导"对话框，在该对话框内的列表框中选择一个查询，如图 9-3-28 所示。以后操作按照向导提示进行。

其他按钮的制作方法与上述方法基本相同。

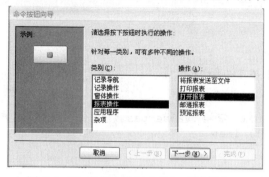

图 9-3-27 "命令按钮向导"对话框之一　　　　图 9-3-28 "命令按钮向导"对话框之二

（5）创建"教师管理系统"窗体："教师管理系统"窗体如图 9-3-2 所示。创建该窗体的方法可参看【案例 12】中创建"学生信息查询"切换面板的方法。具体操作简介如下：

① 切换到"数据库工具"选项卡，单击"数据库工具"组内的"切换面板管理器"按钮，弹出一个提示框。单击"是"按钮，弹出"切换面板管理器"对话框。

② 单击"编辑"按钮，弹出"编辑切换面板页"对话框，在该对话框内的"切换面板名"文本框中输入切换面板的名字"教师管理系统"，如图 9-3-29 所示。

③ 单击"新建"按钮，弹出"编辑切换面板项目"对话框。在"文本"文本框中输入第一个切换面板项目的标题"工资统计"；在"命令"下拉列表框中选择"在'编辑'模式下打开窗体"命令，在"窗体"下拉列表框中选择相应的"工资统计"窗体，最终设置如图 9-3-30 所示。

④ 单击"确定"按钮，则在"编辑切换面板页"对话框内的"切换面板上的项目"列表框中添加了一个名为"工资统计"的新项目。

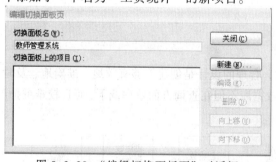

图 9-3-29 "编辑切换面板页"对话框

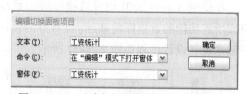

图 9-3-30 "编辑切换面板项目"对话框

⑤ 按照上述方法依次创建其他项目。设置完成后，单击"关闭"按钮，关闭"编辑切换面板页"对话框。

⑥ 在"教师管理系统"窗体的设计视图中调整文字字体和大小，调整按钮大小，添加页眉和页眉内的标题文字等，完成创建"教师管理系统"窗体的操作。

（6）创建"系统登录"窗体：创建"系统登录"窗体的方法与【案例 19】中介绍的创建用户登录界面窗体的方法基本相同。输入的程序代码如下：

```
Option Compare Database
Option Explicit
Private Sub cmdenter_Click()
    Dim name1, pass1, name2, pass2 As String
    Dim num As Integer
    name1="沈大林"
    pass1="123456"
    name2="赵晓红"
    pass2="654321"
    If num>5 Then
        MsgBox ("输入的次数已经有 5 次了! 不可以再输入! ")
        DoCmd.Close
    End If
    If((Me.用户名.Value=name1) And (Me.密码.Value=pass1)) Or ((Me.用户
名.Value=name2) And (Me.密码.Value=pass2)) Then
        DoCmd.OpenForm "教师管理系统"
        Me.Visible=False
    ElseIf (Me.用户名.Value="") Then
        MsgBox ("请输入用户名称! ")
    ElseIf(Me.密码.Value="") Then
        MsgBox ("请输入用户密码! ")
    Else
        MsgBox ("没有这个用户，或者密码错误! ")
    End If
    num=num+1
End Sub
Private Sub cmdExit_Click()
    DoCmd.Close
End Sub
Private Sub Form_Load()
    用户名.Value=""
    密码.Value=""
End Sub
```

☕ 相关知识

1. 数据库应用系统的设计步骤

在使用 Access 2007 设计数据库应用系统时，合理的设计是创建能够有效地、准确地、及时完成所需功能的数据库的基础。没有好的设计，数据库不但在查询方面效率低下，而且较难维护。一般来说，设计过程如图 9-3-31 所示。

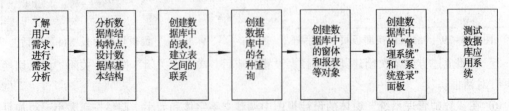

图 9-3-31　数据库应用系统设计流程图

（1）了解用户需求，进行需求分析。弄清用户希望从数据库得到什么样的信息，应解决什么问题。应注意，不同的用户对于同一个数据库会有不同的使用要求，必须清楚这个系统需要实现什么样的功能，然后细化到数据库各个组件的设计上。

（2）分析数据库结构特点，设计数据库基本结构。数据中不保存不必要的信息。

（3）创建数据库中的表，建立表之间的联系。确定数据库中需要的表，以及表中需要的字段，明确每条记录中有唯一值的字段，确定表之间的关系。

（4）创建数据库中的各种查询。

（5）创建数据库中的窗体和报表等对象。一些窗体用于输出表和查询中的信息，一些窗体用于输入和编辑数据库中表的数据。报表通常只用于输出表和查询中的信息。明确用户通过什么样的界面来操作和输出数据库中的数据。

（6）创建数据库中的"系统登录"窗体和"管理系统"窗体。"系统登录"窗体用来加强数据库的安全，"管理系统"窗体用于系统功能选择。

（7）添加数据库应用系统的错误处理和提示功能。

（8）测试数据库应用系统。运行数据库应用系统，进行全方位的操作，如果出现错误，则进行修改，再进行测试。

要实现上述目标，最好的方法是与使用数据的人员进行交流，集体讨论需要解决的问题，并描述需要生成的报表；与此同时收集当前用于记录数据的表格，然后参考某些设计得很好并且与当前要设计的数据库相似的数据库。

2．设计数据库的基本原则

一个好的数据库，其结构必须满足一定的条件和原则。简化一个数据库结构的过程被称为"数据标准化"。该理论得到不断的发展和扩充。标准化数据库设计的一些原则如下：

（1）减少数据的冗余和不一致性。如果数据库存在冗余和不一致问题，用户每次在数据库中输入数据时，都有发生错误的可能。例如，人事信息数据库中的姓名，如果数据库中的多个表中都包含姓名的输入，那么用户在多次输入时，就有可能发生错误。

（2）简化数据检索。数据库中保存的信息必须能够根据需要快速显示出来，否则，使用计算机自动化的数据库系统将没有任何意义。

（3）保证数据的安全。数据库中的数据，必须具有一定的安全性，输入到数据库中的数据在输出显示时，必须对应显示原有的数据。

（4）维护数据的方便性。数据库中的数据每次更新或删除时，都必须自动对数据库中所有与它相关的数据进行相应的修改。另外，在设计数据库时，需要考虑到数据的修改，操作步骤应尽量少。

9.4　综合实训 9　创建"电器产品库存管理"数据库系统

实训效果

创建一个"电器产品库存管理.accdb"数据库应用系统，然后对该数据库进行优化和安全设置。具体要求如下：

（1）创建"电器产品库存管理"数据库应用系统。

（2）对"电器产品库存管理"数据库应用系统进行优化和安全设置，具体要求如下：

◎ 使用表分析器和性能分析器优化"电器产品库存管理.accdb"数据库。

◎ 压缩和修复"电器产品库存管理.accdb"数据库文件。

◎ 设置每次关闭"电器产品库存管理.accdb"数据库时压缩和修复文件。

◎ 拆分"电器产品库存管理.accdb"数据库。

◎ 隐藏"电器产品库存管理.accdb"数据库中的 3 个不同类型的对象。

◎ 使用密码保护"电器产品库存管理.accdb"数据库中的 VBA 代码。

◎ 使用密码保护"电器产品库存管理.accdb"数据库。

◎ 将数据库以名称"电器产品库存管理.mdb"保存，再设置用户级安全机制。

实训提示

（1）参考本章第 9.3 节【案例 27】中创建"教师管理系统"数据库应用系统的方法，创建一个"电器产品库存管理"数据库应用系统，其结构如图 9-4-1 所示。

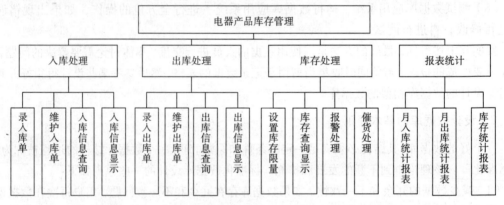

图 9-4-1 "电器产品库存管理"数据库应用系统结构图

（2）根据库存管理系统分析，可以创建 4 个表，包括"电器产品清单"表、"电器产品库存"表、"电器产品入库"表和"电器产品出库"表。这 4 个表的逻辑结构分别如表 1-4-1、表 1-4-2、表 1-4-3 和表 1-4-4 所示。

（3）对"电器产品库存管理"数据库应用系统进行优化和安全设置，可以按照本章介绍的【案例 25】和【案例 26】中介绍的操作方法进行操作。

实训测评

能力分类	能 力	评 分
职业能力	使用表分析器优化数据库，使用性能分析器优化数据库	
	文档管理器，压缩和修复数据库，拆分 Access 数据库	
	隐藏数据库对象，用密码保护 VBA 代码，以及保护数据库	
	用户级安全机制设置，使用密码保护工程	
	创建数据库应用系统的基本能力	
	了解数据库应用系统的设计步骤，了解设计数据库的基本原则	
通用能力	自学能力、总结能力、合作能力、创造能力等	
能力综合评价		